高职高专"十三五"规划教材

电气液压与气动技术

第二版

王瑞清　周彦云　胡月霞　主　编
王海静　曹　媛　副主编

·北京·

本书内容以典型的工程案例为载体，通过解决具体的工程案例为驱动，使读者在学习理论知识的同时实现对知识的理解和应用。全书配有大量的工程应用图例，具有很强的实用性，有利于提高分析问题和解决问题的能力。切实做到用理论指导实践，用理论知识分析和解决问题。书中内容设置了千斤顶液压系统分析、供热油罐车液压系统分析、注塑机液压系统分析、动力滑台液压系统分析、公交车门气动系统分析、装料装置气动系统分析六大学习情境。各学习情境又设置了若干子学习情境，通过情境导入、任务描述、知识链接、制定方案、任务实施、检查评估、习题等教学环节完成教学内容。每个情境均可以利用FluidSIM软件仿真实现，并且能够在FESTO电气液压实训室和电气气压实训室实现回路的连接和运动。

本书可作为高职高专院校、中等职业学校机电类及相关专业的教材，并可供工程技术人员参考。

图书在版编目（CIP）数据

电气液压与气动技术/王瑞清，周彦云，胡月霞主编. 2版. —北京：化学工业出版社，2017.2（2024.2重印）
高职高专“十三五”规划教材
ISBN 978-7-122-28865-3

Ⅰ.①电… Ⅱ.①王… ②周… ③胡… Ⅲ.①液压控制-高等职业教育-教材②气动技术-高等职业教育-教材 Ⅳ.①TH137②TH138

中国版本图书馆CIP数据核字（2017）第008661号

责任编辑：韩庆利　　文字编辑：张绪瑞
责任校对：边　涛　　装帧设计：史利平

出版发行：化学工业出版社（北京市东城区青年湖南街13号　邮政编码100011）
印　　装：北京七彩京通数码快印有限公司
787mm×1092mm　1/16　印张11　字数268千字　2024年2月北京第2版第7次印刷

购书咨询：010-64518888　　售后服务：010-64518899
网　　址：http://www.cip.com.cn
凡购买本书，如有缺损质量问题，本社销售中心负责调换。

定　　价：25.00元

版权所有　违者必究

随着高职教育教学改革的深入开展，如何运用领先的信息技术创设情境，激发学习兴趣，提高学习效率，从而使学生的学习任务与现实情境相类似，以解决学生在现实生活中遇到的问题成为我们的教学目标。近几年，我们在教学改革中不断总结和探索，结合德国 FESTO 公司的教学培训设备，特此组织有关人员编写了《电气液压与气动技术》这本情境化教材。

本教材强调以实际应用能力为主线来创设情境，以岗位技能要求为出发点，在编写理念上力求基础理论以应用为目的，以“适用、够用”为度，贯彻理论联系实际的原则，以掌握概念、强化应用为教学重点，强化元件的基本工作原理，着重系统分析、解决实际问题的综合能力培养。本教材内容以典型的工程案例为载体，通过解决具体的工程案例为驱动，学习理论知识的同时实现对知识的理解和应用。全书配有大量的工程应用图例，具有很强的实用性，有利于提高学生分析问题和解决问题的能力。切实做到用理论指导实践，用理论知识分析和解决问题。编写时强调了液压系统的故障诊断、使用维护和排除故障方面的内容，增加生产现场的应用性知识，具有明显的职业教育特色，有利于高素质专门人才的培养。教材内容设置了六大教学情境。

学习情境 1：千斤顶液压系统分析

学习情境 2：供热油罐车液压系统分析

学习情境 3：注塑机液压系统分析

学习情境 4：动力滑台液压系统分析

学习情境 5：公交车门气动系统分析

学习情境 6：装料装置气动系统分析

各教学情境又设置了若干子学习情境，通过情境导入、任务描述、知识链接、制定方案、任务实施、检查评估、习题等教学环节完成教学内容。每个情境均可以利用 FluidSIM 软件仿真实现，并且能够在 FESTO 电气液压实训室和电气气压实训室实现回路的连接和运动。

本教材由包头轻工职业技术学院王瑞清、周彦云、胡月霞担任主编，王海静、曹媛担任副主编。参加本教材编写的还有郝静、郭浩、赵玮、王婕等。

本教材在编写的过程中参考了大量的文献，在此谨向有关作者表示衷心的感谢。另外在编写的过程中也得到包头轻工职业技术学院领导的大力支持与帮助，在此一并表示感谢。

本书配套电子课件，可赠送给用书的院校和老师，如果需要，可发邮件到 hqlbook@126.com 索取。

由于水平有限，书中难免存在不妥之处，敬请读者批评指正。

编　者

目录
CONTENTS

学习情境 1

千斤顶液压系统分析

学习目标

1. 能够利用流体力学的基础知识分析液压工程案例；
2. 能够分析液压元件的功用；
3. 能够根据工况选择合适的液压油；
4. 能够对液压缸进行工况分析和常见故障诊断。

情境导入

液压千斤顶工作任务单

<table>
<tr><td>情　境</td><td colspan="7">千斤顶液压系统分析</td></tr>
<tr><td>学习任务</td><td colspan="5">液压传动认知和液压缸的拆装</td><td>完成时间</td><td></td></tr>
<tr><td>任务完成人</td><td>学习小组</td><td></td><td>组长</td><td></td><td>成员</td><td colspan="2"></td></tr>
<tr><td>任务要求</td><td colspan="7">1. 掌握流体静力学的基础知识；
2. 掌握液压传动的基本组成及功用；
3. 掌握液压油的性质及选用。</td></tr>
<tr><td>任务载体和资讯</td><td colspan="3"></td><td colspan="4">1. 流体动力学的基础知识和基本原理；
2. 液压传动的组成及各元件名称、液压传动的基本原理；
3. 液压缸的结构、工作原理及连接方法；
4. 千斤顶液压传动原理分析。</td></tr>
<tr><td>资料查询情况</td><td colspan="7"></td></tr>
<tr><td>完成任务注意点</td><td colspan="7">1. 液压传动的工作原理；
2. 液压传动的组成及各元件功用；
3. 液压油的性质及选用。</td></tr>
</table>

任务描述

学习目标	学习内容	任务准备
1. 能够利用流体力学的基础知识分析液压工程案例 2. 能够分析液压元件的功用 3. 能够根据工况选择合适的液压油 4. 能够对液压缸进行工况分析和常见故障诊断	1. 液压传动的工作原理 2. 液压传动组成及各元件功用 3. 液压缸的结构和工作原理 4. 液压油的性质及选择	前期准备：液压缸、液压油、千斤顶的工作动画 知识准备：静力学基本方程、帕斯卡原理、连续性方程、伯努利方程、动量方程、黏温特性

知识链接

子学习情境 1.1 液压传动认知

1.1.1 液压传动的工作原理

液压传动就是利用密闭系统中的受压液体来传递运动和动力的一种传动形式。

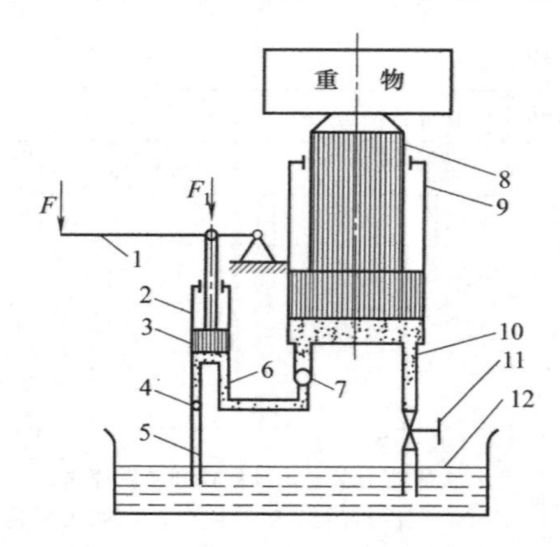

图 1-1 液压千斤顶工作原理图

1—杠杆手柄；2—小油缸；3—小活塞；4,7—单向阀；5—吸油管；6,10—管道；8—大活塞；9—大油缸；11—截止阀；12—油箱

案例：液压千斤顶

如图 1-1 所示的液压千斤顶，大油缸 9 和大活塞 8 组成举升液压缸。杠杆手柄 1、小油缸 2、小活塞 3、单向阀 4 和 7 组成手动液压泵，如提起手柄使小活塞向上移动，小活塞下端油腔容积增大，形成局部真空，这时单向阀 4 打开，通过吸油管 5 从油箱 12 中吸油；用力压下手柄，小活塞下移，小油缸下腔压力升高，单向阀 4 关闭，单向阀 7 打开，小油缸下腔的油液经管道 6 输入大油缸 9 的下腔，迫使大活塞 8 向上移动，顶起重物。再次提起手柄吸油时，举升缸下腔的压力油将力图倒流入手动泵内，但此时单向阀 7 关闭，使油液不能倒流，从而保证了重物不会自行下落。不断地往复扳动手柄，就能不断地把油液压入举升缸下腔，使重物逐渐地升起。如果打开截止阀 11，举升缸下腔的油液通过管道 10、截止阀 11 流回油箱，大活塞在重物和自重作用下向下移动，回到原始位置。

由上述分析可知，液压与气压传动是以流体为工作介质，利用流体的压力能来传递运动和动力的一种传动方式。它们具有以下基本特征：

① 以流体为传动介质来传递运动和动力。

② 液压与气压传动必须在密闭容器内进行。

③ 依靠密闭容器的容积变化传递运动。

④ 依靠流体的静压力传递动力。

1.1.2 液压传动的组成

(1) 动力元件 液压泵，将原动机输入的机械能转换为液体的压力能，作为系统供油能源装置。

(2) 执行元件 液压缸（或液压马达），将油液的压力能转换为机械能，而对负载做功。

(3) 控制元件 各种控制阀，用以控制流体的方向、压力和流量，以保证执行元件完成预期的工作任务。

(4) 辅助元件 油箱、油管、滤油器、压力表、冷却器、分水滤水器、油雾器、消声器、管件、管接头和各种信号转换器等，为保证系统正常工作，创造必要条件。

(5) 工作介质 液压油。

1.1.3 液压传动的特点

1. 液压传动的优点

① 液压传动装置运动平稳、反应快、惯性小，能高速启动、制动和换向。

② 在同等功率情况下，液压传动装置体积小、重量轻、结构紧凑。例如同功率液压马达的重量只有电动机的10%～20%。

③ 液压传动装置能在运行中方便地实现无级调速，且调速范围最大可达1∶2000（一般为1∶100)。

④ 操作简单、方便，易于实现自动化。当它与电气联合控制时，能实现复杂的自动工作循环和远距离控制。

⑤ 易于实现过载保护。液压元件能自行润滑，使用寿命较长。

⑥ 液压元件实现了标准化、系列化、通用化，便于设计、制造和使用。

2. 液压传动的缺点

① 液压传动不能保证严格的传动比，这是由于液压油的可压缩性和泄漏造成的。

② 液压传动对油温变化较敏感，这会影响它的工作稳定性。因此液压传动不宜在很高或很低的温度下工作，一般工作温度在－15～60℃范围内较合适。

③ 为了减少泄漏，液压元件在制造精度上要求较高，因此它的造价高，且对油液的污染比较敏感。

④ 液压传动装置出现故障时不易查找原因。

⑤ 液压传动在能量转换（机械能→压力能→机械能）的过程中，特别是在节流调速系统中，其压力、流量损失大，故系统效率较低。

1.1.4 流体静力学

流体静力学所研究的是液体在静止状态下的平衡规律和这些规律的应用。所谓“静止状态”是指液体内部质点之间没有相对运动，至于盛装液体的容器，不论它是静止的还是运动的都没有关系。

1. 液体静压力及其特性

作用在液体上的力有质量力和表面力。质量力作用在液体的所有质点上，如重力和惯性力等；表面力作用在液体的表面上，它可以是由其他物体（如容器壁面）作用在液体上的力，也可以是一部分液体作用在另一部分液体上的力。表面力有法向力和切向力之分，由于液体是静止的，质点之间无相对运动，不存在内摩擦力，所以静止液体的表面力只有法向力。

液体内某点处单位面积上所受到的法向力称为液体的静压力，在工程实际中习惯上称为压力，即

$$p=\lim_{\Delta A\to 0}\frac{\Delta F}{\Delta A} \tag{1-1}$$

若法向力 F 均匀地作用于面积 A，则压力可表示为

$$p=\frac{F}{A} \tag{1-2}$$

液体的静压力具有两个重要的特性：

① 液体静压力垂直于作用面，其方向与该面的内法线方向一致；

② 静止液体内任一点的压力在各个方向上都相等。

2. 压力的表示方法及单位

液体压力的表示方法有两种：一种是以绝对真空为基准所表示的绝对压力，另一种是以大气压力为基准所表示的相对压力。绝大多数仪表所测得的压力是相对压力，故相对压力也称为表压力。在液压技术中，如未特别说明，压力均指相对压力。绝对压力和相对压力的关系为：

绝对压力＝大气压力＋相对压力。

当液体某处绝对压力低于大气压力（即相对压力为负值）时，习惯上称该处为真空，绝对压力小于大气压力的那部分压力值称为真空度。它们的关系为

真空度＝大气压力－绝对压力

压力的单位为 Pa 或 N/m^2。由于单位太小，在工程上使用不方便，常用 kPa、MPa、GPa 表示。工程单位制使用的单位有 kgf/cm^2、bar（巴）、at（工程大气压）、atm（标准大气压）、液柱高度等，它们之间的关系是

$$1MPa=10^3kPa=10^6Pa=10bar$$

$$1atm=0.101325MPa$$

$$1atm=1kgf/cm^2=9.8\times10^4Pa\approx1\times10^5Pa$$

3. 液体静力学基本方程

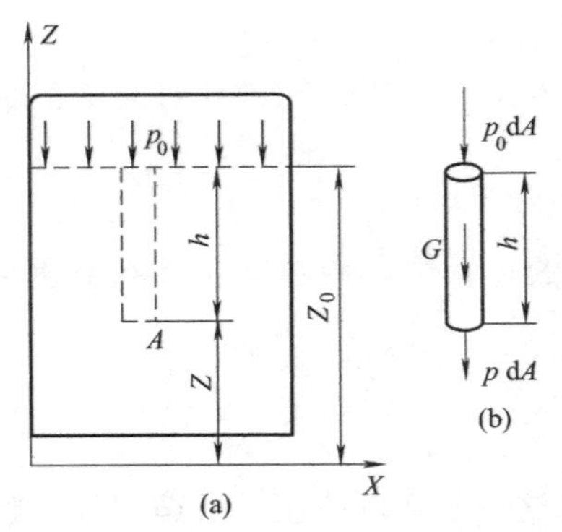

图 1-2 重力作用下的静止液体

如图 1-2 所示，密度为 ρ 的液体在容器内处于静止状态，求任意深度 h 处的压力。可从液体内部取出如图 1-2（b）所示的垂直小液柱作为研究体，顶面与液面重合，截面积为 dA，高为 h。液柱顶面受外加压力 p_0 作用，液柱所受重力 $G=\rho gh\mathrm{d}A$，其作用于液柱的质心。设底面所受压力为 p，液柱侧面受力相互抵消。由于液体处于静止状态，相应液柱也处于平衡状态，于是由平衡方程得到液体静力学基本方程（1-3）

$$p\mathrm{d}A=p_0\mathrm{d}A+\rho gh\mathrm{d}A$$

$$p=p_0+\rho gh \tag{1-3}$$

由式（1-3）可知，重力作用下的静止液体其压力分布有如下特征：

① 静止液体内任一点处的压力由两部分组成，一部分是液面上的压力 p_0，另一部分是该点以上液体自重形成的压力 ρgh。

② 静止液体内的压力随液体深度 h 的增加而增大。

③ 离液面深度相同处各点的压力相等。压力相等的点所组成的面称为等压面（等压面为一水平面）。

4. 液体静压力的传递

由液体静力学基本方程可知，静止液体内任意一点处的压力都包含液面上的压力 p_0，这说明在密闭容器内，施加于静止液体上的压力能等值地传递到液体中的各点。这就是静压传递原理（又称帕斯卡原理），液压传动就是在这个原理的基础上建立起来的。

在液压传动系统中，通常由外力产生的压力要比液体自重形成的压力大得多，为此可将式（1-3）中的 ρgh 项略去不计，而认为静止液体中的压力处处相等。在分析液压传动系统的压力时，常用这一结论。

5. 液体静压力对固体壁面的作用力

在液压传动中，略去液体自重产生的压力，液体中各点的静压力是均匀分布的，且垂直作用于受压表面。因此，当承受压力的表面为平面时，液体对该平面的总作用力 F 为液体的压力 p 与受压面积 A 的乘积，其方向与该平面法向垂直。如压力油作用在直径为 D 的柱塞上，则有

$$F=pA=p\pi D^2/4$$

当承受压力的表面为曲面时，由于压力总是垂直于承受压力的表面，所以作用在曲面上各点的力不平行但相等。作用在曲面上的液压作用力在某一方向上的分力等于静压力和曲面在该方向的垂直面内投影面积的乘积。如图 1-3 为球面和锥面所受液压作用力分析图。球面和锥面在垂直方向受力 F 等于曲面在垂直方向的投影面积 A 与压力 p 相乘，即

$$F=pA=p\pi d^2/4$$

式中，d 为承压部分曲面投影圆的直径。

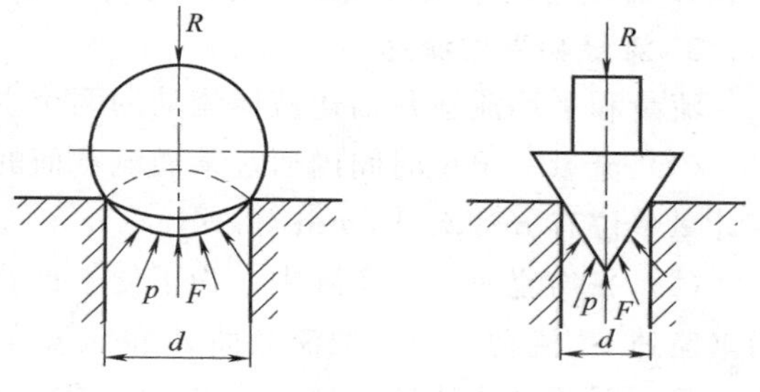

图 1-3 液压力作用在曲面

1.1.5 流体动力学

在液压传动中液体总是在外力作用下不断流动，因此必须研究液体运动时的现象和规律。本节主要讨论液体在外力作用下流动时的运动规律，即讨论作用在液体上的力与液体运动之间关系及能量关系。

1. 理想液体和恒定流动

(1) 理想液体　在研究流动液体时，一般把既无黏性又无压缩的假想液体称为理想液体，而把实际上既有黏性又可压缩的液体称为实际液体。

(2) 恒定流动　液体流动时，若液体中任一点的压力、速度和密度都不随时间而变化，则这种流动称为恒定流动；反之，称为非恒定流动。

研究恒定流动比较方便，而研究非恒定流动比较复杂。因此，在研究液压系统的静态性能时，往往将一些非恒定流动问题适当简化，作为恒定流动来处理。本书主要研究恒定流动。

2. 流线、流束和通流截面

(1) 流线　流线是某一瞬时液流中一条条标志其各处质点运动状态的曲线。流线上各点的液体质点的速度方向与曲线在该点的切线方向重合，如图 1-4（a）所示。在非恒定流动

时，因为各质点的速度可能随时间改变，所以流线形状也随时间变化。在恒定流动时，因各质点的速度不随时间而变化，所以流线形状也不随时间改变。由于液体中每一点只能有一个速度，所以流线之间不可能相交，也不可能突然转折，它是一条光滑的曲线。

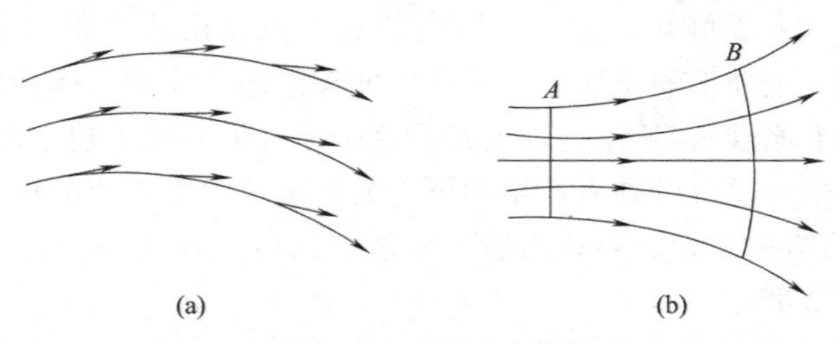

图 1-4 流线和流束

（2）流束 通过某截面 A 上的所有各点作出流线，这些流线的集合就称为流束，如图 1-4（b）所示。根据流线不能相交的性质，流束内外的流线均不能穿越流束表面。当面积 A 趋向于无穷小时，这个流束称为微小流束。微小流束截面上各点的运动速度可以认为是相同的。

（3）通流截面 流束中与所有流线正交的那个面称为通流截面，如图 1-4（b）中的 A 面和 B 面便是两个通流截面，通流截面上每点处的流动速度都垂直于这个面。

3. 流量和平均流速

流量和平均流速是描述液体流动的两个主要参数。

（1）流量 单位时间内通过某通流截面的液体的体积称为流量，用符号 q 表示，常用法定计量单位有 m^3/s、L/min 等。

（2）平均流速 在实际中，为了便于计算，现假设通流截面上流速是均匀分布的，且以均匀流速 v_a 流动，流过通流截面 A 的流量等于液体实际流过该截面的流量。流速 v_a 称为通流截面上的平均流速，以后所指的流速，除特别说明外，均按平均流速来处理。于是有 $q=v_aA$，故平均流速 v_a 为

$$v_a=q/A \tag{1-4}$$

在液压缸中，液体的流速与活塞的运动速度相同，由此可见，当液压缸的有效面积一定时，活塞运动速度的大小由输入液压缸的流量来决定。

4. 液体的流动状态

19 世纪末，英国物理学家雷诺通过大量的实验，发现了液体在管路中流动时有层流和湍流（也称紊流）两种流动状态。实验结果表明，在层流时，液体质点互不干扰，液体的流动呈线性或层状，且平行于管道轴线；而在紊流时，液体质点的运动杂乱无章，除了平行于管道轴线的运动外，还存在着剧烈的横向运动。

层流和湍流是两种不同性质的流态。层流时，液体流速较低，质点受黏性制约，不能随意运动，黏性力起主导作用；湍流时，液体流速较高，黏性的制约作用减弱，惯性力起主要作用。

实验证明，圆管中液体的流动状态与液体的流速 v、管路的内径 d 以及油液的运动黏度 ν 有关，因此能判定液体流动状态的则是这三个参数所组成的一个无量纲的雷诺数 Re，即

$$Re=\frac{vd}{\nu} \tag{1-5}$$

实验指出：液体从层流变为湍流时的雷诺数大于由湍流变为层流时的雷诺数，工程中一

般都以后者为判断液流状态的依据，称其为临界雷诺数，记做 Re_c。当 $Re<Re_c$ 时，液流为层流，反之则多为湍流。常见液流管道的临界雷诺数见表 1-1。

表 1-1 常见管道临界雷诺数 Re_c

管道形式	Re_c	管道形式	Re_c
光滑金属圆管	3000～3300	带环槽的同心环状缝隙	700
橡胶软管	1600～3000	带环槽的偏心环状缝隙	400
光滑的同心环状缝隙	1100	圆柱形滑阀阀口	360
光滑的偏心环状缝隙	1000	锥阀阀口	30～100

5. 连续性方程

液体流动的连续性方程是质量守恒定律在流体力学中的应用。液体的可压缩性很小，在一般情况下，可认为是不可压缩的，即密度 ρ 为常数。由质量守恒定律可知，理想液体在通道中作稳定流动时，液体的质量既不能自行产生，也不会无故消失，因此在单位时间内流过通道任一通流截面的液体质量一定是相等的。如图 1-5 所示，管路的通流截面面积分别为 A_1、A_2，液体流速分别为 v_1、v_2，液体的密度 ρ，则有

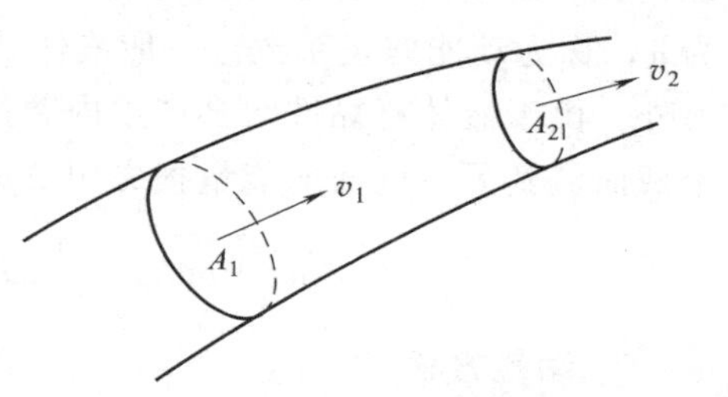

图 1-5 液体流动的连续性

$$\rho v_1 A_1=\rho v_2 A_2=常量$$

$$v_1 A_1=v_2 A_2=q=常量 \tag{1-6}$$

式 (1-6) 称为液流的连续性方程，它说明不可压缩液体在通道中稳定流动时，流过各截面的流量相等，而流速和通流截面面积成反比。因此，流量一定时，管路细的地方流速大，管路粗的地方流速小。

6. 伯努利方程

伯努利方程是能量守恒定律在流动液体中的表现形式。为了讨论问题方便，先讨论理想液体的流动情况，然后再扩展到实际液体的流动情况。

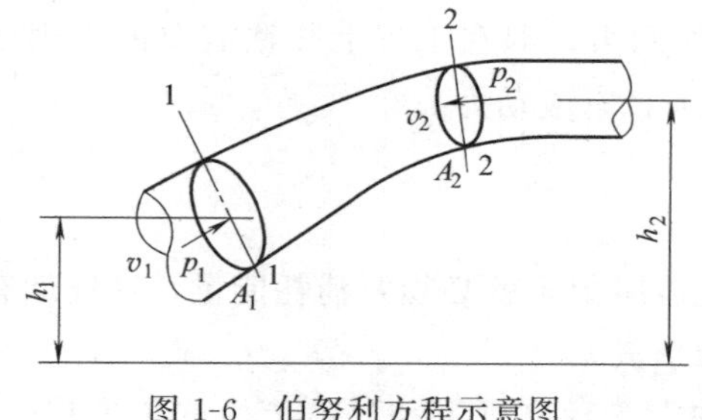

图 1-6 伯努利方程示意图

(1) 理想液体的伯努利方程　理想液体在管内稳定流动时没有能量损失。在流动过程中，由于它具有一定的速度，所以除了具有位置势能和压力能外，还具有动能。如图 1-6 所示，取该管上的任意两截面 1—1 和 2—2，假定截面积分别为 A_1 和 A_2，两截面上液体的压力分别为 p_1 和 p_2，速度分别为 v_1 和 v_2，由两截面至水平参考面的距离分别为 h_1 和 h_2。根据能量守恒定律，重力作用下的理想液体在通道内稳定流动时的伯努利方程为

$$p_1+\rho g h_1+\frac{1}{2}\rho v_1^2=p_2+\rho g h_2+\frac{1}{2}\rho \nu_2^2 或$$

$$p+\rho g h_1+\frac{1}{2}\rho v_1^2=常数 \tag{1-7}$$

式中　p——单位体积液体的压力能；

$\rho g h$——单位体积液体相对于水平参考面的位置势能；

$\frac{1}{2}\rho v^2$——单位体积液体的动能。

式（1-7）即为理想液体的伯努利方程，它表明了流动液体各质点的位置、压力和速度之间的关系。其物理意义为：在管道内作稳定流动的理想液体具有动能、位置势能和压力能三种能量，在任一截面上的这三种能量都可以互相转换，但其总和保持不变。由此可见，静压力基本方程是伯努利方程（流速为零）的特例。

（2）实际液体的伯努利方程　式（1-7）是理想液体的伯努利方程，但实际液体具有黏性，在通流截面上各点的速度是不同的，因此方程中 $\rho v^2/2$ 这一项要进行修正，其修正系数为 α，称为动能修正系数。一般液体处于层流流动时取 $\alpha=2$，液体处于湍流流动时取 $\alpha=1$。另外，由于液体有黏性，会产生内摩擦力，因而造成能量损失。若单位质量的实际液体从一个截面流到另一截面的能量损失用 Δp_w 表示，则实际液体的伯努利方程为

$$p_1+\rho g h_1+\frac{1}{2}\rho\alpha_1 v_1^2=p_2+\rho g h_2+\frac{1}{2}\rho\alpha_2 v_2^2+\Delta p_w \tag{1-8}$$

7. 动量方程

动量方程是动量定理在流体力学中的应用。由动量定理可知，作用在物体上的外力等于物体在受力方向上的动量变化率，即

$$F=\frac{\mathrm{d}I}{\mathrm{d}t}=\frac{\mathrm{d}(mv)}{\mathrm{d}t}$$

对于在管道内作稳定流动的液体，若忽略其可压缩性，可将 $m=\rho q\Delta t$ 代入上式。考虑到以平均流速代替实际流速会产生误差，因而引入动量修正系数 β，则上式变成：

$$F=\rho q v_2-\rho q v_1=\rho q\beta_2 v_{a2}-\rho q\beta_1 v_{a1} \tag{1-9}$$

式（1-9）为流动液体的动量方程。当液流为湍流时取 $\beta=1$，为层流时取 $\beta=1.33$。

式（1-9）是矢量方程，在运算中要按指定方向列动量方程，如在 x 方向的动量方程可写成：

$$F_x=\rho q(\beta_2 v_{a2x}-\beta_1 v_{a1x}) \tag{1-10}$$

必须注意式（1-10）中的 F_x，是液流所受到的作用力，但在工程上往往需要的是固体壁面所受到的液流作用力，即 F_x 的反作用力 F'_x（称为稳态液动力）。

1.1.6　液体流动时的压力损失

实际液体具有黏性，在流动时就有阻力，为了克服阻力，就必须要消耗能量，这样就有能量损失。在液压传动中，能量损失主要表现为压力损失。

液压系统中的压力损失分两类。一类是由液压油沿等径直管流动时所产生的压力损失，称为沿程压力损失。这类压力损失是由于液体内部、液体和管壁间的摩擦力以及湍流流动时质点间的互相碰撞所引起的。另一类是液压油流经局部障碍（如弯头、接头、管通截面突然扩大或收缩）时，由于液流的方向和速度突然变化，在局部形成旋涡引起液压油质点间以及质点与固体壁面间互相碰撞和剧烈摩擦所产生的压力损失，称为局部压力损失。

1. 沿程压力损失

液体在直管中流动时的沿程压力损失经理论分析及实验验证，可用以下公式确定：

$$\Delta p_\lambda=\lambda\,\frac{l\rho v^2}{d^2} \tag{1-11}$$

式中 Δp_{λ}——沿程压力损失，Pa；

l——管路长度，m；

v——液流速度，m/s；

d——管路内径，m；

ρ——液体密度，kg/m^3；

λ——沿程阻力系数。

液体在不同的流动状态下，沿程阻力系数是不同的。在层流时，只与 Re 的值有关，理论上 $\lambda=64/Re$，而在实际计算中，液压油在金属圆管中流动时常取 $\lambda=75/Re$，在橡胶软管中流动时取 $\lambda=80/Re$。在湍流时 λ 不仅与 Re 的值有关，而且与管壁的相对粗糙度（管子内壁的平均绝对粗糙度 Δ 与管径 d 的比值，即 Δ/d）相关。在计算时，用实验的方法确定沿程阻力系数 λ。

由式（1-11）可以发现，液体在直圆通道内层流时，其沿程压力损失与液体的动力黏度、通道长度和液流速度的平方成正比，与通道内径的平方成反比。

2. 局部压力损失

液体经过局部障碍处的流动现象是十分复杂的，其压力损失一般由实验求得，也可用下式计算：

$$\Delta p_{\zeta}=\zeta\frac{\rho v^2}{2} \tag{1-12}$$

式中 Δp_{ζ}——局部压力损失；

ζ——局部阻力系数，由实验求得，具体数据可查阅有关液压传动设计计算手册；

v——液流的流速，一般情况下均指局部阻力后部的流速；

ρ——液体密度，kg/m^3。

对于液流通过各种阀时的局部压力损失，可在阀的产品样本中直接查得，或查得在公称流量 q_n 时的压力损失 Δp_n。若实际通过阀的流量 q 不是公称流量 q_n，且压力损失又是与流量有关的阀类元件，如换向阀、过滤器等，则压力损失可按下式计算：

$$\Delta p=\Delta p_n\left(\frac{q}{q_n}\right)^2 \tag{1-13}$$

3. 管路中的总压力损失

液压系统的管路通常由若干段管道组成，其中每一段又连接弯头、控制阀、管接头等形成的局部阻力装置，因此管路系统总的压力损失等于直管中的沿程压力损失 Δp_{λ} 及所有局部压力损失 Δp_{ζ} 的总和，即

$$\Delta p=\sum\Delta p_{\lambda}+\sum\Delta p_{\zeta}=\sum\lambda\frac{l\rho v^2}{d^2}+\sum\zeta\frac{\rho v^2}{2} \tag{1-14}$$

在液压传动中，管路一般都不长，而控制阀、弯头、管接头等的局部阻力则较大，沿程压力损失比局部压力损失小得多。因此，在大多数情况下，总的压力损失只包括局部压力损失和长管的沿程损失，只对这两项进行讨论计算。

压力损失过大，将使功率损耗增加、油液发热、泄漏增加、效率降低、液压系统性能变坏。因此，在液压技术中，研究压力损失的目的是为了正确估算压力损失的大小和找出减少压力损失的途径。从式（1-14）可以看出，减少流速、缩短管路长度、减少管路截面的突然变化、提高管路内壁的加工质量等，都可以减少压力损失，其中以液流速度的影响最大。

1.1.7 液压冲击和气穴现象

1. 液压冲击

在液压系统中，由于某种原因引起液体压力在某一瞬间突然急剧上升，而形成很高的压力峰值，这种现象称为液压冲击。

（1）产生液压冲击的原因

① 液流突然停止运动。

② 运动部件突然制动或换向。

③ 液压元件反应不灵。

（2）液压冲击的危害

① 巨大的瞬时压力峰值使液压元件，尤其是液压密封件遭受破坏。

② 系统产生强烈振动及噪声，并使油温升高。

③ 使压力控制元件（如压力继电器、顺序阀等）产生误动作，造成设备故障及事故。

（3）减小液压冲击的措施

① 延长阀门关闭和运动部件换向制动时间。当阀门关闭和运动部件换向制动时间大于0.3s时，液压冲击就大大减小。为控制液压冲击可采用换向时间可调的换向阀。

② 限制管道内液体的流速和运动部件速度，如机床液压系统常将管道内液体的流速限制在5m/s以下，运动部件速度一般小于10m/min等。

③ 适当加大管道内径，尽量缩短管路长度，采用橡胶软管。这样可减小压力冲击波在管道中的传播时间，采用软管可增加系统弹性，同时加大管道内径也可降低液体的流速，相应瞬时压力峰值也会减小。

④ 在液压冲击源附近设置蓄能器，这样可使压力冲击波往复一次的时间短于阀门关闭时间，从而减小液压冲击。

2. 气穴现象

在液压系统中，如果某处压力低于油液工作温度下的空气分离压力时，油液中空气就会分离出来而形成大量气泡；当压力进一步降低到油液工作温度下的饱和蒸气压力时，油液会迅速汽化而产生大量气泡。这些气泡混杂在油液中，产生气穴，使原来充满管道或液压元件中的油液成为不连续状态，这种现象一般称为气穴现象。

气穴现象一般发生在阀口和液压泵的进油口处。油液流过阀口的狭窄通道时，液流速度增加，压力大幅度下降，就可能出现气穴现象。液压泵的安装高度过高、吸油管道内径过小、吸油阻力太大或液压泵转速过高、吸油不充足等均可能产生气穴现象。

液压系统中出现气穴现象后，气泡随油液流到高压区时，在高压作用下气泡会迅速破裂，周围液体质点以高速来填补这一空穴，液体质点间高速碰撞而形成局部液压冲击，使局部的压力和温度均急剧升高，产生强烈的振动和噪声。

在气泡凝聚附近的管壁和元件表面因长期承受液压冲击及高温作用，以及油液中逸出气体的较强腐蚀作用，其表面金属被剥落，这种因气穴现象而产生的表面腐蚀称为气蚀。

为了防止产生气穴现象和气蚀，一般可采取下列措施：

① 减小流经小孔和间隙处的压力降，一般希望小孔和间隙前后的压力比$p_1/p_2<3.5$。

② 正确确定液压泵吸油管内径，对管内液体的流速加以限制，降低液压泵的吸油高度，尽量减小吸油管路中的压力损失，管接头密封良好，对于高压泵可采用辅助泵供油。

③ 整个系统管路尽可能直，避免急弯和局部窄缝等。

④ 提高元件抗气蚀能力。

⑤ 管路密封要良好，防止空气进入。

1.1.8 液压传动工作介质

液体是液压传动的工作介质，最常用的工作介质是液压油。液压油是液压系统中借以传递能量的工作介质，还兼有润滑、密封、冷却、防锈等功能。液压油质量的优劣直接影响液压系统的工作性能。

1. 液压油的物理性质

(1) 液体的密度　密度是单位体积液体的质量

$$\rho=m/V(\text{kg/m}^3)$$

液体的密度随着温度的上升而有所减小，随压力的提高稍有增加，但变化不大，通常忽略，一般取 $\rho=900\text{kg/m}^3$。

(2) 液体的可压缩性　液体受压力作用而发生体积缩小的性质称为液体的可压缩性。可压缩性用体积压缩系数 k 表示，并定义为单位压力变化下液体体积的相对变化量。设液体体积为 V_0，其压力变化量为 Δp，液体体积减小 ΔV，则

$$k=-\frac{1}{\Delta p}\times\frac{\Delta V}{V_0} \tag{1-15}$$

体积压缩系数公式 k 的单位为 m^2/N。由于压力增大时液体体积减小，因此式 (1-15) 右边需加负号，以使 k 为正值。液体的可压缩性很小，在很多情况下可以忽略不计。但在液体体积较大或进行液压系统动态分析时，必须考虑液体的可压缩性。常用液压油的 $k=(5\sim7)\times10^{-10}\text{m}^2/\text{N}$。

体积压缩系数 k 的倒数称为液体的体积弹性模数，用 K 表示：

$$K=\frac{1}{k}=-\frac{\Delta p V_0}{\Delta V} \tag{1-16}$$

液压油的体积弹性模数为 $(1.4\sim1.9)\times10^9\text{N/m}^2$。

(3) 液体的黏性　液体在外力作用下流动时，由于液体分子间的内聚力和液体分子与壁面间的附着力，阻碍液体分子间相对运动而产生的内摩擦力，这种特性称为黏性。黏性是液体重要的物理特性，也是选择液压油的主要依据。

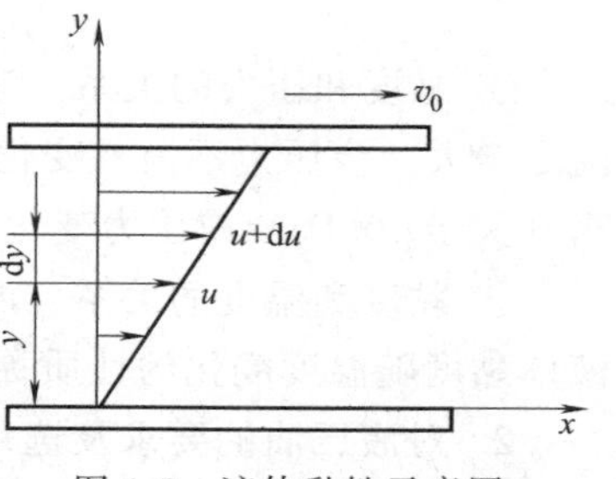

图 1-7　液体黏性示意图

黏性使流动液体内部各液层间的速度不等。如图 1-7 所示，两平行平板间充满液体，下平板不动，而上平板以速度 v_0 向右平动。由于黏性，紧贴于下平板的液体层速度为零，紧贴于上平板的液体层速度为 v_0，而中间各液体层的速度按线性分布。因此，不同速度流层相互制约而产生内摩擦力。

液体在外力作用下只有流动时才呈现出黏性，静止液体不呈现黏性。液体黏性的大小用黏度来衡量。

① 动力黏度 μ　动力黏度是指液体在单位速度梯度下流动时，接触液层间单位面积上内摩擦力。

在我国法定计量单位制及 SI 制中，动力黏度单位为帕·秒 (Pa·s) 或牛顿·秒/米^2

($N \cdot s/m^2$)；在 CGS 制中，黏度单位为泊（P）或厘泊（cP），达因·秒/厘米²（$dyn \cdot s/cm^2$）。换算关系：

$$1Pa \cdot s = 10P = 10^3 cP$$

② 运动黏度 ν

动力黏度 μ 与液体密度 ρ 之比值叫运动黏度。即

$$\nu = \frac{\mu}{\rho} \tag{1-17}$$

运动黏度 ν 没有明确的物理意义。其单位中有长度和时间的量纲，称为运动黏度。工程中常用运动黏度 ν 作为液体黏度的标志。液压油的牌号就是用液压油在 40℃时的运动黏度 ν（以 mm^2/s 计）的平均值来表示的，如某一种牌号 L-HL22 普通液压油在 40℃时运动黏度的平均值为 $22mm^2/s$。

在 SI 制运动黏度的单位为 m^2/s；在 CGS 制运动黏度的单位为：St（斯）、cSt（厘斯）。换算关系：$1m^2/s = 10^4 St(cm^2/s) = 10^6 cSt(mm^2/s)$。

③ 相对黏度 $°E_t$　相对黏度又称条件黏度。根据测量条件不同，各国采用的相对黏度的单位也不同。我国采用恩氏黏度 $°E_t$，美国采用赛氏黏度 SSU，英国采用雷氏黏度 R。

恩氏黏度用恩氏黏度计测定。其方法是：将 200mL 温度为 t（以℃为单位）的被测液体装入黏度计的容器，经其底部直径为 2.8mm 的小孔流出，测出液体流尽所需时间 t_1，再测出 200mL 温度为 20℃的蒸馏水在同一黏度计中流尽所需时间 t_2；这两个时间的比值即为被测液体在温度 t 下的恩氏黏度，即

$$°E_t = \frac{t_1}{t_2} \tag{1-18}$$

工业上常用 20℃、50℃、100℃作为测定恩氏黏度的标准温度，其相应恩氏黏度分别用 $°E_{20}$、$°E_{50}$、$°E_{100}$ 表示。

工程中常采用先测出液体的相对黏度，再根据关系式换算出动力黏度或运动黏度的方法，恩氏黏度和运动黏度（单位：m^2/s）的换算关系式为

$$\nu = \left(7.31°E_t - \frac{6.31}{°E_t}\right) \times 10^{-6} \tag{1-19}$$

④ 黏度和压力的关系　液体分子间的距离随压力增加而减小，内聚力增大，其黏度也随之增大。当压力不高且变化不大时，压力对黏度的影响较小，一般可忽略不计。当压力较高（大于 10^7Pa）或压力变化较大时，需要考虑这种影响。

⑤ 黏度和温度的关系　温度变化对液体的黏度影响较大，液体的温度升高其黏度下降。液体黏度随温度变化的性质称为黏温特性。

2. 对液压油的要求及选用

(1) 对液压油的要求　液压油是液压系统中借以传递能量的工作介质。液压油的主要功用是传递能量，此外还兼有润滑、密封、冷却、防锈等功能，负担这样功能的液压油必须稳定，不能因使用条件而改变性质。因此油液的性能会直接影响液压传动的性能，如工作的可靠性、灵敏性，工况的稳定性、系统的效率及零件的寿命等。一般在选择油液时应满足以下几项要求。

① 合适的黏度和良好的黏温特性：一般液压系统用油黏度为 $\nu = (11.5 \sim 41.3) \times 10^{-6} m^2/s$。

② 良好的润滑性。

③ 纯净度好，杂质少。

④ 对系统所用金属及密封件材料有良好的相容性。

⑤ 对热、氧化、水解都有良好稳定性，使用寿命长。

⑥ 抗泡沫性、抗乳化性和防锈性好，腐蚀性小。

⑦ 比热容和传热系数大，体积膨胀系数小，闪点和燃点高，流动点和凝固点低（凝固点是指油液完全失去其流动性的最高温度）。

⑧ 对人体无害，对环境污染小，成本低，价格便宜。

（2）液压油的选用　液压系统通常采用矿物油，常用的有机械油、精密机床液压油、汽轮机油和变压器油等。

一般根据液压系统的使用性能和工作环境等因素确定液压油的品种。当品种确定后，主要考虑油液的黏度。在确定油液黏度时主要应考虑系统工作压力、环境温度及工作部件的运动速度。当系统的工作压力、环境温度较高，工作部件运动速度较低时，为了减少泄漏，宜采用黏度较高的液压油。当系统工作压力、环境温度较低，而工作部件运动速度较高时，为了减少功率损失，宜采用黏度较低的液压油。

当选购不到合适黏度的液压油时，可采用调和的方法得到满足黏度要求的调和油。当液压油的某些性能指标不能满足某些系统较高要求时，可在油中加入各种改善其性能的添加剂——抗氧化、抗泡沫、抗磨损、防锈以及改进黏温特性的添加剂，使之适用于特定的场合。

液压油的牌号及其性能指标，可查阅有关液压手册。

制定方案

液压传动认知计划和决策表

<table>
<tr><td>情　境</td><td colspan="6">千斤顶液压系统分析</td></tr>
<tr><td>学习任务</td><td colspan="4">液压传动认知</td><td>完成时间</td><td></td></tr>
<tr><td>任务完成人</td><td>学习小组</td><td></td><td>组长</td><td></td><td>成员</td><td></td></tr>
<tr><td>需要学习的知识和技能</td><td colspan="6"></td></tr>
<tr><td rowspan="3">小组任务分配</td><td>小组任务</td><td>任务准备</td><td>管理学习</td><td>管理出勤、纪律</td><td colspan="2">管理卫生</td></tr>
<tr><td>个人职责</td><td>准备任务所需元件设备</td><td>认真努力学习并热情辅导小组成员</td><td>记录考勤并管理小组成员纪律</td><td colspan="2">组织值日并管理卫生</td></tr>
<tr><td>小组成员</td><td></td><td></td><td></td><td colspan="2"></td></tr>
<tr><td>完成工作任务的计划</td><td colspan="6"></td></tr>
<tr><td>完成任务载体的学习步骤</td><td colspan="6"></td></tr>
<tr><td>工作任务的初步方案</td><td colspan="6"></td></tr>
<tr><td>工作任务的最终方案</td><td colspan="6"></td></tr>
</table>

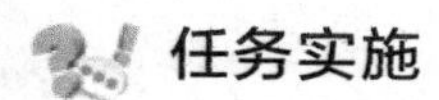

任务实施

千斤顶液压系统分析任务实施表

<table>
<tr><td>情　境</td><td colspan="6">千斤顶液压系统分析</td></tr>
<tr><td>学习任务</td><td colspan="4">液压传动认知</td><td>完成时间</td><td></td></tr>
<tr><td>任务完成人</td><td>学习小组</td><td></td><td>组长</td><td></td><td>成员</td><td></td></tr>
<tr><td colspan="7">应用获得的知识和技能完成任务要求</td></tr>
<tr><td colspan="7"></td></tr>
</table>

检查评估

千斤顶液压系统分析任务检查表

<table>
<tr><td>情　境</td><td colspan="6">千斤顶液压系统分析</td></tr>
<tr><td>学习任务</td><td colspan="4">液压传动认知</td><td>完成时间</td><td></td></tr>
<tr><td>任务完成人</td><td>学习小组</td><td></td><td>组长</td><td></td><td>成员</td><td></td></tr>
<tr><td colspan="2">液压千斤顶工作原理描述(写出不符合之处)</td><td colspan="5"></td></tr>
<tr><td colspan="2">掌握知识和技能的情况(写出没掌握之处)</td><td colspan="5"></td></tr>
<tr><td colspan="2">液压千斤顶各元件功用(写出不合理之处)</td><td colspan="5"></td></tr>
<tr><td colspan="2">需要补缺的知识和技能</td><td colspan="5"></td></tr>
<tr><td colspan="2">任务汇报 PPT 完成情况和情境学习表现及改进</td><td colspan="5"></td></tr>
</table>

子学习情境1.2 液压缸的拆装

液压缸是将液压泵输出的压力能转换为机械能的执行元件，它主要是用来输出直线运动（也包括摆动运动）。通过千斤顶工作原理分析可知，千斤顶做往复直线运动，其执行元件为液压缸。

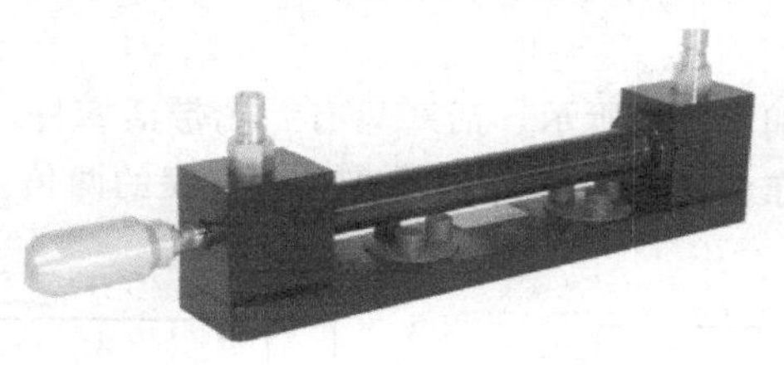

1.2.1 液压缸的类型及特点

液压缸按其结构形式，可以分为活塞缸、柱塞缸和摆动缸三类。活塞缸和柱塞缸实现往复运动，输出推力和速度，摆动缸则能实现小于360°的往复摆动，输出转矩和角速度。按作用方式可分为单作用式和双作用式两种。单作用式液压缸利用液压力实现单方向运动，反方向运动则依靠外力来实现。双作用式液压缸利用液压力实现正、反两个方向的往复运动。单作用式液压缸广泛应用于各种工程机械中，而双作用式液压缸在机床的液压系统中应用较多。

1.2.2 液压缸的工作原理

1. 活塞式液压缸

活塞式液压缸分为双杆式和单杆式两种。

（1）双杆式活塞缸　根据安装方式不同又可以分为缸筒固定式和活塞杆固定式两种。

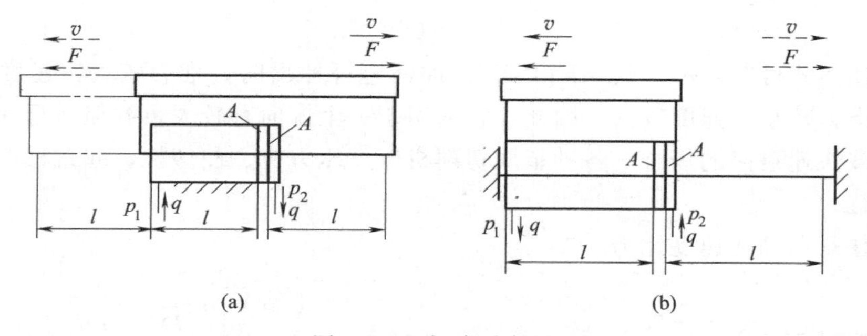

图1-8　双杆式活塞缸

双杆式活塞缸是活塞两端都带有活塞杆的液压缸（见图1-8）。当活塞杆直径相同、供油压力和流量不变时，活塞（或缸体）在两个方向的运动速度和推力也都相等，即

$$v=\frac{q}{A}=\frac{4q}{\pi(D^2-d^2)} \tag{1-20}$$

$$F=\frac{\pi}{4}(D^2-d^2)(p_1-p_2) \tag{1-21}$$

式中　q——输入流量；

A——活塞有效工作面积；

D，d——分别为活塞、活塞杆直径；

p_1，p_2——分别为缸进、出口压力。

双杆式活塞缸有两种不同的安装形式。图 1-8（a）所示为缸体固定方式，缸体固定时，液压缸上某一点的运动行程约等于活塞有效行程的三倍，一般用于中小型设备。图 1-8（b）所示为活塞杆固定方式，活塞杆固定时，液压缸上某一点的运动行程约等于缸体有效行程的两倍，常用于大中型设备。

（2）单杆式活塞缸　如图 1-9 所示，活塞只有一端带活塞杆，也有缸体固定和活塞杆固定两种形式，但它们的工作台移动范围都是活塞有效行程的两倍。

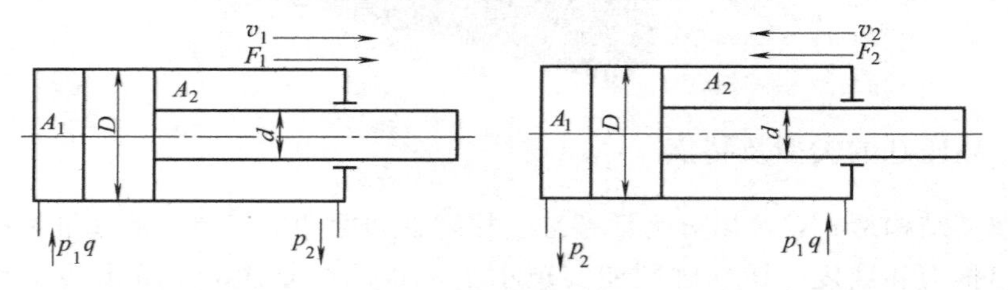

图 1-9　单杆式活塞缸

无杆腔进油，有杆腔回油。活塞上所产生的推力 F_1 和速度 v_1 为

$$F_1=p_1A_1-p_2A_2=\frac{\pi}{4}[D^2p_1-(D^2-d^2)p_2] \tag{1-22}$$

$$v_1=\frac{q}{A_1}=\frac{4q}{\pi D^2} \tag{1-23}$$

有杆腔进油，无杆腔回油。其活塞上所产生的推力 F_2 和速度 v_2 为

$$F_2=p_1A_2-p_2A_1=\frac{\pi}{4}[(D^2-d^2)p_1-D^2p_2] \tag{1-24}$$

$$v_2=\frac{q}{A_2}=\frac{4q}{\pi(D^2-d^2)} \tag{1-25}$$

比较上述两式可知，$v_1<v_2$，$F_1>F_2$。即活塞杆伸出时，推力较大，速度较小；活塞杆缩回时，推力较小，速度较大。因此，它适用于一个方向有较大负载但运行速度较低，另一方向为空载快速退回的场合。各种金属切削机床、压力机、注塑机、起重机的液压系统常用单杆活塞缸。

液压缸往复运动的速度比为

$$\lambda_v=\frac{v_2}{v_1}=\frac{D^2}{D^2-d^2} \tag{1-26}$$

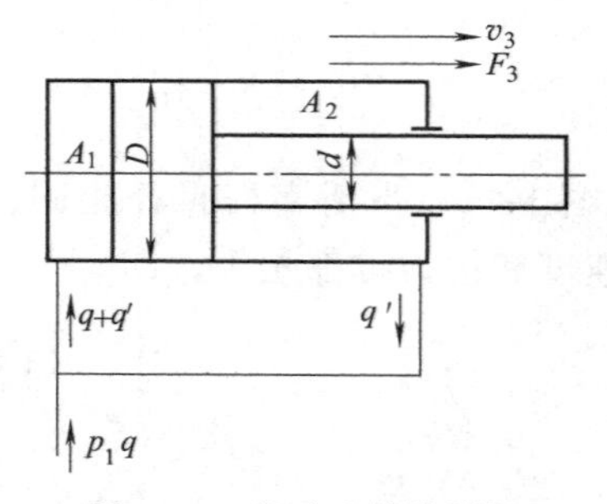

图 1-10　差动连接液压缸

式（1-26）表明，可以通过改变活塞与活塞杆的直径比值来满足两个方向的不同速度要求。

单杆式活塞缸还有另外一种非常重要的工作方式，即两腔同时通入液压油，如图 1-10 所示，这种油路连接方式为差动连接。在忽略两腔连通油路压力损失的情况下，差动连接时液压缸两腔的油液压力相等，但由于无杆腔受力面积大于有杆腔，活塞向右的作用力大于向左的作用力，活塞杆作伸出运动，并将有杆腔的油液挤出，流进无杆腔，加快活塞杆的伸出速度。

差动连接时，有杆腔排出流量 $q'=v_3A_2$ 进入有杆腔，则有

$$v_3=\frac{q+q'}{A_1}=\frac{q+v_3A_2}{A_1} \tag{1-27}$$

$$v_3=\frac{q}{A_1-A_2}=\frac{4q}{\pi d^2} \tag{1-28}$$

差动连接时，$p_1\approx p_2$，活塞推力 F_3 为

$$F_3=p_1A_1-p_2A_2\approx\frac{\pi}{4}D^2p_1-\frac{\pi}{4}(D^2-d^2)p_1=\frac{\pi}{4}d^2p_1 \tag{1-29}$$

由式（1-29）可知，差动连接时液压缸的推力比非差动连接时小，速度比非差动连接时大，正好利用这一点，可使在不加大流量的情况下得到较快的运动速度，这种连接方式被广泛应用于组合机床的液压动力滑台和其他机械设备的快速运动中。

2. 柱塞式液压缸

柱塞式液压缸是单作用液压缸，图1-11（a）所示为一种柱塞式液压缸，柱塞与工作部件连接，缸筒固定在机体上（也可以改变固定方式，使柱塞固定，缸筒带动工作部件运动）。油液进入缸筒，推动柱塞向右运动，但反方向时必须依靠外力（如弹簧力、部件的重力等）来驱动。图1-11（b）所示为一种双柱塞式液压缸，它能用压力油实现两个方向的运动。当柱塞直径为 d，输入液压油的流量为 q，压力为 p 时，其产生的速度 v 和推力 F 为

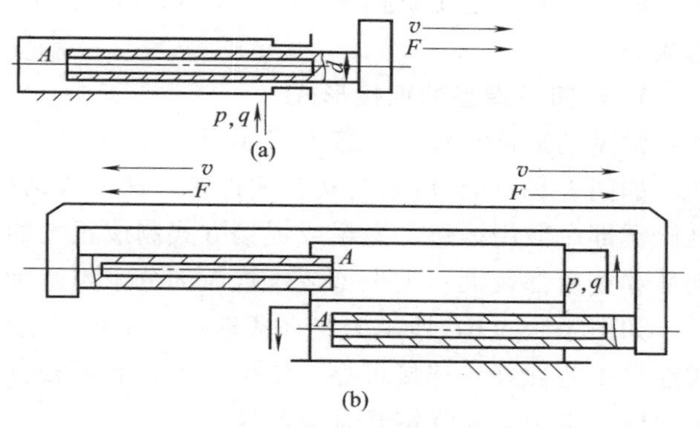

图1-11 柱塞式液压缸

$$v=\frac{q}{A}=\frac{4q}{\pi d^2} \tag{1-30}$$

$$F=pA=\frac{\pi}{4}pd^2 \tag{1-31}$$

柱塞工作时恒受挤压，为保证压杆的稳定，柱塞必须有足够的刚度，故一般柱塞较粗、重量较大，水平安装时易产生单边磨损，因此柱塞式液压缸适用于垂直安装使用。水平安装使用时，为减轻重量，有时制成空心柱塞。

柱塞式液压缸最大的特点是柱塞不与缸筒接触，运动时靠缸盖上的导向套来导向，因而对缸筒内壁的精度要求很低，甚至可以不加工，因此工艺性好、成本低，特别适用于行程较长的场合，如龙门刨床、导轨磨床等。

1.2.3 液压缸的典型结构举例

如图1-12所示，单活塞杆液压缸主要由缸底1、缸筒6、缸盖10、活塞4、活塞杆7和导向套8等组成。缸筒一端与缸底焊接，另一端与缸盖采用螺纹连接。活塞与活塞杆采用卡键连接。为了保证液压缸的可靠密封，在相应部位设置了密封圈3、5、9、11和防尘圈12。

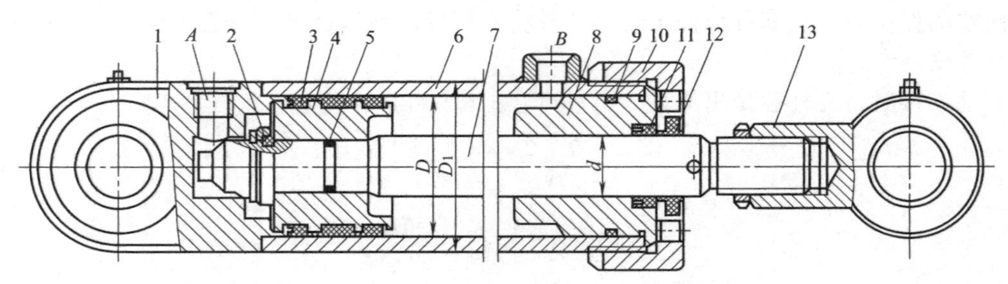

图 1-12 单杆活塞缸的典型结构

1—缸底；2—卡键；3,5,9,11—密封圈；4—活塞；6—缸筒；7—活塞杆；

8—导向套；10—缸盖；12—防尘圈；13—耳轴

1.2.4 液压缸的组成

液压缸基本上由缸筒和端盖、活塞与活塞杆、密封装置、缓冲装置、排气装置五部分组成。

1. 缸筒与端盖的连接形式

常见的缸体组件的连接方式如图 1-13 所示。

如图 1-13（a）所示为法兰式连接，法兰式结构简单，加工和装拆都很方便，连接可靠。缸筒端部一般用铸造、镦粗或焊接方式制成粗大的外径，用以穿装螺栓或旋入螺钉。其径向尺寸和重量都较大。大中型液压缸大部分采用此种结构。

如图 1-13（b）所示为半环式连接，半环式连接分外半环连接和内半环连接两种。半环式连接工艺性好、连接可靠、结构紧凑、装拆较方便，但半环槽对缸筒强度有所削弱，需加厚筒壁，常用于无缝钢管缸筒与端盖的连接。

螺纹式连接有外螺纹连接［见图 1-13（c）］和内螺纹连接［见图 1-13（f）］两种。其特点是重量轻、外径小、结构紧凑，但缸筒端部结构复杂，外径加工时要求保证内外径同轴，装卸需专用工具，旋端盖时易损坏密封圈，一般用于小型液压缸。

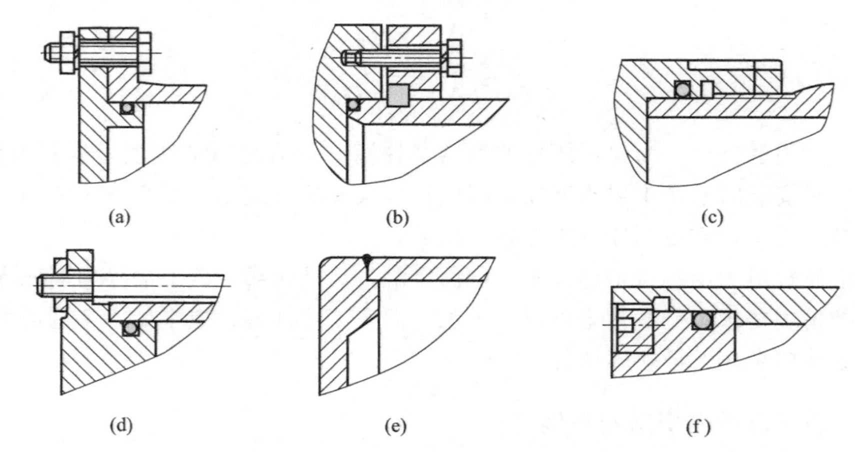

图 1-13 缸筒与端盖的连接形式

如图 1-13（d）所示为拉杆式连接，拉杆式连接结构通用性好，缸筒加工方便，装拆方便，但端盖的体积较大，重量也较大，拉杆受力后会拉伸变形，影响端部密封效果，只适用于长度不大的中低压缸。

如图 1-13（e）所示为焊接式连接，焊接式连接外形尺寸较小，结构简单，但焊接时易引起缸筒变形，主要用于柱塞式液压缸。

2. 活塞和活塞杆的连接

活塞与活塞杆的连接大多采用图 1-14 所示的方法。其中图 1-14（a）所示为螺纹连接结构。这种连接形式结构简单实用，应用较为普遍。当油缸工作压力较大，工作机械振动较大时，常采用图 1-14（b）所示的卡键连接结构。这种连接方法可以使活塞在活塞杆上浮动，使活塞与缸体不易卡住，它比螺纹连接要好，但结构稍复杂些。

在小直径的液压缸中，也有将活塞和活塞杆做成一个整体结构形式的。

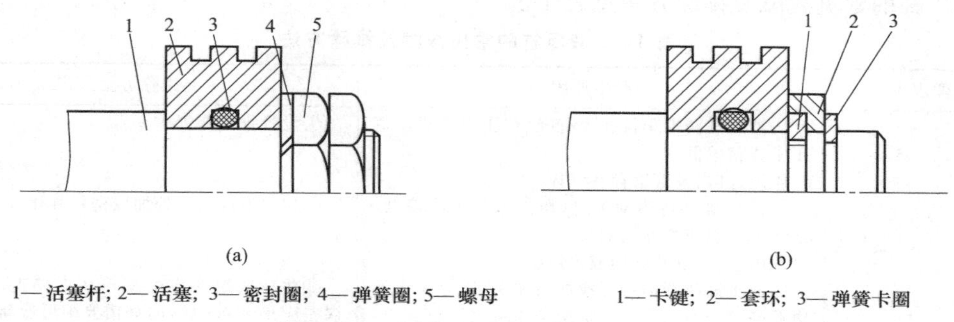

1—活塞杆；2—活塞；3—密封圈；4—弹簧圈；5—螺母　　1—卡键；2—套环；3—弹簧卡圈

图 1-14　活塞与活塞杆的连接结构图

3. 缓冲装置

当液压缸带动质量较大的部件作快速往复运动时，由于运动部件具有很大的动能，因此当活塞运动到液压缸终端时，会与端盖碰撞，而产生冲击和噪声。这种机械冲击不仅引起液压缸的有关部分的损坏，而且会引起其他相关机械的损伤。为了防止这种危害，保证安全，应采取缓冲措施，对液压缸运动速度进行控制。

如图 1-15 所示为节流缓冲的两种形式：缝隙节流缓冲和小孔节流缓冲。当活塞移至端部，缓冲柱塞开始插入缸端的缓冲孔时，活塞与缸端之间形成封闭空间，该腔中受困挤的剩余油液只能从节流小孔或缓冲柱塞与孔槽之间的节流环缝中挤出，从而造成背压迫使运动柱塞降速制动，实现缓冲。

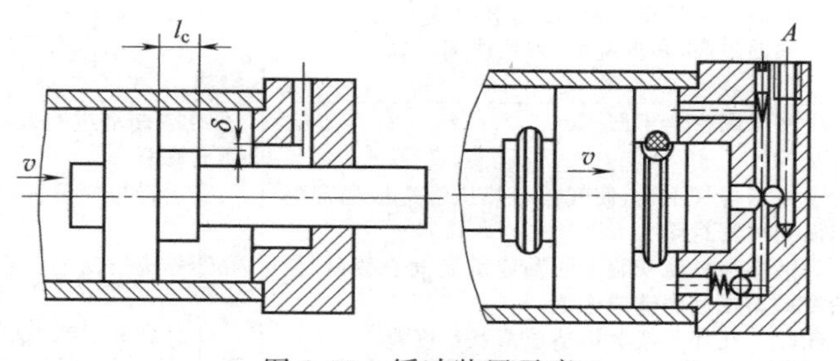

图 1-15　缓冲装置示意

4. 排气装置

液压缸中不可避免地会混入空气，由此会引起活塞运动时的爬行和振动，产生噪声，甚至使整个液压系统不能正常工作。排气装置安装在液压缸的最上部位置。常用排气装置的结构如图 1-16 所示。

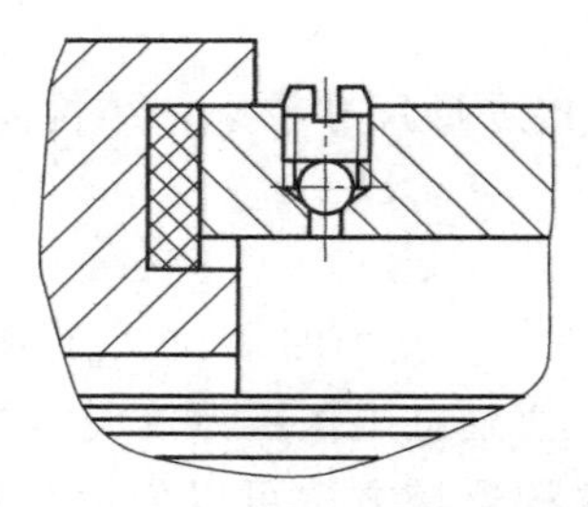
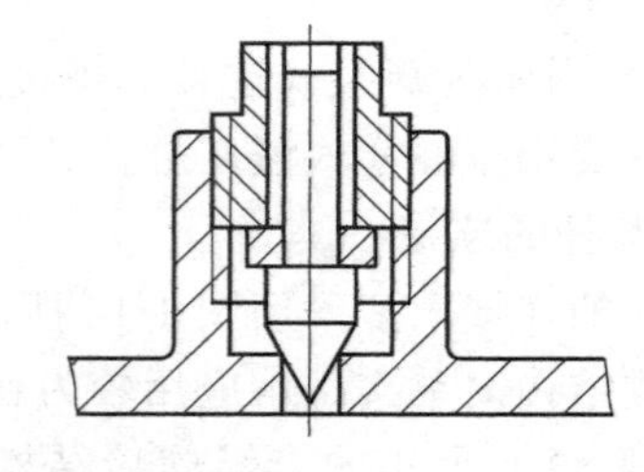

图 1-16 排气装置结构

5. 液压缸的常见故障及其排除方法

液压缸的常见故障及排除方法见表 1-2。

表 1-2 液压缸的常见故障及排除方法

故障现象	产生原因	排除方法
爬行	①液压缸两端爬行并伴有噪声,压力表显示值正常或稍偏低 原因:缸内及管道存在气体 ②液压缸爬行逐渐加重,压力表显示值偏低,油箱无气泡或少许气泡 原因:液压缸某处形成负压吸气 ③液压缸两端爬行现象逐渐加重,压力表显示值偏高 原因:活塞与活塞杆不同轴 ④液压缸爬行部位规律性很强,运动部件伴有抖动,导向装置表面发白,压力表显示值偏高 原因:导轨或滑块夹得太紧或导轨与缸的平行度误差过大 ⑤液压缸爬行部位规律性很强,压力表显示值时高时低 原因:液压缸内壁或活塞表面拉伤,局部磨损严重或腐蚀	①设置排气装置 ②找出形成负压处加以密封并排气 ③将活塞组件装在 V 形块上校正,同轴度误差应小于 0.04mm,如需要则更换新活塞 ④调整导轨或滑块压紧条的松紧度,既要保证运动部件的精度,又要保证滑行阻力小。若调整无效,应检查缸与导轨的平行度,并修刮接触面加以校正 ⑤镗缸的内孔,重配活塞
推力不足、速度下降、工作不稳定	①液压缸内泄漏严重 ②液压缸工作段磨损不均匀,造成局部形状误差过大,致使局部区域高、低压腔密封性变差而内泄 ③活塞杆密封圈压得太紧或活塞杆弯曲 ④油液污染严重,污物进入滑动部位 ⑤油温过高,黏度降低,致使泄漏增加	①更换密封圈。如果活塞与缸内孔的间隙由于磨损而变大,可加装密封圈或更换活塞 ②镗磨修复缸内孔,新配活塞 ③调整活塞杆密封圈压紧度,以不漏油为准,校直活塞杆 ④更换油液 ⑤检查油温升高的原因,采取散热和冷却措施
泄漏	①密封圈密封不严 ②由于排气不良,使气体绝热压缩造成局部高温而损坏密封圈 ③活塞与缸筒安装不同轴或承受偏心载荷,使活塞倾斜或偏磨造成内泄 ④缸内孔加工或磨损造成形状精度差	①检查密封圈及接触面有无伤痕,加以更换或修复 ②增设排气装置,及时排气 ③检查缸筒与活塞的同轴度并修正对中 ④镗缸孔,重配活塞
噪声	①滑动面的油膜破坏或压力过高造成润滑不良,导致滑动金属表面的摩擦声响 ②滑动面的油膜破坏或密封圈的刮削过大,导致密封圈出现异常声响 ③活塞运行到液压缸端头时,特别是立式液压缸,发生抖动和很大的噪声是活塞下部空气绝热压缩所致	①停车检查,防止滑动面的烧结,加强润滑 ②加强润滑,若密封圈刮削过大,用砂纸或纱布轻轻打磨唇边,或调整密封圈压紧度,以消除异常声响 ③使活塞慢慢运动,往复数次,每次均到顶端,以排除缸内气体,即可消除严重噪声并可防止密封圈烧伤

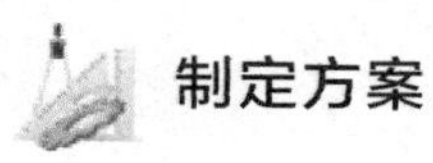

制定方案

液压缸的拆装计划和决策表

<table>
<tr><td>情　境</td><td colspan="6">千斤顶液压系统分析</td></tr>
<tr><td>学习任务</td><td colspan="4">液压缸的拆装</td><td>完成时间</td><td></td></tr>
<tr><td>任务完成人</td><td>学习小组</td><td></td><td>组长</td><td></td><td>成员</td><td></td></tr>
<tr><td>需要学习的知识和技能</td><td colspan="6"></td></tr>
<tr><td rowspan="3">小组任务分配</td><td>小组任务</td><td>任务准备</td><td>管理学习</td><td>管理出勤、纪律</td><td colspan="2">管理卫生</td></tr>
<tr><td>个人职责</td><td>准备任务所需元件设备</td><td>认真努力学习并热情辅导小组成员</td><td>记录考勤并管理小组成员纪律</td><td colspan="2">组织值日并管理卫生</td></tr>
<tr><td>小组成员</td><td></td><td></td><td></td><td colspan="2"></td></tr>
<tr><td>完成工作任务的计划</td><td colspan="6"></td></tr>
<tr><td>完成任务载体的学习步骤</td><td colspan="6"></td></tr>
<tr><td>工作任务的初步方案</td><td colspan="6"></td></tr>
<tr><td>工作任务的最终方案</td><td colspan="6"></td></tr>
</table>

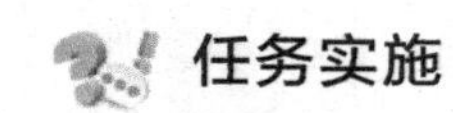

任务实施

液压缸的拆装任务实施表

<table>
<tr><td>情　境</td><td colspan="7">千斤顶液压系统分析</td></tr>
<tr><td>学习任务</td><td colspan="5">液压缸的拆装</td><td>完成时间</td><td></td></tr>
<tr><td>任务完成人</td><td>学习小组</td><td></td><td>组长</td><td></td><td>成员</td><td colspan="2"></td></tr>
<tr><td colspan="8">应用获得的知识和技能完成任务要求</td></tr>
</table>

检查评估

液压缸的拆装任务检查表

<table>
<tr><td>情 境</td><td colspan="7">千斤顶液压系统分析</td></tr>
<tr><td>学习任务</td><td colspan="5">液压缸的拆装</td><td>完成时间</td><td></td></tr>
<tr><td>任务完成人</td><td>学习小组</td><td></td><td>组长</td><td></td><td>成员</td><td colspan="2"></td></tr>
<tr><td colspan="2">液压缸工作原理描述(写出不符合之处)</td><td colspan="6"></td></tr>
<tr><td colspan="2">掌握知识和技能的情况(写出没掌握之处)</td><td colspan="6"></td></tr>
<tr><td colspan="2">液压缸的连接方式(最少写出三种)</td><td colspan="6"></td></tr>
<tr><td colspan="2">需要补缺的知识和技能</td><td colspan="6"></td></tr>
<tr><td colspan="2">任务汇报 PPT 完成情况和情境学习表现及改进</td><td colspan="6"></td></tr>
</table>

习 题

1.1 什么是液体的黏性？常用的黏度方法表示有哪几种？如何定义？

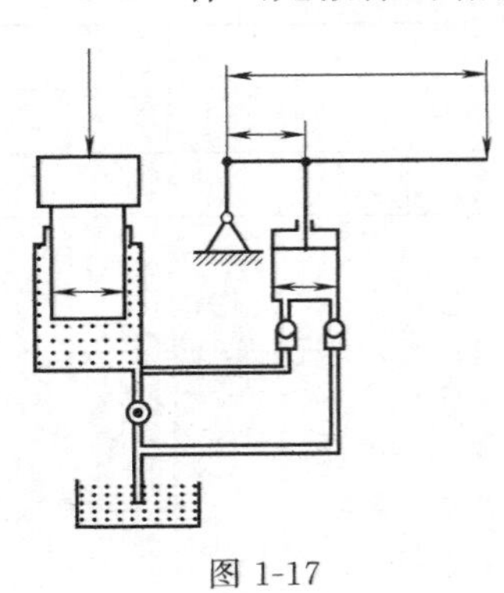

图 1-17

1.2 如图 1-17 所示，千斤顶的小活塞直径为 10mm，行程 20mm，大活塞直径为 40mm，重物 W 为 50000N，杠杆比为 $L:l=500:25$，求：

（1）杠杆端施加多少力才能举起重物 W？

（2）此时密封容积中的液体压力等于多少？

1.3 列举哪些设备用了液压技术？

1.4 什么是液压和气压传动，各自有何传动特点？

1.5 液压传动的基本特征是什么？

1.6 说明伯努利方程的物理意义，并指出理想液体伯努利方程和实际液体伯努利方程的区别。

1.7 什么是液压冲击？可采取哪些措施来减小液压冲击？

1.8 什么是差动液压缸？用在什么场合？怎么计算差动缸的运动速度和牵引力？

1.9 如图 1-18 所示三种形式的液压缸，活塞和活塞杆直径分别为 D、d，如进入液压缸的流量为 q，压力为 p，若不计压力损失和泄漏，试分别计算各缸产生的推力、运动速度大小和运动方向。

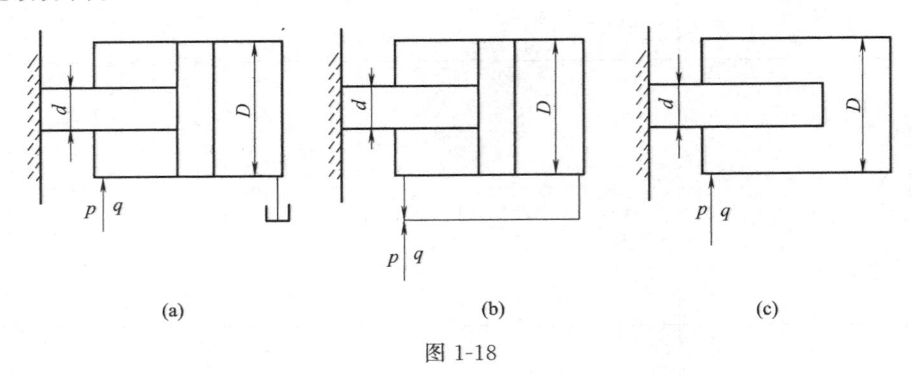

图 1-18

学习情境 2

供热油罐车液压系统分析

学习目标

1. 能够选用合适液压泵、液压马达；
2. 能够熟练利用换向阀组建回路；
3. 能够选用适合的辅助元件；
4. 能够组建供热油罐车的液压回路。

情境导入

供热油罐车液压系统组建工作任务单

<table>
<tr><td>情　境</td><td colspan="7">供热油罐车液压系统分析</td></tr>
<tr><td>学习任务</td><td colspan="5">供热油罐车液压系统组建</td><td>完成时间</td><td></td></tr>
<tr><td>任务完成人</td><td>学习小组</td><td></td><td>组长</td><td></td><td>成员</td><td colspan="2"></td></tr>
<tr><td>任务要求</td><td colspan="7">1. 掌握液压泵和液压马达的工作原理、结构及选用；
2. 掌握方向控制阀的符号、功用、结构及应用；
3. 掌握电气元件及电路组建；
4. 掌握方向控制回路的组建。</td></tr>
<tr><td>任务载体和资讯</td><td colspan="3"></td><td colspan="4">1. 液压泵和液压马达的工作原理及应用；
2. 方向控制阀结构及应用；
3. 方向控制回路的组建；
4. 电气元件及电路的组建。</td></tr>
<tr><td>资料查询情况</td><td colspan="7"></td></tr>
<tr><td>完成任务注意点</td><td colspan="7">1. 电控换向阀的电路组建；
2. 方向控制阀的符号、含义及中位机能的应用；
3. 复习基本电路的组建。</td></tr>
</table>

任务描述

学习目标	学习内容	任务准备
1. 能够选用合适液压泵、液压马达 2. 能够熟练利用换向阀组建回路 3. 能够选用适合的辅助元件 4. 能够组建供热油罐车的液压回路	1. 液压泵与液压马达的工作原理 2. 方向控制阀 3. 方向控制回路组建 4. 供热油罐车液压系统组建	前期准备：液压泵、液压马达、方向控制阀 知识准备：液压泵、液压马达、方向控制阀、方向控制回路组建、电路的组建

知识链接

子学习情境 2.1 液压泵和液压马达

2.1.1 液压泵概述

1. 液压泵的工作原理

液压泵作为液压系统的动力元件，将电动机或其他原动机输入的机械能转换为液体的压力能，向系统供油。

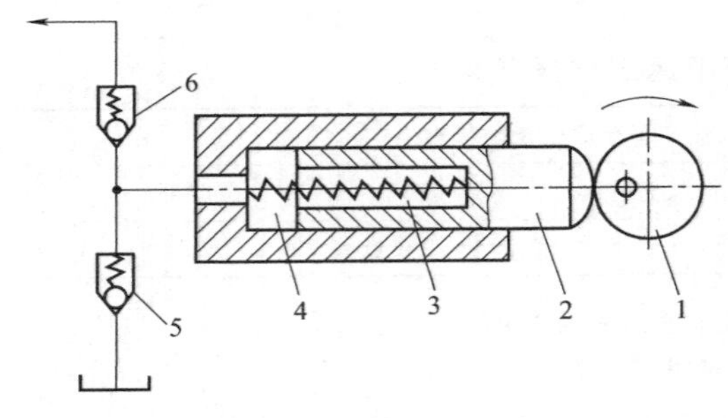

图 2-1 容积泵的工作原理

1—凸轮；2—柱塞；3—弹塞；4—密封工作腔；5—吸油阀；6—压油阀

液压传动系统中使用的液压泵都是容积式的。容积泵的工作原理如图 2-1 所示。当凸轮 1 由电动机带动旋转时，柱塞 2 做往复运动。柱塞右移时，密封工作腔 4 的容积逐渐增大，形成局部真空，油箱中的油液在大气压力作用下，通过单向阀 5 进入工作腔 4，这是吸油过程。当柱塞左移时，工作腔 4 的容积逐渐减小，使腔内油液打开单向阀 6 进入系统，这是压油过程。偏心轮不断旋转，泵就不断地吸油和压油。

由此可见，液压泵输出的流量取决于密封工作腔容积变化的大小；泵的输出压力取决于油液从工作腔排出时所遇到的阻力。

总之，密封容积增大，产生真空，吸油；密封容积减小，油液被迫压出，压油。故一般称为容积式液压泵。

2. 液压泵的分类

① 按输出流量是否可调节：定量泵、变量泵。

② 按结构形式：齿轮式、叶片式、柱塞式。

③ 按输油方向能否改变：单向、双向。

④ 按使用压力：低压、中压、高压。

3. 液压泵基本工作条件（必要条件）

① 形成密封容积。

② 密封容积变化。液压泵输出流量与此空间的容积变化量和单位时间内的变化次数成

正比，与其他因素无关。这是容积式液压泵的一个重要特性。

③ 具有相应的配流机构，将吸压油腔隔开（配流装置）。保证液压泵有规律地、连续地吸、排液体。液压泵的结构原理不同，其配油机构也不相同。

④ 油箱内液体的绝对压力必须恒等于或大于大气压力。这是容积式液压泵能够吸入油液的外部条件。因此，为保证液压泵正常吸油，油箱必须与大气相通，或采用密闭的充压油箱。

2.1.2 液压泵的性能参数

1. 压力

（1）工作压力　是指液压泵实际工作时的压力。对液压泵来说，工作压力是指它的输出油液压力；对液压马达来说，则是指它的输入压力。

（2）额定压力　是指液压泵在正常工作条件下按试验标准规定的连续运转的最高压力，超过此值就是过载。

2. 排量和流量

（1）排量（用 V 表示，m^3）　是指液压泵泵轴每转一转，由其密封油腔几何尺寸变化所算得的输出液体的体积，亦即在无泄漏的情况下，其每转一转所能输出的液体体积。

（2）理论流量（用 q_i 表示，m^3/s）　是指液压泵在单位时间内由其密封油腔几何尺寸变化计算而得出的输出的液体体积，亦即在无泄漏的情况下单位时间内所能输出的液体体积。液压泵的转速为 n（r/min）时，液压泵的理论流量为 $q_i=Vn$。

（3）额定流量　是指在正常工作条件下，按试验标准规定必须保证的流量。亦即在额定转速和额定压力下由液压泵输出的流量。因液压泵存在内泄漏，所以额定流量的值和理论流量是不同的。

3. 功率和效率

（1）理论功率

$$P_i=pq_i \tag{2-1}$$

式中，P_i 为理论功率，W。

（2）输入功率　即泵轴的驱动功率或马达的输出功率

$$P_r=\omega T=2\pi nT \tag{2-2}$$

（3）输出功率

$$P_o=pq \tag{2-3}$$

结论：液压传动系统液体所具有的功率，即液压功率等于压力和流量的乘积，若忽略能量损失，则 $P_o=P_r$。即

$$P_i=pq_i=pVn=T_i\omega=2\pi T_i n \tag{2-4}$$

式中，T_i 为液压泵的理论转矩，N·m；p 为压强，Pa；ω 为液压泵的角速度，rad/s。

因为实际上有能量损失，所以，$P_o<P_r$。两者之间的差值即为功率损失，有容积损失和机械损失两部分，分别用容积效率（η_v）和机械效率（η_m）来表示。

（4）容积效率　液压泵容积效率是指实际流量与理论流量之比值。

$$\eta_v=\frac{q}{q_i}=\frac{q_i-q_s}{q_i}=1-\frac{q_s}{q_i} \tag{2-5}$$

式中　q_s——泄漏流量。

（5）机械效率　液压泵机械效率是指理论转矩与实际输入转矩之比值。

$$\eta_m=\frac{T_i}{T}=\frac{1}{1+\frac{T_s}{T_i}} \quad (2\text{-}6)$$

式中 T_s——转矩损失。

(6) 总效率 液压泵的总效率（η）是指液压泵的输出功率与其输入功率的比值。

$$\eta=\frac{P_o}{P_r}=\frac{pq}{2\pi nT}=\frac{pVn\eta_v}{2\pi nT}=\eta_v\eta_m \quad (2\text{-}7)$$

结论：总效率等于容积效率与机械效率之乘积。

2.1.3 齿轮泵

齿轮泵按结构形式可分为外啮合和内啮合两种，内啮合齿轮泵应用较少，故本节只介绍外啮合齿轮泵。外啮合齿轮泵具有结构简单、紧凑、容易制造、成本低、对油液污染不敏感、工作可靠、维护方便、寿命长等优点，故广泛应用于各种低压系统中。随着齿轮泵在结构上的不断完善，中、高压齿轮泵的应用逐渐增多。目前高压齿轮泵的工作压力可达14～21MPa。

1. 齿轮泵的工作原理

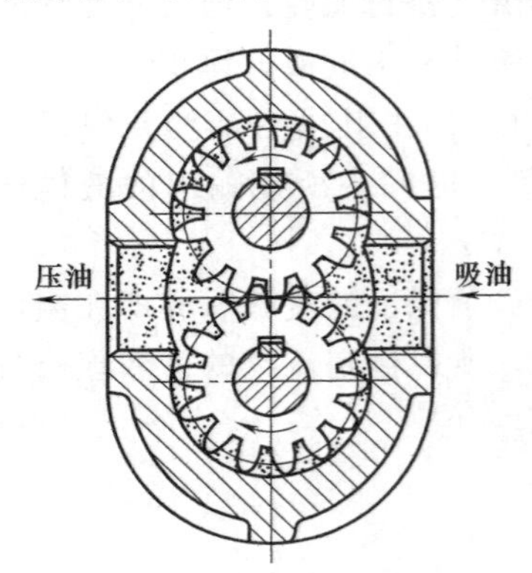

图 2-2 齿轮泵的工作原理

如图 2-2 所示，在泵体内有一对齿数相同的外啮合渐开线齿轮，齿轮两侧有端盖。泵体、端盖和齿轮之间形成了密封容积，并由两个齿轮的齿面接触线将左右两腔隔开，形成了吸、压油腔。当齿轮按图示方向旋转时，右侧吸油腔内的相互啮合的轮齿相继脱开，使密封容积逐渐增大，形成局部真空，油箱中的油液在大气压力作用下进入吸油腔，并随着旋转的轮齿进入左侧压油腔。左侧压油腔的轮齿则不断进入啮合，使密封容积减小，挤出油液，通过与压油口相连的管道向系统输送压力油。在齿轮工作过程中，只要泵轴旋转方向不变，其吸、压油腔的位置就不变，啮合处的齿面接触线一直分隔吸、压油两腔，起配油作用，因此齿轮泵中没有专门的配流机构。

2. 齿轮泵的排量和流量计算

由于齿轮啮合时，啮合点位置瞬间变化，其工作容积变化率不等，所以，瞬时流量不均匀，即有脉动，计算瞬时流量时须积分计算才精确，比较麻烦，一般用近似计算法。齿轮泵实际流量：

$$q=q_i\eta_v=6.66m^2zBn\eta_v \quad (2\text{-}8)$$

式中，m 为模数；z 为齿数；B 为齿宽；n 为齿轮泵转速，r/min；η_v 为齿轮泵的容积效率。

因为每一对轮齿啮合时，啮合点位置变化引起瞬时流量变化，所以出现流量脉动，公式所表示的是泵的平均输油量。泵的齿数越小，齿槽越深，流量脉动越大。流量脉动会引起压力波动，造成液压系统的振动和噪声，影响传动的平稳性。

3. 齿轮泵的结构

齿轮泵外形大致相同，而内部结构却不同，可分为：无侧板型、浮动侧板型和浮动轴套型。

CB-B 型齿轮泵为无侧板型，它是三片式结构中低压齿轮泵，结构简单，不能受较高的压力。其额定压力为 2.5MPa，额定转速为 1450r/min。其结构如图 2-3 所示。

长轴 12 装有主动齿轮，短轴 15 装有从动齿轮。用圆柱销 17 和螺钉 9 把泵体 7 与前盖 8 和后盖 4 装在一起，构成齿轮泵的密封容腔。泄漏通道 14 将泄漏到轴承的油通过短轴中心孔流回吸油腔。卸荷沟槽 16 使泵体与前后盖结合面外泄的高压油流回吸油腔。

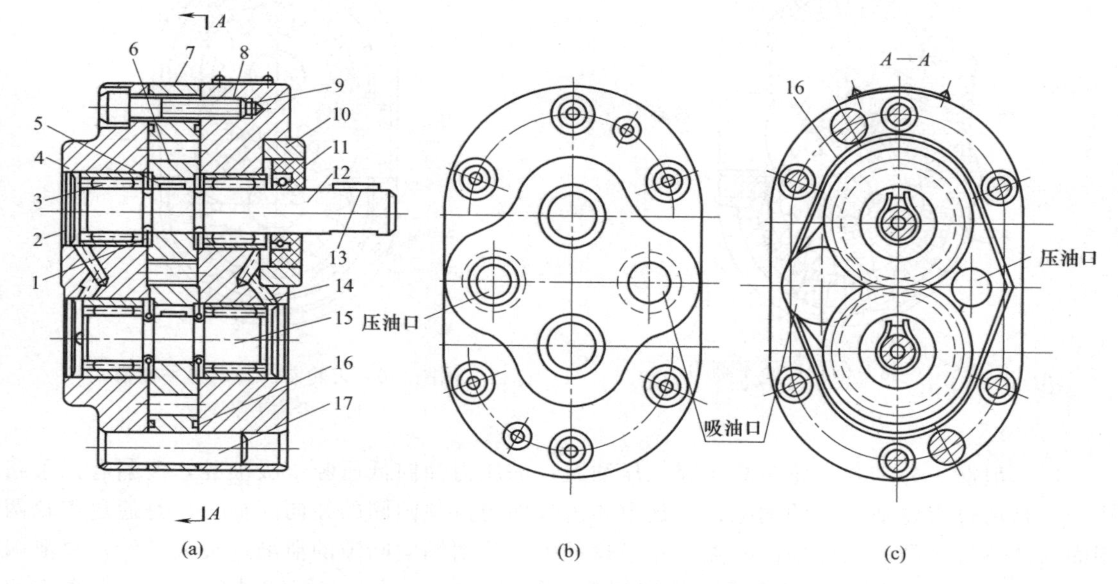

图 2-3　CB-B 型齿轮泵的结构

1—弹簧挡圈；2—压盖；3—滚动轴承；4—后盖；5—键；6—齿轮；7—泵体；8—前盖；9—螺钉；10—密封座；11—密封环；12—长轴；13—键；14—泄漏通道；15—短轴；16—卸荷沟槽；17—圆柱销

4. 外啮合齿轮泵在结构上存在的几个问题

（1）困油现象　齿轮泵要平稳工作，齿轮啮合的重叠系数必须大于 1，于是总有两对轮齿同时啮合，并有一部分油液被围困在两对轮齿所形成的封闭空腔之间，如图 2-4 所示。这个封闭的容积随着齿轮的转动在不断地发生变化。封闭容腔由大变小时，被封闭的油液受挤压并从缝隙中挤出而产生很高的压力，油液发热，并使轴承受到额外负载；而封闭容腔由小变大，又会造成局部真空，使溶解在油中的气体分离出来，产生气穴现象。这些都将使泵产生强烈的振动和噪声，这就是齿轮泵的困油现象。

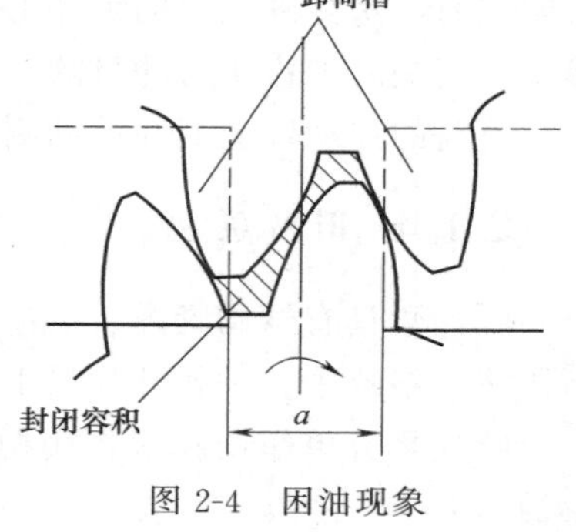

图 2-4　困油现象

消除困油方法：在泵盖（或轴承座）上开卸荷槽以消除困油，CB-B 型泵将卸荷槽整个向吸油腔侧平移一段距离，效果更好。

（2）径向不平衡力　在齿轮泵中，液体作用在齿轮外圆上的压力是不相等的，从低压腔到高压腔，压力沿齿轮旋转方向逐渐上升，见图 2-5，因此齿轮受到径向不平衡力的作用。工作压力越高，径向不平衡力也越大。径向不平衡力过大时能使泵轴弯曲，齿顶与泵体接触，产生摩擦，同时也加速轴承的磨损，这是影响齿轮泵寿命的主要原因。为了减小径向不平衡力的影响，常采用的最简单的方法就是缩小压油口，使压油腔的压力油仅作用在一个齿到两个齿的范围内；可采用如图 2-6 所示在泵端盖设径向力平衡槽的结构。

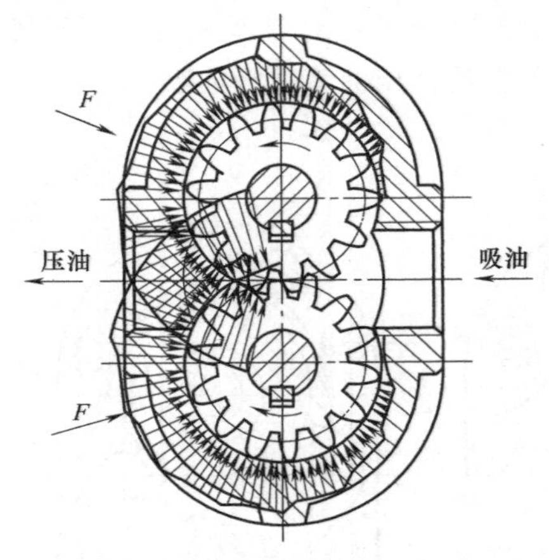

图 2-5 齿轮泵的径向不平衡力

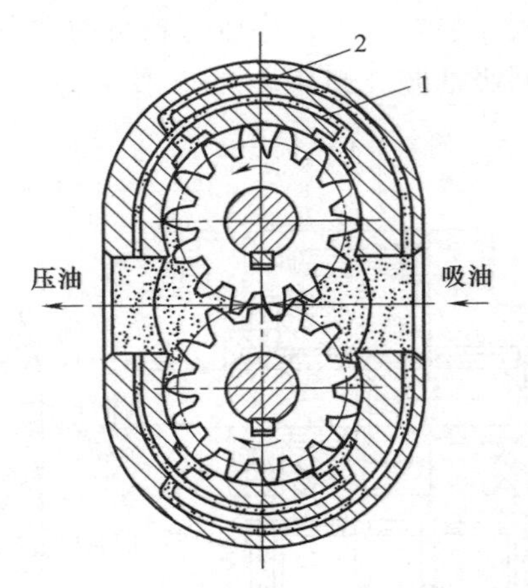

图 2-6 齿轮泵的径向力平衡槽

1,2—径向力平衡槽

(3) 泄漏 外啮合齿轮泵高压腔（压油腔）的压力油向低压腔（吸油腔）泄漏有三条路径：一是通过齿轮啮合处的间隙；二是泵体内表面与齿顶圆间的径向间隙；三是通过齿轮两端面与两侧端盖间的端面轴向间隙。三条途径中，端面轴向间隙的泄漏量最大，约占总泄漏量的 70%～80%。因为普通齿轮泵的容积效率较低，输出压力也不容易提高。要提高齿轮泵的压力，首要的问题是要减小端面的轴向间隙。

5. 提高外啮合齿轮泵压力的措施

要提高外啮合齿轮泵的工作压力，必须减小端面轴向间隙泄漏，一般采用齿轮端面间隙自动补偿的办法来解决这个问题。

齿轮端面间隙自动补偿原理，是利用特制的通道把泵内压油腔的压力油引到浮动轴套外侧，作用在一定形状和大小的面积（用密封圈分隔构成）上，产生液压作用力，使轴套压向齿轮端面，这个液压力的大小必须保证浮动轴套始终紧贴齿轮端面，减小端面轴向间隙泄漏，达到提高工作压力的目的。

目前的浮动轴套型和浮动侧板型高压齿轮泵就是根据上述原理设计制造的。

2.1.4 叶片泵

叶片泵具有结构紧凑、运动平稳、噪声小、输油均匀、寿命长等优点，目前广泛用于中高压液压系统中。一般叶片泵工作压力为 7.0MPa，高压叶片泵可达 14.0 MPa。

叶片泵分单作用和双作用两种。单作用叶片泵往往做成变量的，而双作用叶片泵是定量的。

1. 单作用叶片泵

(1) 单作用叶片泵的工作原理 如图 2-7 所示为单作用叶片泵的工作原理。泵由转子 2、定子 3、叶片 4、配流盘和端盖（图中未示）等部件组成。定子的内表面是圆柱形孔。转子和定子之间存在着偏心。叶片在转子的槽内可灵活滑动，在转子转动时的离心力以及通入叶片根部压力油的作用下，叶片顶部贴紧在定子内表面上，于是两相邻叶片、配流盘、定子和转子之间便形成了一个个密封的工作腔。当转子按逆时针方向旋转时，图右侧的叶片向外伸出，密封工作腔容积逐渐增大，产生真空，于是通过吸油口 5 和配油盘上窗口将油吸入。而在图的左侧，叶片往里缩进，密封腔的容积逐渐缩小，密封腔中的油液经配油盘另一窗口和压油口 1 被压出而输出到系统中去。这种泵在转子转一转过程中，吸油压油各一次，故称单作用泵。转子受到径向液压不平衡作用力，故又称非平衡式泵，其轴承负载较大。改变定子和转子间的偏心量，便可改变泵的排量，故这种泵都是变量泵。

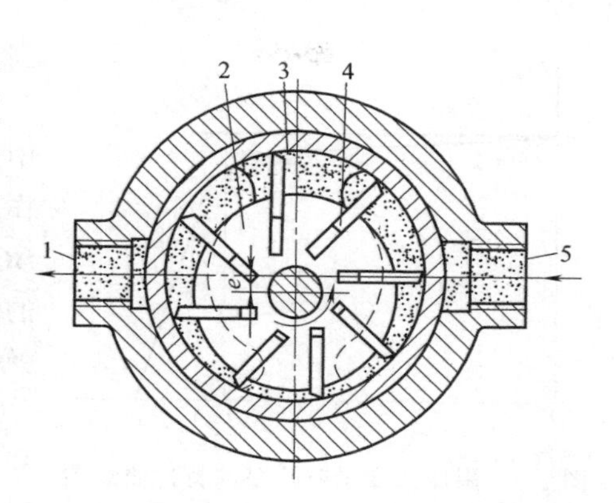

图 2-7 单作用叶片泵的工作原理

1—压油口；2—转子；3—定子；4—叶片；5—吸油口

(2) 流量计算 单作用叶片泵实际流量：

$$q=q_i\eta_v=2\pi BeDn\eta_v \qquad (2\text{-}9)$$

式中，B 为叶片宽度，mm；e 为转子与定子偏心距，mm；D 为定子内径，mm；n 为泵的转速，r/min；η_v 为泵的容积效率。

单作用叶片泵的定子内缘和转子外缘都是圆柱面，由于偏心安置，其容积变化是不均匀的，故有流量脉动，泵内叶片数越多，流量脉动率越小。此外，奇数叶片泵的脉动率比偶数叶片泵的脉动率小，所以单作用叶片泵的叶片数一般为 13 片或 15 片。

(3) 单作用叶片泵的结构要点

① 定子和转子偏心安置 e，就可以调节泵的输出流量。偏心反向时，吸油、压油方向相反。

② 径向液压力不平衡。单作用叶片泵的转子与轴承上承受着不平衡的径向力。这限制了泵工作压力的提高，故泵的额定压力不超过 7MPa。

③ 叶片倾角。为了减小叶片与定子间的磨损，叶片底部油槽采取在压油区通压力油、吸油区与吸油腔相通的结构形式。因而，叶片的底部和顶部所受的液压力是平衡的。这样，叶片向外运动仅靠离心力的作用。根据力学分析，叶片后倾一个角度更有利于叶片在离心力作用下向外伸出，通常后倾角为 24°。

(4) 限压式变量叶片泵 单作用叶片泵的变量方法有手调和自调两种。自调变量泵又根据其工作特性的不同分为限压式、恒压式和恒流量式三类，其中以限压式应用较多。

限压式变量叶片泵是利用泵排油压力的反馈作用实现变量的，它有外反馈和内反馈两种形式。

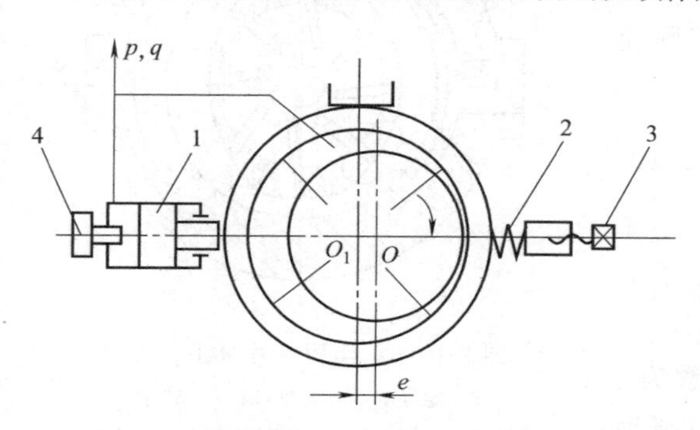

图 2-8 外反馈限压式变量叶片泵工作原理

1—变量活塞；2—调压弹簧；3—调压螺钉；4—流量调节螺钉

① 外反馈限压式变量叶片泵的工作原理 外反馈限压式变量叶片泵的工作原理如图 2-8 所示。当油压较低，变量活塞对定子产生的推力不能克服调压弹簧 2 的作用力时，定子被弹簧推在最左边的位置上，此时偏心量最大，泵输出流量也最大。变量活塞 1 的一端紧贴定子，另一端则通高压油。变量活塞对定子的推力随油压升高而加大，当它大于调压弹簧 2 的预紧力时，定子向右偏移，偏心距减小。所以，当泵输出压力大于弹簧预紧力时，泵开始变量，随着油压升

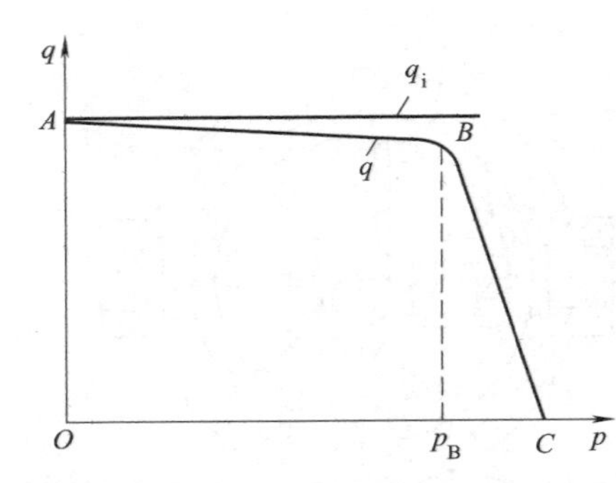

图 2-9 限压式变量叶片泵的特性曲线图

高，输出流量减小。

② 限压式变量叶片泵的流量-压力特性 在图 2-9 中，曲线 AB 段是泵的不变量段，只是因泄漏量随工作压力的增加而增加，使实际输出流量减小。曲线 BC 段是泵的变量段，泵的实际输出流量随工作压力的增加迅速下降。曲线上 B 点的压力 p_B 主要由调压弹簧 2 的预紧力确定。

调节限压式变量叶片泵的流量调节螺钉 4，可改变其最大偏心距，从而可改变泵的最大输出流量。这时流量-压力特性曲线 AB 段上下平移；调节泵的压力调节螺钉 3 即调节弹簧的预紧力可以改变 p_B 的大小，使曲线 BC 段左右平移。若改变限压弹簧的刚度，可改变 BC 段斜率。

限压式变量叶片泵与定量叶片泵相比，结构复杂，噪声较大，容积效率和机械效率也较定量叶片泵低，但是它可根据负载压力自动调节流量，功率使用合理，可减少油液发热。在要求液压系统执行元件有快速、慢速和保压阶段时，应采用变量叶片泵。

2. 双作用叶片泵

（1）双作用叶片泵工作原理 双作用叶片泵的工作原理如图 2-10 所示，它是由定子 1、转子 3、叶片 4 和配油盘（图中未画出）等组成。转子和定子中心重合，定子内表面近似为椭圆柱形，该椭圆形由两段长半径圆弧、两段短半径圆弧和四段过渡曲线所组成。当转子转动时，叶片在离心力和（建压后）根部压力油的作用下，在转子槽内向外移动 而压向定子内表面，由叶片、定子的内表面、转子的外表面和两侧配油盘间就形成若干个密封空间，当转子按图示方向顺时针旋转时，处在小圆弧上的密封空间经过渡曲线而运动到大圆弧的过程中，叶片外伸，密封空间的容积增大，要吸入油液；再从大圆弧经过渡曲线运动到小圆弧的过程中，叶片被定子内壁逐渐压刀槽内，密封空间容积变小，将油液从压油口压出。因而，转子每转一周，每个密封工作空间要完成两次吸油和压油，称之为双作用叶片泵。这种叶片泵由于有两个吸油腔和两个压油腔，并且各自的中心夹角是对称的，作用在转子上的油液压力相互平衡，因此双作用叶片泵又称为卸荷式叶片泵，为了要使径向力完全平衡，密封空间数（即叶片数）应当是双数。

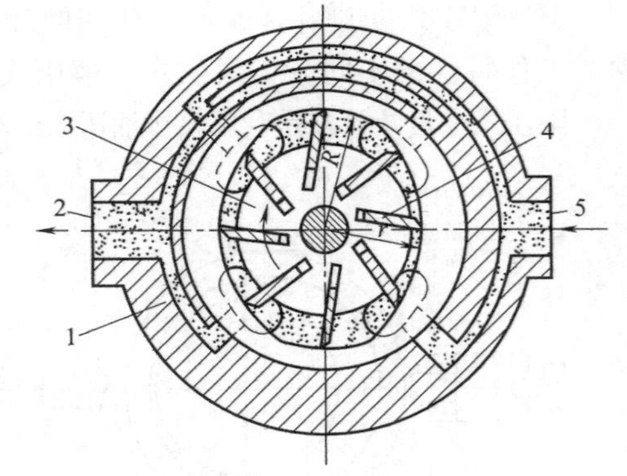

图 2-10 双作用叶片泵工作原理

1—定子；2—压油口；3—转子；4—叶片；5—吸油口

（2）流量计算 双作用叶片泵输出的实际流量为：

$$q=2B\left[\pi(R^2-r^2)-\frac{R-r}{\cos\theta}SZ\right]n\eta_v \quad (2\text{-}10)$$

式中，R、r 分别为定子圆弧部分的长、短半径，mm；θ 为叶片的倾角；Z 为叶片数；S 为叶片厚，mm；其余符号意义同前。

双作用叶片泵仍存在流量脉动，当叶片数为 4 的整数倍、且大于 8 时的流量脉动较小，故通常取叶片数为 12 或 16。

（3）YB1 型叶片泵的结构 YB1 型叶片泵结构如图 2-11 所示。为了便于装配和使用，两个配油盘与定子、转子和叶片可组装成一个部件，用两个长螺钉 13 紧固。转子 12 上开有 12 个径向槽，槽内装有叶片 11。为了使叶片顶部与定子内表面紧密接触，叶片根部 b 通过配油盘的环槽 c 与压油腔相通。转子安装在传动轴 3 上，传动轴由两个滚珠轴承 2 和 8 支承。右配油盘 5 是浮动的，它可以自动补偿与转子之间的轴向间隙，从而保证可靠密封，减少泄漏。

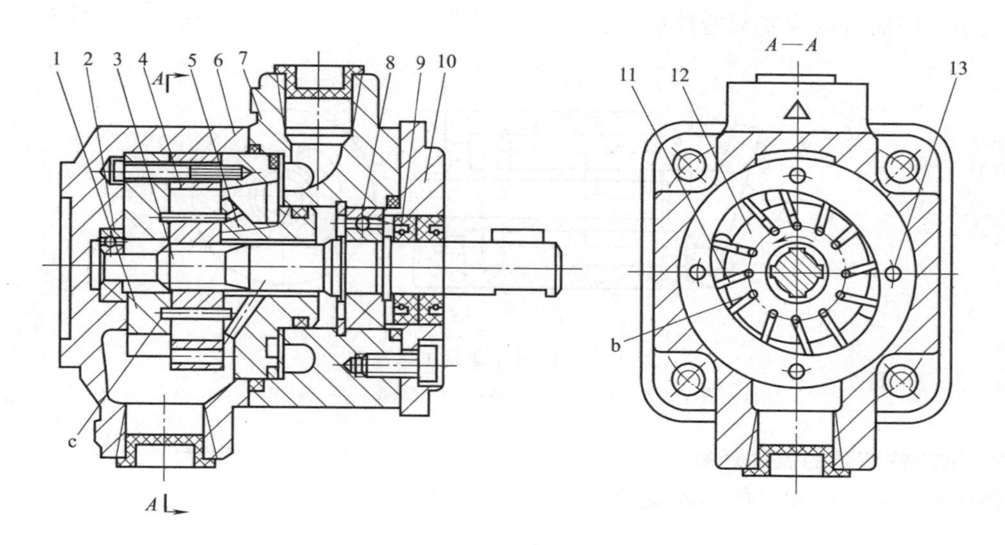

图 2-11 YB1 型叶片泵

1—左配油盘；2,8—滚珠轴承；3—传动轴；4—定子；5—右配油盘；6—后泵体；7—前泵体；9—油封；10—压盖；11—叶片；12—转子；13—螺钉

2.1.5 柱塞泵

柱塞泵分为轴向柱塞泵和径向柱塞泵两大类。轴向柱塞泵又分为直轴式（斜盘式）和斜轴式两种，如图 2-12 所示。其中直轴式应用较广。

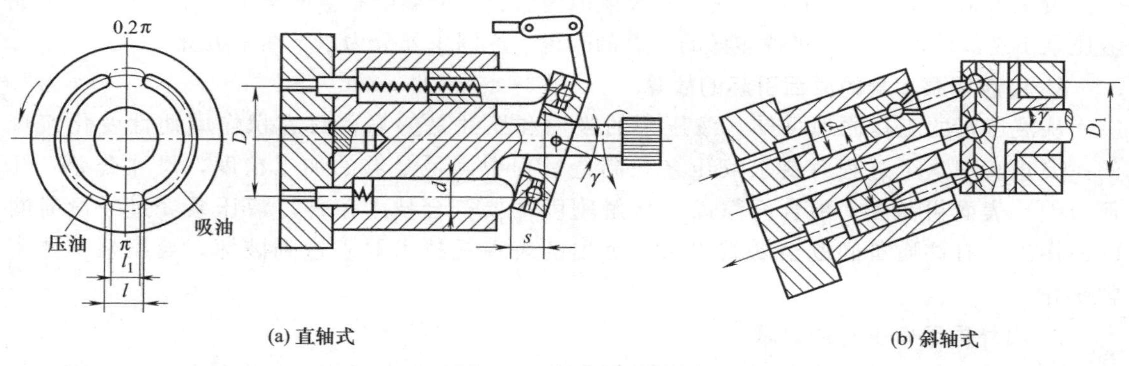

图 2-12 轴向柱塞泵

1. 轴向柱塞泵的工作原理

如图 2-13 所示为斜盘式轴向柱塞泵的工作原理。泵由斜盘 1、柱塞 2、缸体 3、配油盘 4 等主要零件组成。斜盘 1 和配油盘 4 是不动的，传动轴 5 带动缸体 3、柱塞 2 一起转动，

柱塞2靠机械装置或在低压油作用下压紧在斜盘上。当传动轴按图示方向旋转时，柱塞2在其自下而上回转的半周内逐渐向外伸出，使缸体内密封工作腔容积不断增加，产生局部真空，从而将油液经配油盘4上的配油窗口a吸入；柱塞在其自上而下回转的半周内又逐渐向里推入，使密封工作腔容积不断减小，将油液从配油盘窗口b向外压出。缸体每转一转，每个柱塞往复运动一次，完成一次吸油和压油动作。改变斜盘的倾角γ，可以改变柱塞往复行程的大小，因而可以改变泵的排量。

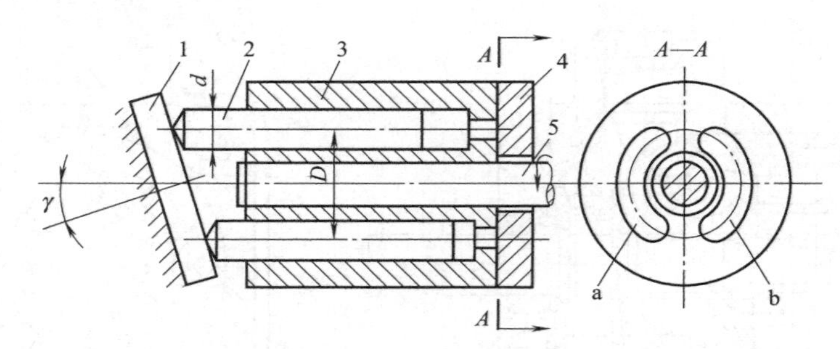

图2-13 轴向柱塞泵工作原理

1—斜盘；2—柱塞；3—缸体；4—配油盘；5—传动轴

2. 轴向柱塞泵的流量计算

轴向柱塞泵实际输出的实际流量：

$$q=\frac{\pi}{4}d^2D(\tan\gamma)Zn\eta_v \tag{2-11}$$

式中，d为柱塞直径；D为柱塞孔的分布圆直径；γ为斜盘倾角；Z为柱塞数；其余符号意义同前。

3. 斜盘式轴向柱塞泵结构

斜盘式轴向柱塞泵的结构如图2-14所示。

2.1.6 液压泵常见故障及其排除方法

液压泵是液压系统的心脏，它一旦发生故障就会立即影响系统的正常工作。工作中造成液压泵出现故障的原因是多种多样的，总的来说，原因主要分为以下两个方面。

1. 由液压泵本身的原因引起的故障

从液压泵的工作原理可知，液压泵的吸油和压油是依靠密封容积作周期性变化实现的。要想实现这个过程，要求液压泵在制造过程中满足足够的加工精度，尺寸公差、几何公差、表面粗糙度、配合间隙以及接触刚度都要符合技术条件。液压泵经过一段时间的使用后，有些质量问题会暴露出来，突出的表现是技术要求遭到破坏，液压泵不能正常工作。

2. 由外界因素引起的故障

(1) 油液　油液黏度过高或过低都会影响液压泵的正常工作。黏度过高，会增加吸油阻力，使泵吸油腔真空度过大，出现气穴和气蚀现象；黏度过低，会加大泄漏，降低容积效率，并容易吸入空气，造成泵运转过程中的冲击和爬行。

液压油受到污染，水分、空气、铁屑、灰尘等进入油液，会对液压泵的运行产生严重影响。铁屑、灰尘等固体颗粒会堵塞过滤器，使液压泵吸油阻力增加，产生噪声，同时还会加

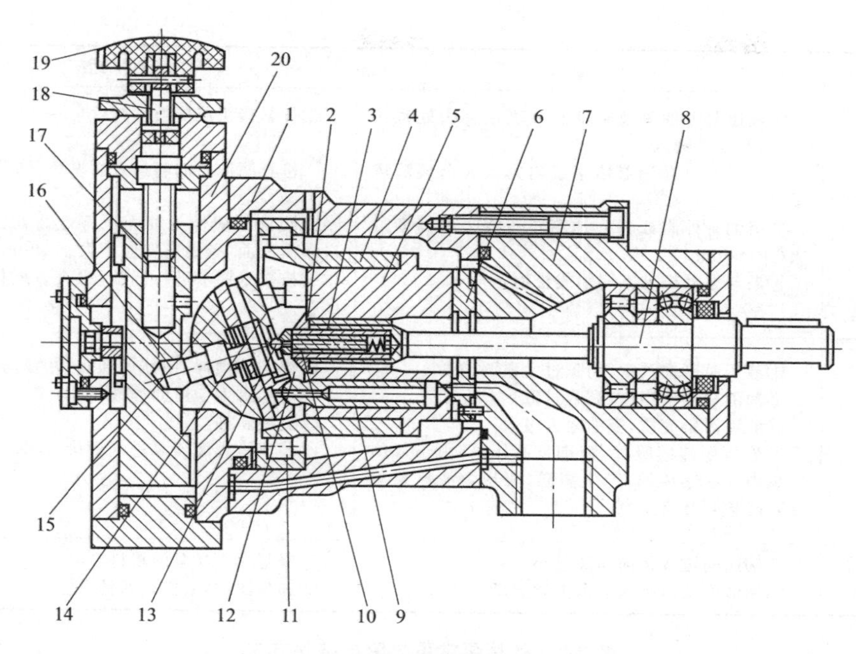

图 2-14 斜盘式轴向柱塞泵的结构

1—中间泵体；2—内套；3—弹簧；4—钢套；5—缸体；6—配油盘；7—前泵体；8—传动轴；9—柱塞；10—外套；11—轴承；12—滑履；13—钢珠；14—回程盘；15—斜盘；16—轴销；17—变量活塞；18—丝杆；19—手轮；20—变量机构壳体

速零件磨损，擦伤密封件，使泄漏增加，对于那些对油液污染敏感的泵而言，危害就更大。

(2) 液压泵的安装 泵轴与驱动电动机轴的连接应有足够的同轴度。若同轴度误差过大，就会引起噪声和运动不平稳，严重时还会损坏零件。同时，安装时要注意液压泵的转向，合理选择液压泵的转速，并且要保证吸油管与排油管管接头处的密封。

(3) 油箱 油箱容量小、散热条件差会使油温过高、油液黏度减小，带来许多问题；油箱容量过大、油面过低、液压泵吸油口高度不合适以及吸油管道直径过小都会影响泵的正常工作。

外啮合齿轮泵常见故障与排除方法见表 2-1，叶片泵常见故障与排除方法见表 2-2，柱塞泵常见故障与排除方法见表 2-3。

表 2-1 外啮合齿轮泵常见故障与排除方法

故障现象	产生原因	排除方法
泵不排油或排量与压力不足	①电动机转向接反 ②滤油器或吸油管道堵塞 ③液压泵吸油侧及吸油管处密封不良 ④液压黏度太大造成吸油困难，或温升过高导致油液黏度减低造成内泄漏过大 ⑤零件磨损、间隙增大、泄漏较大 ⑥泵的转速太低 ⑦油箱中油面太低	①调换接头，改变电动机转向 ②拆洗滤油器及管道或更换油液 ③检查并紧固有关螺纹连接件或更换密封件 ④选择合适黏度的油液，检查诊断温升过高故障，防止油液黏度有过大变化 ⑤检查有关磨损零件，进行修磨达到规定间隙 ⑥检查电动机功率及有无打滑现象 ⑦检查油面高度，并使吸油管插入液面以下

续表

故障现象	产生原因	排除方法
噪声及压力脉动较大	①液压泵吸油侧及轴油封和吸油管段处密封不良，有空气吸入 ②吸油管及滤油器堵塞或阻力太大造成液压泵吸油不足 ③吸油管外露或伸入油箱较浅或吸油高度过大（>500mm） ④泵与电动机轴不同轴或松动	①拧紧接头或更换密封件 ②检查滤油器的容量及堵塞情况，及时处理 ③吸油管应伸入油面以下 2/3 处，防止吸油管口露出液面，吸油高度应不大于 500mm ④按技术要求进行调整，检查直线性，保持同轴度在 0.1mm 内
温升过高	①液压泵磨损严重，间隙过大泄漏增加 ②油液黏度不当（过高或过低） ③油液污染变质，吸油阻力过大 ④液压泵连续吸气，特别是高压泵，由于气体在泵内受绝热压缩，产生高温，表现为液压泵温度瞬时急剧升高	①修磨磨损件，使其达到合适的间隙 ②改用黏度合适的油液 ③更换新油 ④停车检查液压泵进气部位，及时处理
液压泵旋转不灵活或咬死	①轴向间隙或径向间隙过小 ②油液中杂质吸入泵内卡死运动	①修复或更换泵的机件 ②加强滤油，或更换新油

表 2-2 叶片泵常见故障与排除方法

故障现象	产生原因	排除方法
噪声严重并伴有振动	①液压泵吸油困难 ②泵盖螺钉松动或轴承损坏 ③定子曲面有伤痕，叶片与之接触时，发生跳动撞击噪声 ④油箱油面过低，液压泵吸油侧和吸油段及液压泵主轴油封不良，有空气进入 ⑤电动机转速过高 ⑥联轴器的同轴度较差或安装不牢固，导致机械噪声	①检查清洗滤油器并检查油液黏度，及时换油 ②检查、紧固、更换易损零件 ③修正抛光定子曲面 ④检查有关密封部位是否有泄漏，并加以严封，保证有足够油液和吸油通畅 ⑤更换电动机，降低转速 ⑥检查、调整同轴度，并加强紧固
泵不吸油或无压力（执行机构不动）	①电动机转向有错 ②油箱液面较低，吸油有困难 ③油液黏度过大，叶片滑动阻力较大，移动不灵活 ④泵体内部有砂眼，高、低压腔互通 ⑤液压泵严重进气，根本吸不上油 ⑥泵盖螺钉松动，致使高、低压腔互通 ⑦叶片与槽的配合过紧 ⑧配油盘刚度不够或盘与泵体接触不良	①重新接线，改变旋转方向 ②检查油箱中油面的高度（观察油标指示） ③更换黏度较低的液体 ④更换泵体（出厂前未暴露） ⑤检查液压泵吸油区段的有关密封部位，并严加密封 ⑥紧固 ⑦修磨叶片或槽，保证叶片移动灵活 ⑧更换或修整其接触面
排油量及压力不足，表现为液压缸的动作迟缓	①有关连接部位密封不严，空气进入泵内 ②定子内曲面与叶片接触不良 ③配油盘磨损较大 ④叶片与槽配合间隙过大 ⑤吸油有阻力 ⑥叶片移动不灵活 ⑦系统泄漏大 ⑧泵盖螺钉松动，液压泵轴向间隙增大而内泄	①检查各连接处及吸油口是否有泄漏，紧固或更换密封件 ②进行修磨 ③修复或更换 ④单片进行选配，保证达到设计要求 ⑤拆洗滤油器，清除杂物使吸油通畅 ⑥不灵活的叶片，应单槽配研 ⑦对系统进行顺序检查 ⑧适当拧紧

表 2-3 柱塞泵常见故障与排除方法

故障现象	产生原因	排除方法
排油量不足，执行机构动作迟缓	①吸油管及滤油器阻塞或阻力太大 ②油箱液面过低 ③柱塞与缸孔或配油盘与缸体间隙磨损 ④柱塞回程不够或不能回程，引起缸体与配油盘间失去密封，系中心弹簧断裂所致 ⑤变量机构失灵，达不到工作要求	①排除油泵阻塞，清洗滤油器 ②检查油量，适当加油 ③更换柱塞，修磨配油盘与缸体的接触面，保证接触良好 ④检查中心弹簧，加以更换 ⑤检查变量机构，看变量活塞及变量头是否灵活，并纠正其调整误差
压力不足或压力脉动较大	①吸油口阻塞或通道较小 ②油温较高，油液黏度下降，泄漏增加 ③缸体配油盘之间磨损，柱塞与缸体之间磨损，内泄漏过大 ④中心弹簧疲劳，内泄漏增加	①消除活塞阻塞，加大通油截面 ②控制油温，更换黏度较大的油液 ③修整缸体与配油盘接触面，更换柱塞，严重者应送厂返修 ④更换中心弹簧
噪声过大	①泵内有空气 ②轴承装配不当，单边磨损或损伤 ③滤油器被阻塞，吸油困难 ④油液不干净 ⑤油液黏度过大，吸油阻力大 ⑥油液的油面过低或液压泵吸气导致噪声 ⑦泵与电动机安配不同轴使泵增加了径向载荷 ⑧管路振动 ⑨柱塞与靴球头连接严重松动或脱落	①排除空气，检查可能进入空气的部位 ②检查轴承损坏情况，及时更换 ③清洗滤油器 ④抽样检查，更换干净的油液 ⑤更换黏度较小的油液 ⑥按油标高度注油，并检查密封 ⑦重新调整，使其在允许范围内 ⑧采取隔离消振措施 ⑨检查修理或更换组件
外部泄漏	①传动轴上的密封损坏 ②各接合面及管接头的螺栓及螺母未拧紧，密封损坏	①更换密封圈 ②紧固并检查密封性，更换密封件
液压泵发热	①内部漏损较大 ②液压泵吸气严重 ③有关相对运动的配合接触面有磨损，例如缸体与配油盘、滑履与斜盘 ④油液黏度过高、油箱容量过小或转速过高	①检查和研修有关密封配合面 ②检查有关密封部位，严加密封 ③修整或更换磨损件，如配油盘、滑履等 ④更换油液，增大油箱或增设冷却装置，或降低转速
泵不能转动（卡死）	①柱塞与缸孔卡死，系油脏或油温变化或高温粘连所致 ②滑履脱落，系柱塞卡死拉脱或有负载启动拉脱 ③柱塞球头折断，系柱塞卡死或有负载启动扭断	①油脏换油，油温太低时更换黏度小的油，或用刮油刀刮去粘连金属，配研 ②更换或重新装配滑履 ③更换

2.1.7 液压泵的选用

液压泵是向液压系统提供具有一定流量和压力的油液的动力元件，它是每一个液压系统不可缺少的核心元件，合理地选择液压泵对于降低液压系统的能耗、提高系统的效率、降低噪声、改善工作性能和保证系统的可靠工作都十分重要。

选择液压泵的原则是：根据主机工况、功率大小和系统对工作性能的要求，首先确定液压泵的类型，即应该确定选用变量泵还是定量泵。变量泵价格昂贵，但是工作效率高、节能。选用时应综合考虑泵的性能、特点及成本，然后按系统所要求的压力、流量大小确定其规格型号。各类液压泵的主要性能与选用见表 2-4。

表 2-4 各类液压泵的主要性能与选用

项目	齿轮泵	双作用叶片泵	单作用叶片泵	轴向柱塞泵	径向柱塞泵	螺杆泵
工作压力/MPa	≤17.5	6.3～21	≤6.3	10～40	10～20	2.5～10
流量调节	不能	不能	能	能	能	不能
容积效率	0.70～0.95	0.80～0.95	0.80～0.90	0.90～0.98	0.80～0.95	0.70～0.95
总效率	0.60～0.85	0.75～0.85	0.70～0.85	0.85～0.95	0.75～0.92	0.70～0.90
流量脉动率	大	小	中等	中等	中等	小
对油液污染的敏感性	不敏感	敏感	敏感	敏感	敏感	不敏感
自吸特性	好	较差	较差	较差	差	好
噪声	大	小	较大	大	较大	小
应用范围	机床、工程机械、农机、航空、船舶、一般机械	机床、注塑机械、起重运输机械、工程机械、飞机	机床、注塑机械	工程机械、锻压机械、起重机械、矿山机械、冶金机械、船舶、航空	机床、液压机、船舶机械	精密机床、精密机械、食品、化工、石油、纺织等机械

一般来说，由于各类液压泵具有各自突出的特点，其结构、功用和运转各不相同，因此应根据不同的使用场合选择合适的液压泵。一般在机床液压系统中，往往选用双作用叶片泵和限压式变量叶片泵；而在筑路机械、港口机械以及小型工程机械中，往往选择抗污染能力较强的齿轮泵；在负载大、功率高的场合往往选择柱塞泵。

2.1.8 液压马达

液压马达是液压系统中的执行元件，是将液压泵提供的压力能转变为机械能的能量装换装置。

1. 液压马达的特点与分类

从工作原理上说，大部分液压泵和液压马达是可逆的，即向容积泵中输入压力油，就可使泵转动，输出转矩和转速，成为液压马达。但其具体结构有些不同。首先液压马达应能够正、反转，因而要求其内部结构对称；液压马达的转速范围需要足够大，特别对它的最低稳定转速有一定的要求。因此，它通常采用滚动轴承或静压滑动轴承；其次液压马达由于在输入压力油条件下工作，因而不必具备自吸能力，但需要一定的初始密封性，才能提供必要的启动转矩。

液压马达按其输入流量是否可调节分为定量马达和变量马达；按结构形式分为齿轮式、叶片式、柱塞式三类。

2. 液压马达的主要参数

(1) 容积效率和转速　因为液压马达存在泄漏，输入液压马达的实际流量 q 必然大于理论流量 q_t，故液压马达的容积效率为：

$$\eta_v=\frac{q_t}{q} \tag{2-12}$$

将 $q_t=Vn$ 代入式 (2-12)，可得液压马达的转速公式为

$$n=\frac{q}{V}\eta_v \tag{2-13}$$

衡量液压马达转速性能的一个重要指标是最低稳定转速，它是指液压马达在额定负载下不出现爬行（抖动或时转时停）现象的最低转速。液压马达的结构形式不同，最低稳定转速也不同。在实际工作中，一般都希望最低稳定转速越小越好，这样就可以扩大液压马达的变速范围。

（2）液压马达的机械效率和转矩　因为液压马达工作时存在摩擦，它的实际输出转矩 T 必然小于理论转矩 T_t，故液压马达的机械效率为

$$\eta_m=\frac{T}{T_t} \tag{2-14}$$

设液压马达进、出口间的工作压差为 Δp，则其理论功率（忽略能量损失）的表达式为

$$P_t=2\pi nT_t=\Delta p q_t=\Delta p V n \tag{2-15}$$

因而有

$$T_t=\frac{\Delta p V}{2\pi} \tag{2-16}$$

将式（2-16）代入式（2-14），可得液压马达的输出转矩公式为

$$T=\frac{\Delta p V}{2\pi}\eta_m \tag{2-17}$$

（3）液压马达的总效率　设液压马达进、出口的工作压力差为 Δp，则液压马达的输入功率 $P_i=\Delta p q$，输出功率 $P=2\pi nT$。液压马达的总效率 η 为输出功率与输入功率的比值，即

$$\eta=\frac{P}{P_i}=\frac{2\pi nT}{q}=\frac{2\pi nT}{\Delta p\frac{Vn}{\eta_v}}=\frac{T}{\frac{\Delta p V}{2\pi}}\eta_v=\eta_v\eta_m \tag{2-18}$$

由式（2-18）可知，液压马达的总效率等于机械效率与容积效率的乘积。

3. 液压马达的工作原理

（1）叶片式液压马达　图2-15所示为叶片式液压马达的工作原理。当压力油通入压油腔后，在叶片1、3（或5、7）上，一面作用有压力油，另一面为低压油。由于叶片3伸出的面积大于叶片1伸出的面积，因此作用于叶片3上的总液压力大于作用于叶片1上的总液压力，于是压力差使叶片带动转子作逆时针方向旋转，作用于其他叶片如5、7上的液压力，其作用原理同上。叶片2、6两面同时受压力油作用，受力平衡对转子不产生作用转矩。叶片式液压马达的输出转矩与液压马达的排量和液压进出油口之间的压力差有关，其转速由输入液压马达的流量大小决定。

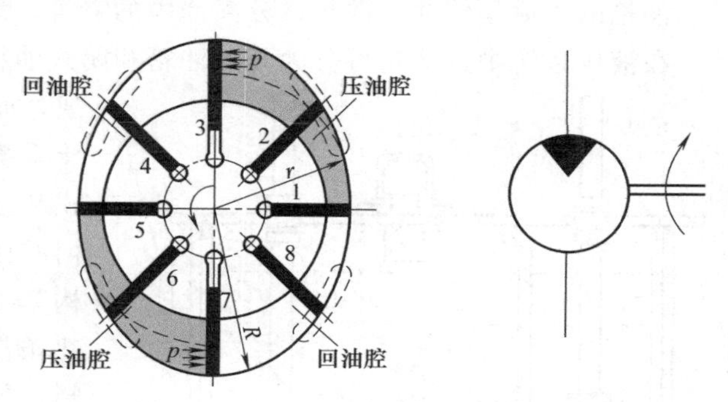

图2-15　叶片式液压马达的工作原理

由于液压马达一般都要求能正、反转，所以叶片式液压马达的叶片要径向放置。为了使叶片根部始终通有压力油，在回、压油腔通入叶片根部的通路上应设置单向阀，为了确保叶片式液压马达在压力油通入后能正常启动，必须使叶片顶部和定子内表面紧密接触，以保证良好的密封，因此在叶片根部应设置预紧弹簧。

叶片式液压马达体积小、转动惯量小、动作灵敏，可适用于换向频率较高的场合，但泄

漏量较大，低速工作时不稳定。因此，叶片式液压马达一般用于转速高、转矩小和动作要求灵敏的场合。

(2) 轴向柱塞马达　如图 2-16 所示，当压力油输入时，处于高压腔中的柱塞被顶出，压在斜盘上。设斜盘作用在柱塞上的反力为 F，力 F 的轴向分力 F_x 与柱塞上的液压力平衡，而径向分力 F_y 使处于高压腔中的每个柱塞都对转子中心产生一个转矩，使缸体和马达轴旋转。如果改变液压马达压力油的输入方向，马达轴则反转。

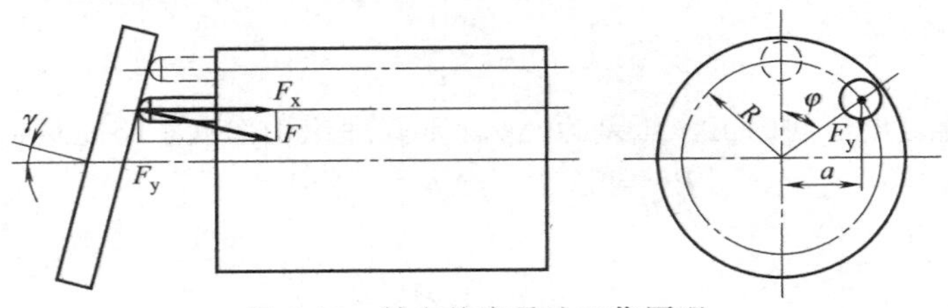

图 2-16　轴向柱塞马达工作原理

子学习情境 2.2 液压辅助元件

液压辅助元件有油箱、管件、滤油器、密封件、压力表等。液压辅助元件和液压元件一样，都是液压系统不可缺少的组成部分。它们对系统的性能、效率、噪声和寿命等的影响不亚于液压元件本身。

2.2.1　油箱

1. 油箱的功用

油箱的用途是储油、散热、分离油中的空气，沉淀油中的杂质。

在液压系统中，油箱可分为开式油箱和闭式油箱两种。开式油箱中油液的液面与大气相通，而闭式油箱中油液的液面与大气隔绝。液压系统多采用开式油箱。开式油箱又分为总体式和分离式。总体式油箱是利用机器设备机身内腔作为油箱（如压铸机、注塑机等），其结构紧凑，回收漏油比较方便，但维修不便，散热条件不好。分离式油箱设置有一个单独油箱，与主机分开，减少了油箱发热及液压源振动对工作精度的影响，因此得到了普遍的应用。

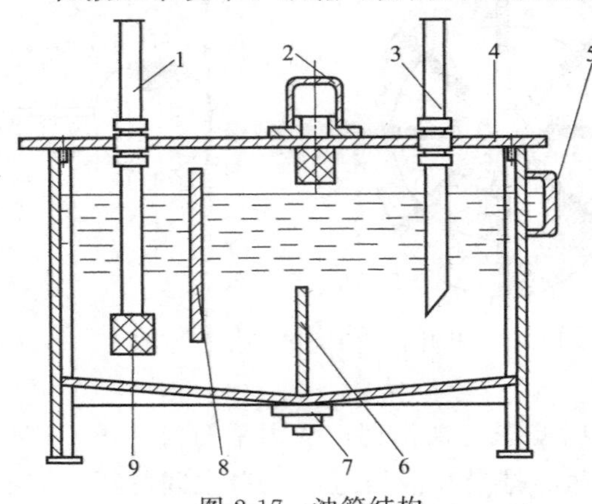

图 2-17　油箱结构

1—吸油管；2—滤清器；3—回油管；4—箱盖；5—液位计；6,8—隔板；7—放油塞；9—滤油器

2. 油箱的结构

图 2-17 所示的是一个分离式油箱的结构，为了保证油箱的功能，在结构上应注意以下几个方面。

① 应便于清洗。油箱底部应有适当斜度，并在最低处设置放油塞，换油时可使油液和污物顺利排出。

② 在易见的油箱侧壁上设置液位计（俗称油标），以指示油位高度。

③ 油箱加油口应装滤油网，口上应有带通气孔的盖。

④ 吸油管与回油管之间的距离要尽量远些，并采用多块隔板隔开，分成吸油区和回油区，隔板高度约为油面高度的3/4。

⑤ 吸油管口离油箱底面距离应大于2倍油管外径，离油箱箱边距离应大于3倍油管外径。吸油管和回油管的管端应切成45°的斜口，回油管的斜口应朝向箱壁。

⑥ 油箱的有效容积（油面高度为油箱高度80%时的容积）一般按液压泵的额定流量估算。在低压系统中取液压泵每分钟排油量的2～4倍，中压系统为5～7倍，高压系统为6～12倍。

⑦ 油箱正常工作温度应在15～65℃之间，在环境温度变化较大的场合要安装热交换器。

⑧ 防止油液渗漏和污染。

⑨ 便于安装、吊装和维修。

2.2.2 油管和管接头

1. 油管

液压系统中常用的油管有钢管、紫铜管、橡胶软管、尼龙管、塑料管等多种类型。考虑到配管和工艺的方便，在高压系统中常用无缝钢管；中、低压系统一般用紫铜管；橡胶软管的主要优点是可用于两个相对运动件之间的连接；尼龙管和塑料管价格便宜，但承压能力差，可用于回油路、泄油路等处。

在配置液压系统管道时还应注意以下几点：

① 尽量缩短管路，避免过多的交叉迂回。

② 弯硬管时要使用弯管器，弯曲部分保持圆滑，防止皱折。金属管弯曲半径可参考下列数值：钢管热弯 $R \geqslant 3D$（D 为管外径）；钢管冷弯 $R \geqslant 6D$；铜管冷弯 $R \geqslant 2D$（$D \leqslant 15\text{mm}$），$R \geqslant 2.5D$（$D = 15 \sim 22\text{mm}$）和 $R \geqslant 3D$（$D > 22\text{mm}$）。

③ 金属管连接时要留有胀缩余地。

④ 连接软管时要防止软管受拉或受扭。管接头附近的软管应避免立即弯曲。带多层编织钢丝橡胶软管的弯曲半径约为外径的九倍，弯曲位置距接头应在 $6D$ 以上，软管交叉时应避免接触摩擦，为此可设置管夹子。

2. 管接头

管接头是油管与油管、油管与液压元件间的连接件，管接头的种类很多，图2-18所示为常用的几种类型。

图2-18（a）所示为扩口式管接头，常用于中、低压的铜管和薄壁钢管的连接。

图2-18（b）所示为焊接式管接头，用来连接管壁较厚的钢管。

图2-18（c）所示为卡套式管接头，这种管接头拆装方便，在高压系统中被广泛使用，但对油管的尺寸精度要求较高。

图2-18（d）所示为扣压式管接头，用来连接高压软管。

图2-19所示为快速接头，用于经常需要装拆处。图示为油路接通时的工作位置；当要断开油路时，可用力把外套4向左推，在拉出接头体5后，钢球3即从接头体中退出。与此同时，单向阀的锥形阀芯2和6分别在弹簧1和7的作用下将两个阀口关闭，油路即断开。

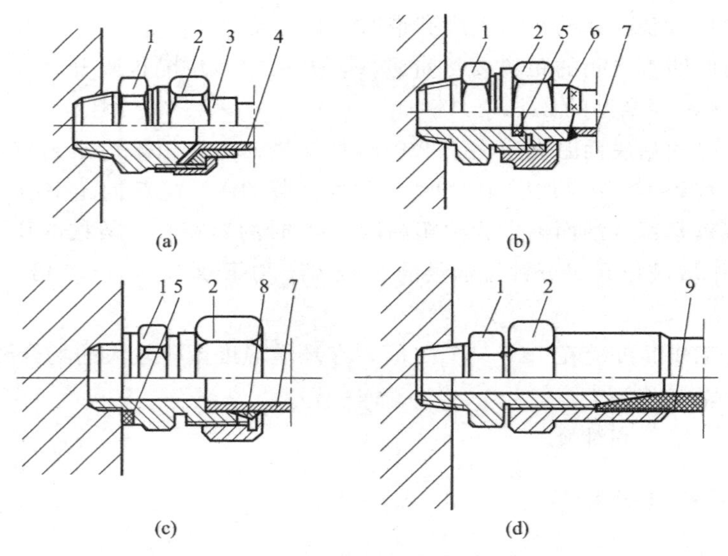

图 2-18 管接头

1—接头体；2—螺母；3—管套；4—扩口薄管；5—密封垫；6—接管；7—钢管；8—卡套；9—橡胶软管

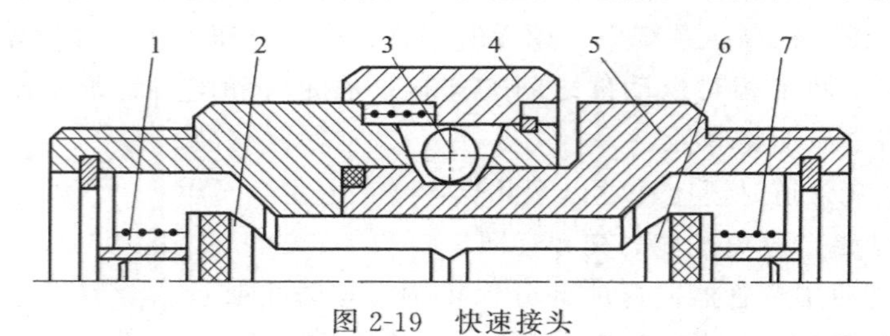

图 2-19 快速接头

1,7—弹簧；2,6—阀芯；3—钢球；4—外套；5—接头体

2.2.3 滤油器

1. 滤油器的功用

滤油器又称过滤器，其功用是清除油液中的各种杂质，以免其划伤、磨损、甚至卡死有相对运动的零件，或堵塞零件上的小孔及缝隙，影响系统的正常工作，降低液压元件的寿命，甚至造成液压系统的故障。

滤油器一般安装在液压泵的吸油口、压油口及重要元件的前面。通常，液压泵吸油口安装粗滤油器，压油口与重要元件前装精滤油器。

2. 过滤精度

滤油器依靠具有一定尺寸滤孔的滤芯来过滤油液中的杂质，大于滤孔的杂质就不能通过滤芯。过滤精度是指通过滤芯坚硬球形粒子的最大尺寸，反映了滤孔的最大通孔尺寸，即滤除的最小杂质颗粒的大小，以颗粒直径 d 的公称尺寸（mm）表示。颗粒越小，精度越高。按颗粒直径 d 的不同，过滤精度分为四个等级：粗滤油器，$d \geqslant 100\mu m$；普通滤油器，$10\mu m \leqslant d \leqslant 100\mu m$；精滤油器，$5\mu m \leqslant d \leqslant 10\mu m$；特精滤油器，$1\mu m \leqslant d \leqslant 5\mu m$。

不同的液压元件或不同的系统对过滤精度要求不同，一般要求工作液体中的杂质颗粒尺寸应小于元件运动副间隙的一半，对于高压元件的运动副间隙相对要小一些，所以过滤精度相对要求高。可参考表 2-5。

表 2-5　各种系统的过滤精度

系统类别	润滑系统	传动系统			伺服系统
工作压力/MPa	0～2.5	<14	14～32	>32	≤21
精度/μm	≤100	25～30	≤25	≤10	≤5

3. **滤油器的类型**

（1）网式滤油器　如图 2-20（a）所示，网式滤油器由筒形骨架 2 上包一层或两层铜丝滤网 3 组成。其特点是结构简单，通油能力大，清洗方便，但过滤精度较低。常用于泵的吸油管路，对油液进行粗过滤。粗滤油器的图形符号如图 2-20（b）所示。

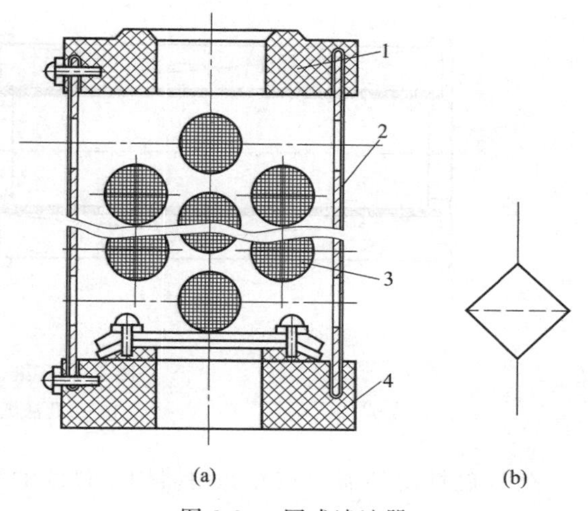

图 2-20　网式滤油器

1—上盖；2—骨架；3—滤网；4—下盖

（2）线隙式滤油器　如图 2-21 所示，线隙式滤油器的滤芯由铜线或铝线绕在筒形骨架 2 上而形成（骨架上有许多纵向槽和径向孔），依靠线间缝隙过滤。其特点是结构简单，通油能力大，过滤精度比网式滤油器高，但不易清洗，滤芯强度较低。一般用于中、低压系统。

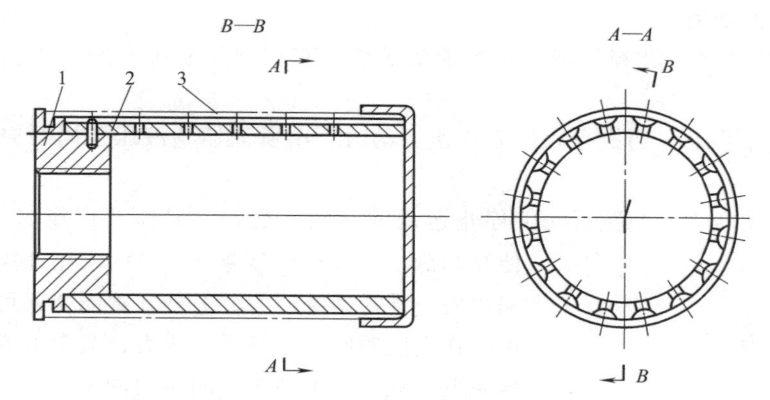

图 2-21　线隙式滤油器

1—端盖；2—骨架；3—金属线

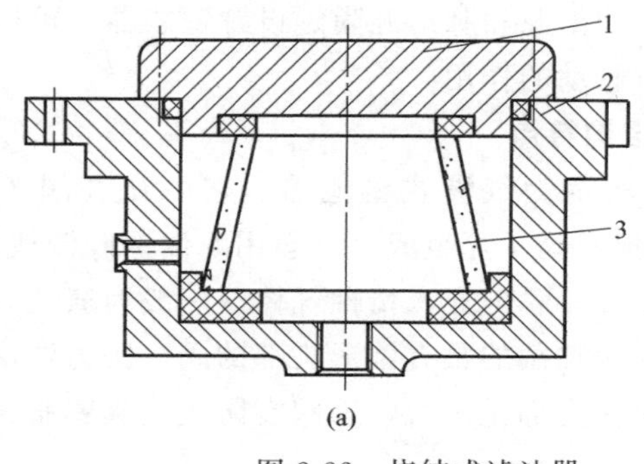

图 2-22　烧结式滤油器

1—顶盖；2—壳体；3—滤芯

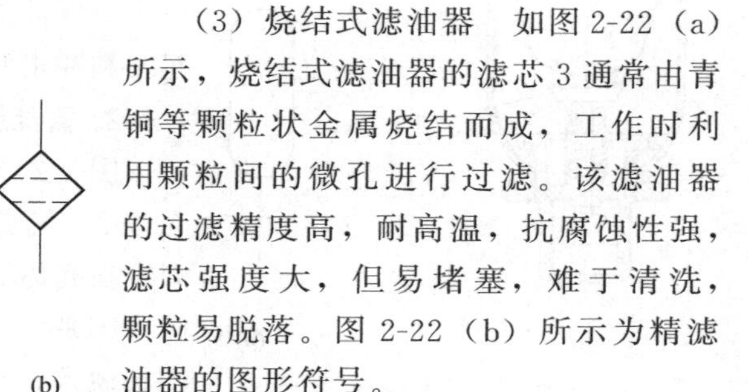

（3）烧结式滤油器　如图 2-22（a）所示，烧结式滤油器的滤芯 3 通常由青铜等颗粒状金属烧结而成，工作时利用颗粒间的微孔进行过滤。该滤油器的过滤精度高，耐高温，抗腐蚀性强，滤芯强度大，但易堵塞，难于清洗，颗粒易脱落。图 2-22（b）所示为精滤油器的图形符号。

（4）纸芯式滤油器　如图 2-23 所示，纸芯式滤油器的滤芯由微孔滤纸 1

组成，滤纸制成折叠式，以增加过滤面积。滤纸用骨架2支撑，以增大滤芯强度。其特点是过滤精度高，压力损失小，重量轻，成本低，但不能清洗，需定期更换滤芯。主要用于低压小流量的精过滤。

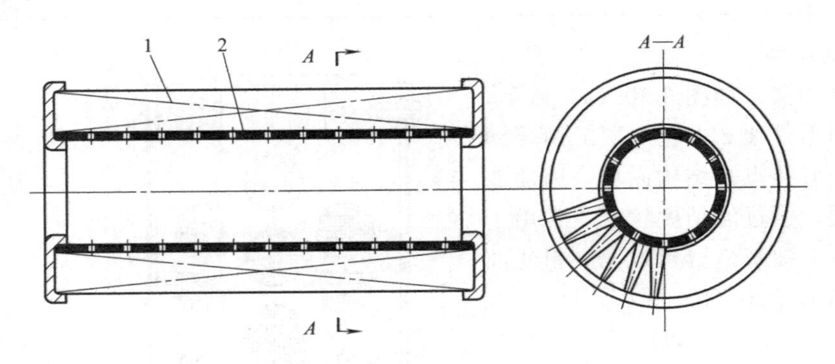

图 2-23 纸芯式滤油器
1—微孔滤纸；2—骨架

(5) 磁性滤油器 磁性滤油器用于过滤油液中的铁屑。

2.2.4 蓄能器

1. 蓄能器的功用

蓄能器是用来储存和释放液体压力能的装置，它在液压系统中的功用主要有以下几个方面：

① 短期大量供油。当执行元件需快速运动时，由蓄能器与液压泵同时向液压缸供给压力油。

② 维持系统压力。当执行元件停止运动的时间较长，并且需要保压时，为降低能耗，使泵卸荷，可以利用蓄能器储存的液压油来补偿油路的泄漏损失，维持系统压力。另外，蓄能器还可以用作应急油源，在一段时间内维持系统压力，避免电源突然中断或液压泵发生故障时油源中断而引起的事故。

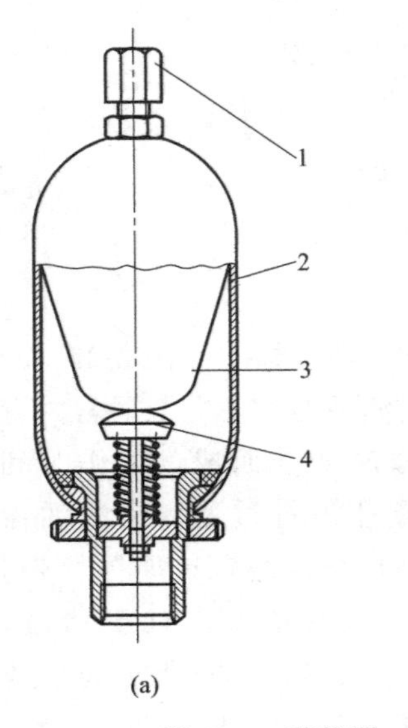

图 2-24 蓄能器
1—充气阀；2—壳体；3—气囊；4—提升阀

③ 缓和冲击，吸收脉动压力。当液压泵启动或停止、液压阀突然关闭或换向、液压缸启动或制动时，系统中会产生液压冲击，在冲击源和脉动源附近设置蓄能器，可以起缓和冲击和吸收脉动的作用。

2. 蓄能器的结构特点

图 2-24 (a) 所示为气囊式蓄能器。它由充气阀1、壳体2、气囊3、提升阀4等组成。气囊用耐油橡胶制成，固定在壳体3的上部，囊内充入惰性气体（一般为氮气）。提升阀是一个用弹簧加载的具有菌形头部的阀，压力油由该阀通入。在液压油全部排出时，该阀能防止气囊膨胀挤出油口。

这种蓄能器气囊惯性小，反应灵敏，容易维护，所以最常用。其缺点是容量较小，气囊和壳体的制造比较困难。

除了气囊式蓄能器，此外还有活塞式、重力式、弹簧式和隔膜式等蓄能器。

子学习情境 2.3 方向控制阀

在液压系统中，控制工作液体流动方向的阀称为方向控制阀，简称方向阀。方向控制阀的工作原理是利用阀芯和阀体相对位置的改变，实现油路与油路间的接通或断开，以满足系统对油液流向的控制要求。方向控制阀分为单向阀和换向阀两类。

2.3.1 单向阀

单向阀分为普通单向阀和液控单向阀。

1. 普通单向阀

普通单向阀控制油液只能按某一方向流动，而反向截止，简称单向阀。

单向阀结构如图 2-25 所示，它由阀体 1、阀芯 2、弹簧 3 等零件组成。当压力油从 P_1 进入时，油液推力克服弹簧力，推动阀芯右移，打开阀口，压力油从 P_2 流出，当压力油从反向进入时，油液压力和弹簧力将阀芯压紧在阀座上，阀口关闭，油液不能通过。

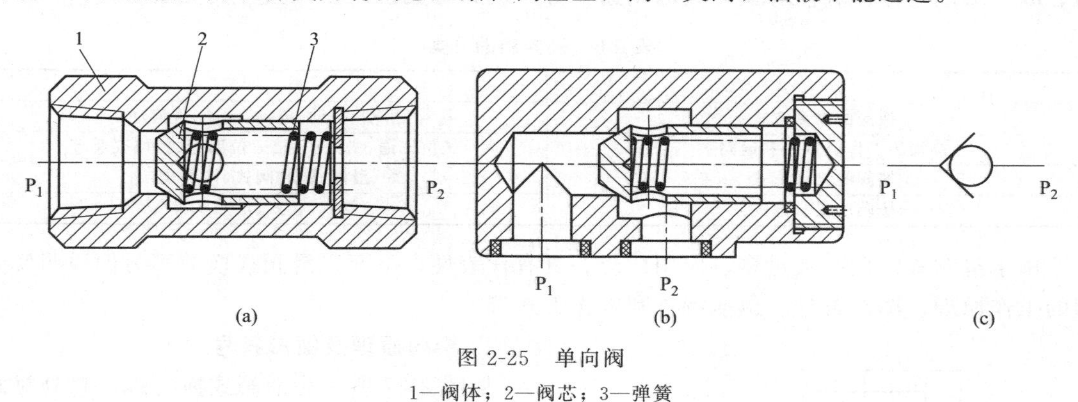

图 2-25 单向阀

1—阀体；2—阀芯；3—弹簧

图 2-25（a）为管式连接，图 2-25（b）为板式连接，图 2-25（c）为单向阀的图形符号。

为了保证单向阀工作灵敏、可靠，单向阀的弹簧应较软，其开启压力一般为 0.035～0.1MPa。若将弹簧换为硬弹簧，则可将其作为背压阀用，背压力一般为 0.2～0.6MPa。

2. 液控单向阀

图 2-26（a）为液控单向阀的结构。当控制油口 K 不通压力油时，油液只可以从 P_1 进入，P_2 流出，此时阀的作用与普通单向阀相同；当控制口 K 通以压力油时，推动控制活塞 1 并通过顶杆 2 使阀芯 3 右移，阀即保持开启状态，液流双向都能自由通过。一般控制油的压力不应低于油路压力的 30%～50%。图 2-26（b）所示为液控单向阀的图形符号。

3. 单向阀的用途

单向阀常安装在液压泵的出油口，防止泵停止时因受压力冲击而损坏，又可防止系统中的油液流失，避免空气进入系统；单向阀还可做保压阀用；对开启压力大的单向阀还可做背压阀用；单向阀与其他元件经常组成复合元件。液控单向阀的应用范围也很广，如利用液控单向阀的锁紧回路、立式设备防止自重下落回路、充液阀回路、旁通放油阀回路以及蓄能器

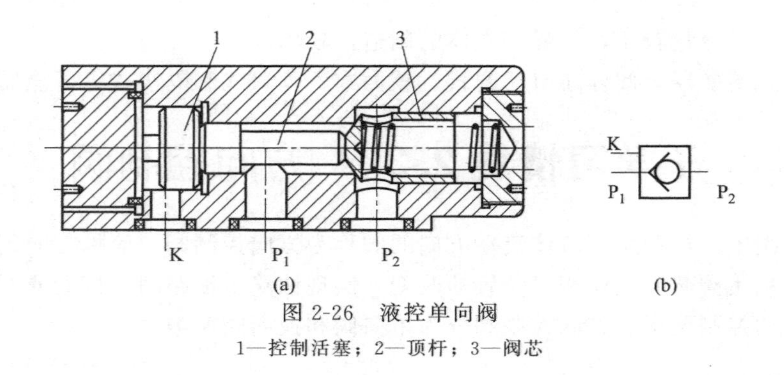

图 2-26 液控单向阀

1—控制活塞；2—顶杆；3—阀芯

供油回路等。

液控单向阀具有良好的单向密封性，常用于执行元件需要长时间保压、锁紧的情况下，这种阀也称为液压锁。

2.3.2 换向阀

换向阀的作用是利用阀芯位置的变动，改变阀体上各油口的通断状态，从而控制油路连通、断开或改变液流方向。换向阀的用途十分广泛，种类也很多，其分类见表 2-6。

表 2-6 换向阀的分类

分类方式	类　型
按阀的操纵方式	手动、机动、电动、液动、电液动
按阀的工作位置数和通路数	二位二通、二位三通、三位四通、三位五通等
按阀的结构形式	滑阀式、转阀式、锥阀式
按阀的安装方式	管式、板式、法兰式等

由于滑阀式换向阀数量多、应用广泛、具有代表性，下面以滑阀式换向阀为例说明换向阀的工作原理、图形符号、机能特点和操作方式等。

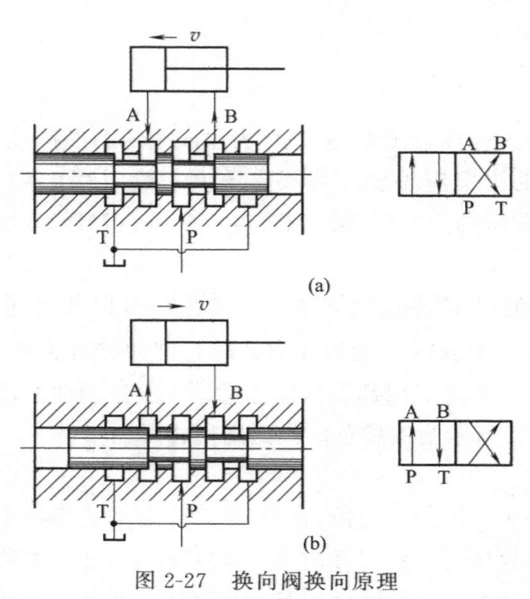

图 2-27 换向阀换向原理

1. 换向原理及图形符号

如图 2-27 所示为滑阀式换向阀，它是靠阀芯在阀体内作轴向运动，从而使相应的油路接通或断开的换向阀。

滑阀是一个具有多个环形槽的圆柱体（图示阀芯有 3 个台肩），而阀体孔内有若干个沉割槽（图示阀体为 5 槽）。每条沉割槽都通过相应的孔道与外部相通，其中 P 为进油口，T 为回油口，而 A 和 B 则通液压缸两腔。

当阀芯处于图 2-27（a）位置时，P 与 B、A 与 T 相通，活塞向左运动；当阀芯向右移至图 2-27（b）位置时，P 与 A、B 与 T 相通，活塞向右运动。图中右侧用简化了的图形符号清晰地表明了以上所述的通断情况。

表 2-7 列出了几种常用的滑阀式换向阀的结构原理图及其图形符号。

表 2-7　换向阀的结构原理图及其图形符号

名称	结构原理图	图形符号
二位二通	A B	B A
二位三通	A P B	A B P
二位四通	B P A T	A B P T
三位四通	A P B T	A B P T

图形符号的含义：

① 用方框表示阀的工作位置，方框数即“位”数。

② 箭头表示两油口连通，并不表示流向；“⊥”或“⊤”表示此油口不通流。

③ 在一个方框内，箭头或“⊥”符号与方框的交点数为油口的通路数，即“通”数。

④ P 表示压力油的进口，T 表示与油箱连通的回油口，A 和 B 表示连接其他工作油路。

2．换向阀的操纵方式

换向阀的操纵方式有机动换向、电磁换向、液动换向、电液动换向、手动换向等。

（1）机动换向阀　机动换向阀又称行程换向阀，它依靠安装在运动部件上的挡块或凸轮，推动阀芯移动，实现换向。

图 2-28（a）所示为二位二通机动换向阀。在图示位置（常态位），阀芯 3 在弹簧 4 作用下处于上位，P 与 A 不相通；当运动部件上的行程挡铁 1 压住滚轮 2 使阀芯移至下位时，P 与 A 相通。

机动换向阀结构简单，换向时阀口逐渐关闭或打开，故换向平稳、可靠、位置精度高。但它必须安装在运动部件附近，一般油管较长。常用于控制运动部件的行程，或快、慢速度的转换。图 2-28（b）所示为二位二通机动换向阀的图形符号。

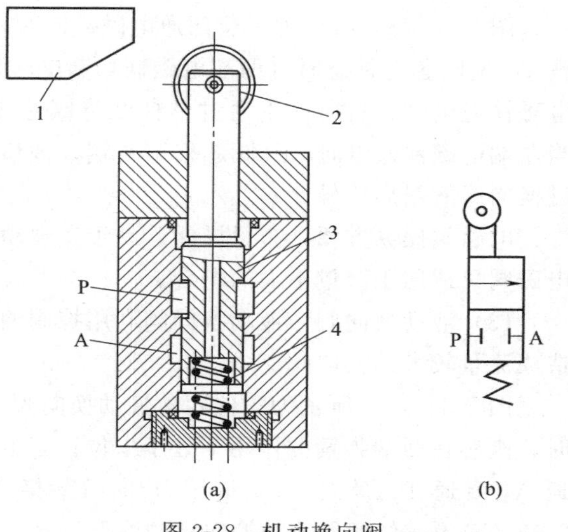

图 2-28　机动换向阀

1—挡铁；2—滚轮；3—阀芯；4—弹簧

（2）电磁换向阀　电磁换向阀简称电磁阀，它利用电磁铁吸力控制阀芯动作。电磁换向阀包括换向滑阀和电磁铁两部分。

电磁铁按使用电源不同可分为交流电磁铁和直流电磁铁两种。交流电磁铁使用电压为220V或380V，直流电磁铁使用电压为24V。交流电磁铁的优点是电源简单方便，电磁吸力大，换向迅速；缺点是噪声大，启动电流大，在阀芯被卡住时易烧毁电磁铁线圈。直流电磁铁工作可靠，换向冲击小，噪声小，但需要有直流电源。电磁铁按衔铁是否浸在油里，又分为干式和湿式两种。干式电磁铁不允许油液进入电磁铁内部，因此推动阀芯的推杆处要有可靠的密封。湿式电磁铁可以浸在油液中工作，所以电磁阀的相对运动件之间就不需要密封装置，这就减小了阀芯运动的阻力，提高了滑阀换向的可靠性。湿式电磁铁性能好但价格较高。

图 2-29（a）所示为二位三通电磁换向阀，采用干式交流电磁铁。图示位置为电磁铁不通电状态，即常态位，此时 P 与 A 相通，B 封闭；当电磁铁通电时，衔铁 1 右移，通过推杆 2 使阀芯 3 推压弹簧 4，并移至右端，P 与 B 接通，而 A 封闭。图 2-29（b）为二位三通电磁换向阀的图形符号。

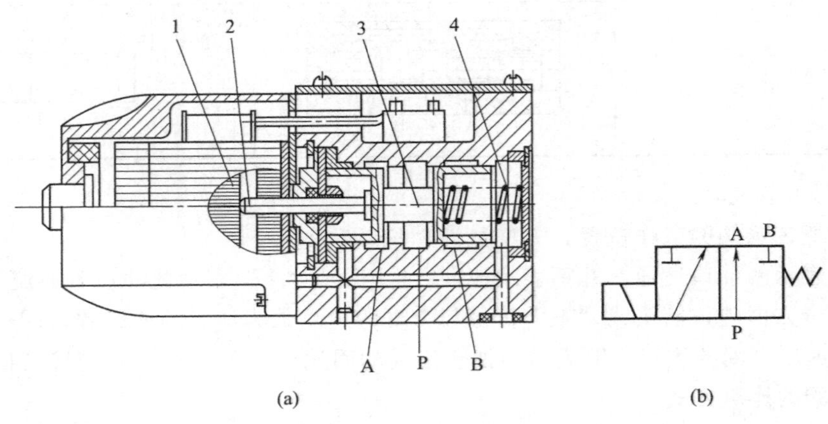

图 2-29 二位三通电磁换向阀

1—衔铁；2—推杆；3—阀芯；4—弹簧

图 2-30（a）所示为三位四通电磁换向阀，采用湿式直流电磁铁。阀两端有两根对中弹簧 4，使阀芯在常态时（两端电磁铁均断电时）处于中位，P、A、B、T 互不相通；当右端电磁铁通电时，右衔铁 1 通过推杆 2 将阀芯 3 推至左端，控制油口 P 与 B 通，A 与 T 通；当左端电磁铁通电时，其阀芯移至右端，油口 P 通 A、B 通 T。图 2-30（b）为三位四通电磁换向阀的图形符号。

电磁阀操纵方便，布置灵活，易于实现动作转换的自动化。但因电磁铁吸力有限，所以电磁阀只适用于流量不大的场合。

（3）液动换向阀 液动换向阀利用控制油路的压力油推动阀芯实现换向，因此它可以制造成流量较大的换向阀。

图 2-31（a）所示为三位四通液动换向阀。当其两端控制油口 K_1 和 K_2 均不通入压力油时，阀芯在两端弹簧的作用下处于中位；当 K_1 进压力油，K_2 接油箱时，阀芯移至右端，P 通 A，B 通 T；反之，K_2 进压力油，K_1 接油箱时，阀芯移至左端，P 通 B，A 通 T。图 2-31（b）为三位四通液动换向阀的图形符号。

液动换向阀结构简单、动作可靠、平稳，由于液压驱动力大，故可用于流量大的液压系

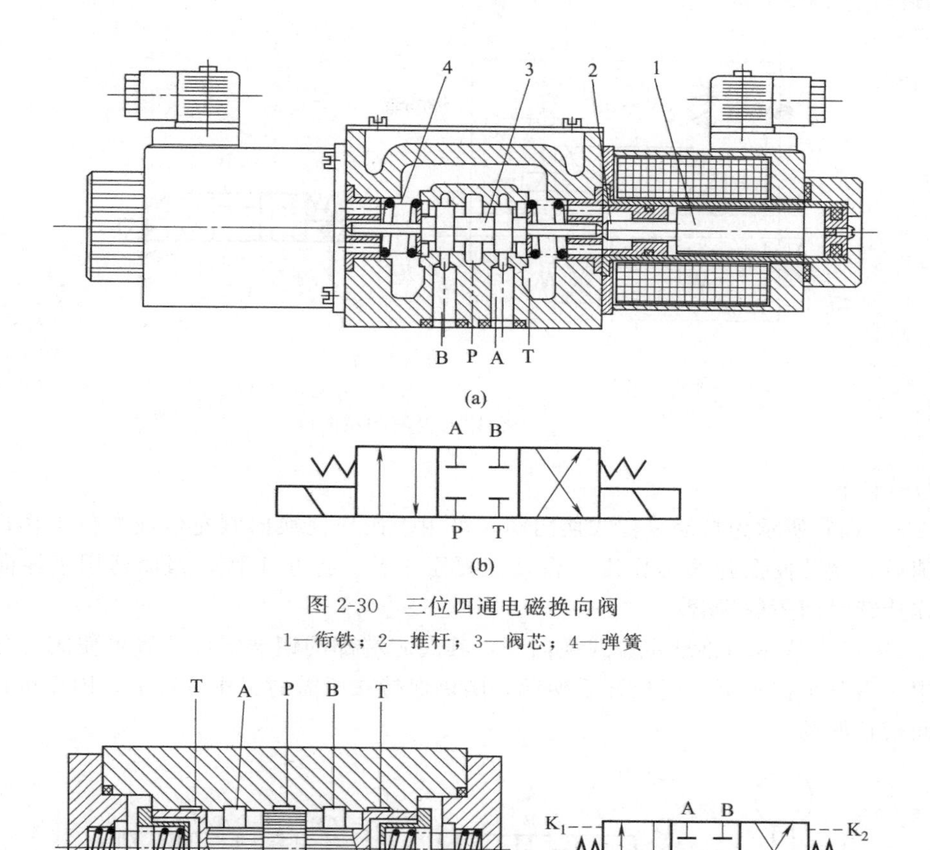

图 2-30　三位四通电磁换向阀

1—衔铁；2—推杆；3—阀芯；4—弹簧

(a)　(b)

图 2-31　三位四通液动换向阀

统中，但它不如电磁阀控制方便。

(4) 电液动换向阀　电液动换向阀是由电磁换向阀和液动换向阀组成的复合阀。电磁换向阀为先导阀，它用以改变控制油路的方向；液动换向阀为主阀，它用以改变主油路的方向。这种阀综合了电磁阀和液动阀的优点，具有控制方便、流量大的特点。

图 2-32 (a)、(b) 所示分别为三位四通电液换向阀的图形符号和简化符号。

当先导阀的电磁铁 1YA 和 2YA 都断电时，电磁阀芯在两端弹簧力作用下处于中位，控制油口 P′关闭。这时主阀芯两侧的油经两个小节流阀及电磁换向阀的通路与油箱相通，因而主阀芯也在两端弹簧的作用下处于中位。在主油路中 P、A、B、T 互不相通。当 1YA 通电、2YA 断电时，电磁阀芯移至右端，电磁阀左位工作，控制压力油经过 P′→A′→单向阀→主阀芯左端油腔，而回油经主阀芯右端油腔→节流阀→B′→T′→油箱。于是，主阀芯在左端液压推力的作用下移至右端，即主阀左位工作，主油路 P 通 A，B 通 T。同理，当 2YA 通电、1YA 断电时，电磁阀处于右位，控制主阀芯右位工作，主油路 P 通 B，A 通 T。电液动换向阀的换向速度可由两端节流阀调整，因而可使换向平稳，无冲击。

(5) 手动换向阀　手动换向阀是用手动杠杆操纵阀芯换位的换向阀。它有自动复位式和

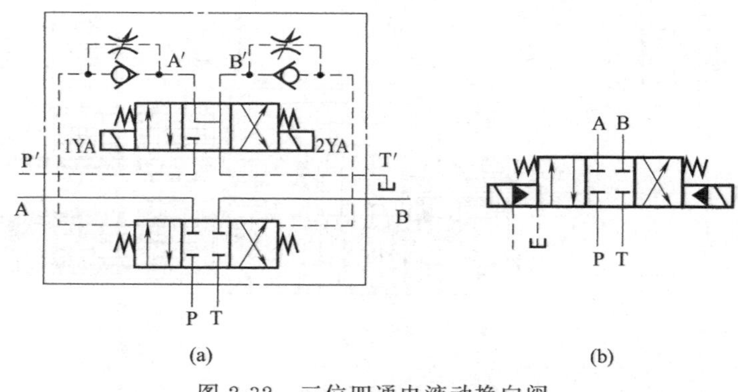

图 2-32 三位四通电液动换向阀

钢球定位式两种。

图 2-33（a）所示为自动复位式换向阀，可用手操作使换向阀左位或右位工作，但当操纵力取消后，阀芯便在弹簧力作用下自动恢复至中位，停止工作。因而适用于换向动作频繁、工作持续时间短的场合。

图 2-33（b）所示为钢球定位式换向阀，其阀芯端部的钢球定位装置可使阀芯分别停止在左、中、右三个位置上，当松开手柄后，阀仍保持在所需的工作位置上，因而可用于工作持续时间较长的场合。

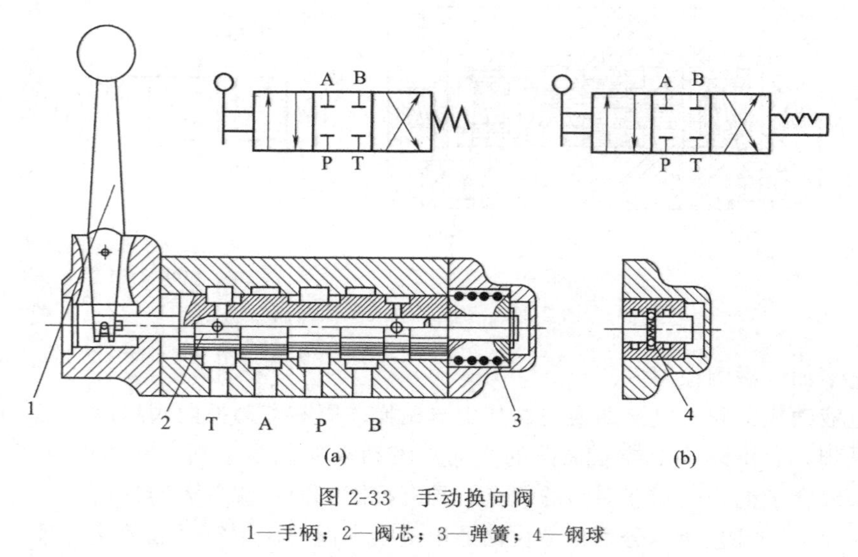

图 2-33 手动换向阀

1—手柄；2—阀芯；3—弹簧；4—钢球

3. 中位机能

三位换向阀的中位时各油口的连通方式称为它的中位机能（又称滑阀机能）。中位机能不同的同规格阀，其阀体通用，但阀芯台肩结构的结构尺寸不同，内部通油情况也不同。表 2-8 列出了几种常用三位四通换向阀在中位时的结构简图、图形符号、机能的特点和应用。

从表 2-8 中可以看出，不同的中位机能具有各自特点。因为液压阀是连接动力元件和执行元件的，就是说一般情况下，换向阀的入口接液压泵，出口接液压马达或液压缸。分析中位机能的特点，就是要分析液压阀在中位时或在液压阀中位与其他工作位置转换时对液压泵和液压执行元件工作性能的影响。通常考虑以下几个因素：

表 2-8 几种常用三位四通换向阀在中位时的结构简图、图形符号、机能的特点和应用

形式	结构简图	图形符号	特点及应用
O	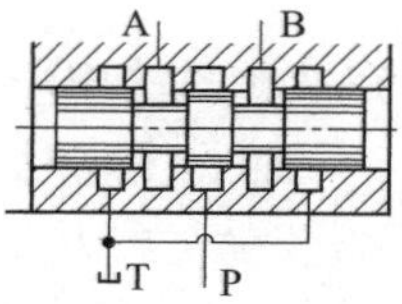 A B T P	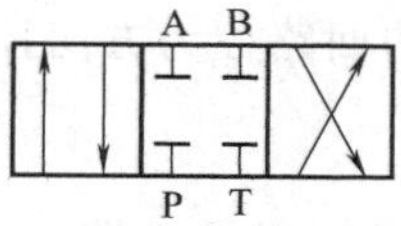 A B P T	各油口全部封闭，液压缸被锁紧，液压泵不卸荷，并联缸可运动
H	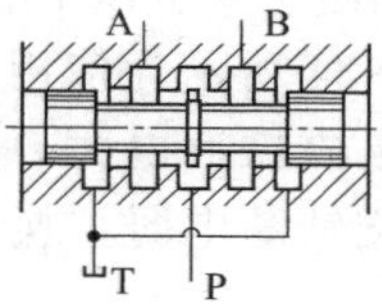 A B T P	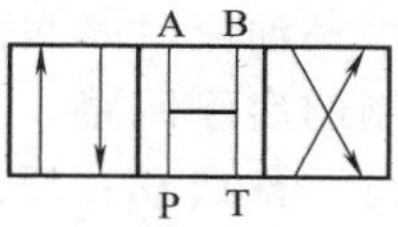 A B P T	各油口全部连通，液压缸浮动，液压泵卸荷，其他缸不能并联使用
Y	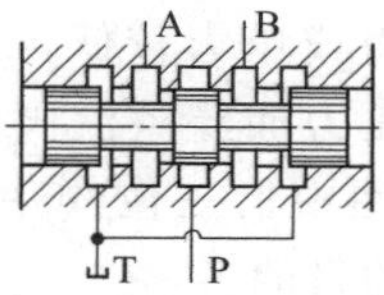 A B T P	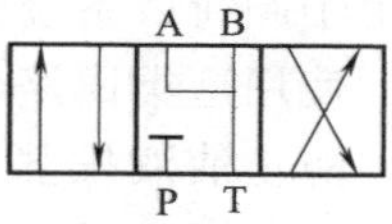 A B P T	液压缸两腔通油箱，液压缸浮动，液压泵不卸荷，并联缸可运动
P	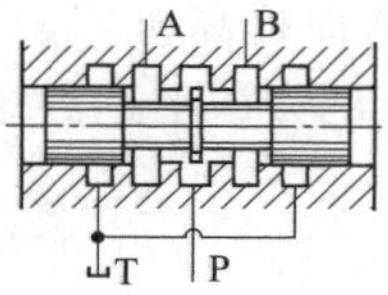 A B T P	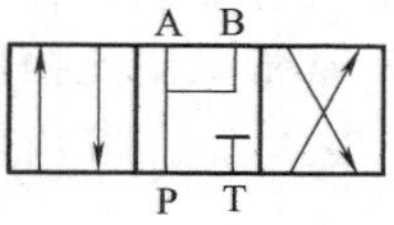 A B P T	压力油口与液压缸两腔连通，回油口封闭，液压泵不卸荷，并联缸可运动，单杆活塞缸实现差动连接
M	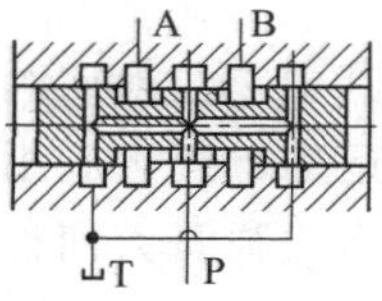 A B T P	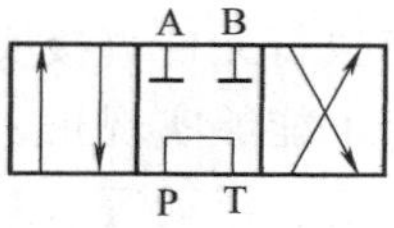 A B P T	液压缸两腔封闭，液压缸被锁紧，液压泵卸荷，其他缸不能并联使用

（1）系统保压与卸荷　当液压阀的 P 口被堵塞时，系统保压，这时的液压泵可以用于多缸系统。如果液压阀的 P 口与 T 口相通，这时液压泵输出的油液直接流回油箱，没有压力，称为系统卸荷。

（2）换向精度与平稳性　若 A、B 油口封闭，液压阀从其他位置转换到中位时，执行元件立即停止，换向位置精度高，但液压冲击大，换向不平稳；反之，若 A、B 油口都与 T 相通，液压阀从其他位置转换到中位时，执行元件不易制动，换向位置精度低，但液压冲击小。

（3）启动平稳性　若 A、B 油口封闭，液压执行元件停止工作后，阀后的元件及管路充满油液，重新启动时较平稳；若 A、B 油口与 T 相通，液压执行元件停止工作后，元件及管路中油液泄漏回油箱，执行元件重新启动时不平稳。

（4）液压执行元件“浮动”　液压阀在中位时，靠外力可以使执行元件运动来调节其位置，称为“浮动”。如 A、B 油口互通时的双出杆液压缸，或 A、B、T 口连通时情况等。

子学习情境2.4 方向控制回路案例分析

控制液流的通、断和流动方向的回路称为方向控制回路。在液压系统中用于实现执行元件的启动、停止以及改变运动方向。

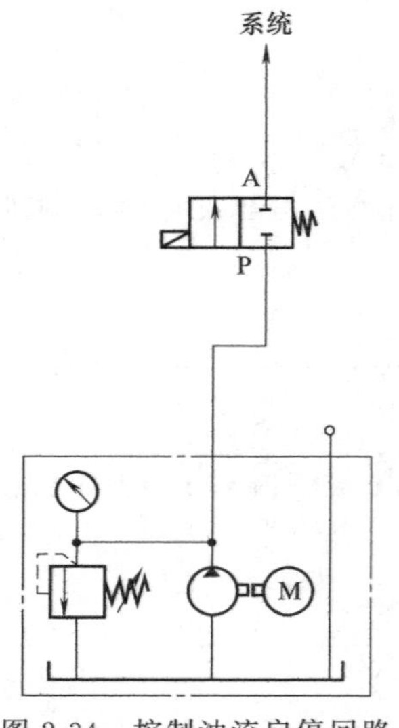

图 2-34 控制油流启停回路

2.4.1 启停回路

液压系统中设置启动和停止的回路主要有以下几种方法。

(1) 控制油流启停回路 如图 2-34 所示为使用二位二通电磁换向阀控制的启停回路，当换向阀电磁铁通电时，系统处于接通状态，执行元件启动；反之，当电磁铁断电时，换向阀处于断开状态，系统停止运动。

(2) 控制油压的启停回路 这种回路常用方法是将液压泵卸荷控制，由于卸荷后系统油液无压力或压力较低，执行元件自然停止运动。使用这类回路，可避免压力油经溢流阀回油而引起的能量损失，防止油液发热。实际应用中，三位阀中位机能为 H、M 型等的换向阀都可达到使泵卸荷的目的。

(3) 要求准确定位的启停回路 在机床系统中，有时会要求执行元件必须有准确的停车位置，从而提高机床的加工精度，实际应用中，常常采用死挡铁限位停留的方法上达到这一要求。

2.4.2 换向回路

换向回路用来变换执行元件运动方向。采用各种换向阀或改变变量泵的输油方向都可以使执行元件换向。

采用三通以上的换向阀都可以使执行元件直接实现换向。其中二位换向阀只能使执行元件实现正、反向换向运动；三位阀除了能够实现正、反向换向运动，还可利用中位机能使系统获得不同的控制特性，如锁紧、卸荷、浮动等。对于利用重力或弹簧力回程的单作用液压缸，用二位三通阀就可使其换向。

图 2-35 (a) 所示的是采用二位四通电磁换向阀的换向回路。当电磁铁通电时，压力油进入液压缸左腔，推动活塞杆向右移动；电磁铁断电时，弹簧力使阀芯复位，压力油进入液压缸右腔，推动活塞杆向左移动。此回路只能停留在缸的两端，不能停留在任意位置上。

图 2-35 (b) 所示的是采用三位四通手动换向阀的换向回路。当阀处于中位时，M 型中位机能使泵卸荷，缸两腔油路封闭，活塞制动；当阀左位工作时，液压缸左腔进油，活塞向右移动；当阀右位工作时，液压缸右腔进油，活塞向左移动。此回路可以使执行元件在任意位置停止运动。

2.4.3 闭锁回路

闭锁回路又称锁紧回路，用以实现使执行元件在任意位置上停止，并防止停止后蹿动。常用的闭锁回路有以下两种。

1. 采用 O 型或 M 型滑阀机能三位换向阀的闭锁回路

图 2-36 (a) 为采用三位四通 O 型滑阀机能换向阀的闭锁回路，当两电磁铁均断电时，

弹簧使阀芯处于中间位置，液压缸的两工作油口被封闭。由于液压缸两腔都充满油液，而油液又是不可压缩的，所以向左或向右的外力均不能使活塞移动，活塞被双向锁紧。图 2-36（b）为三位四通 M 型机能换向阀，具有相同的锁紧功能。不同的是前者液压泵不卸荷，并联的其他执行元件运动不受影响，后者的液压泵卸荷。

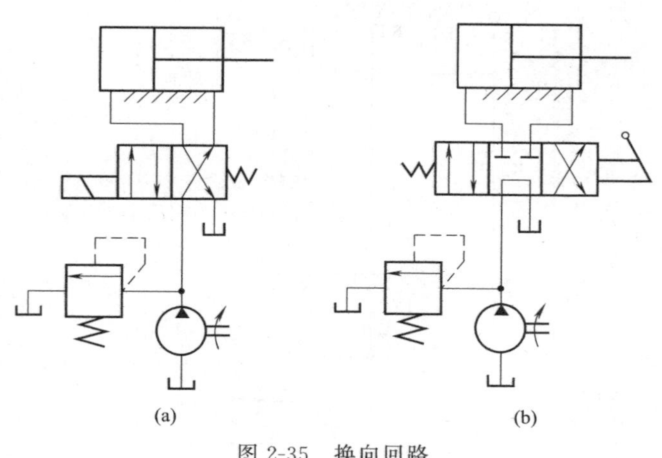

(a)　(b)

图 2-35　换向回路

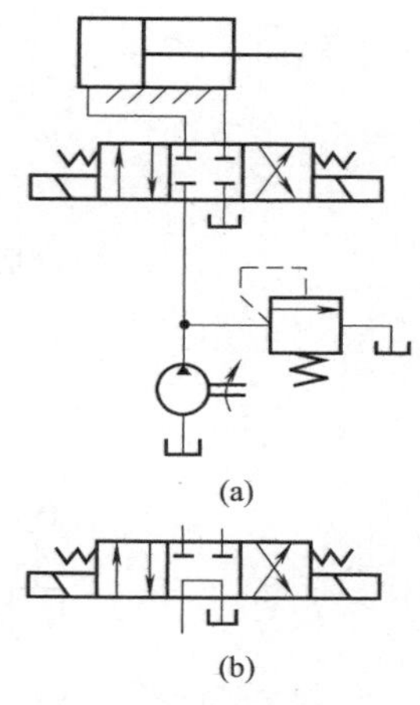

(a)　(b)

图 2-36　采用换向阀滑阀机能的闭锁回路

这种闭锁回路结构简单，但由于换向阀密封性差，存在泄漏，所以闭锁效果较差。

2. 采用液控单向阀的闭锁回路

图 2-37 所示为采用液控单向阀的闭锁回路。换向阀处于中间位置时，液压泵卸荷，输出油液经换向阀回油箱，由于系统无压力，液控单向阀 A 和 B 关闭，液压缸左右两腔的油液均不能流动，活塞被双向闭锁。当左边电磁铁通电，换向阀左位接入系统，压力油经单向阀 A 进入液压缸左腔，同时进入单向阀 B 的控制油口，打开单向阀 B，液压缸右腔的油液可经单向阀 B 及换向阀回油箱，活塞向右运动。当右边电磁铁通电时，换向阀右位接入系统，压力油经单向阀 B 进入液压缸右腔，同时打开单向阀 A，使液压缸左腔油液经单向阀 A 和换向阀回油箱，活塞向左运动。

液控单向阀有良好的密封性，闭锁效果较好。

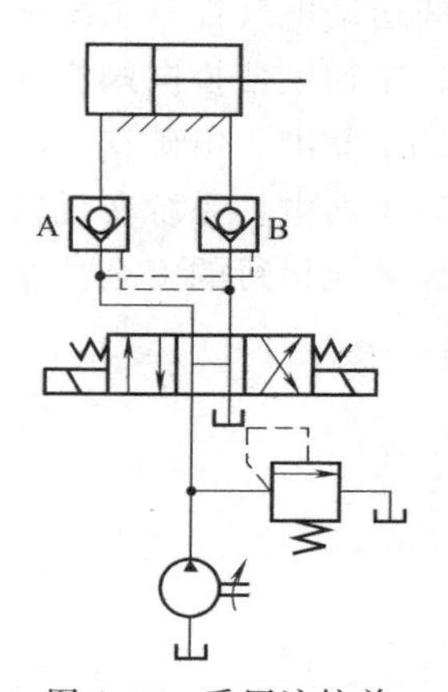

图 2-37　采用液控单向阀的闭锁回路

2.4.4　电控往复直线运动换向回路

往复直线运动换向回路的功用是使与液压缸相连的主机运动部件在其行程端点处迅速、平稳、准确地变换运动方向。可以采用方向控制阀和液控行程阀来实现，也可以采用电控行程开关和方向控制阀来实现这一动作过程，工程上后者应用相对较多。这一动作在工程上的应用十分广泛，如仿形牛头刨床、磨床等机构，但换向阀等往往需要专门设计。

1. 电控单往复直线运动换向回路

图 2-38（a）是电控单往复直线运动液压系统回路，图 2-38（b）是电控单往复直线运动电气控制系统回路。其主油路只受二位四通电磁换向阀控制。当 S 闭合后，电磁铁 1Y1

通电使换向阀换向，液压缸活塞向右运动，当运动到1S2电控行程开关后，使电磁铁1Y1断电，在复位弹簧的作用下，活塞再次换向向左运动，至1S1结束，系统复位。

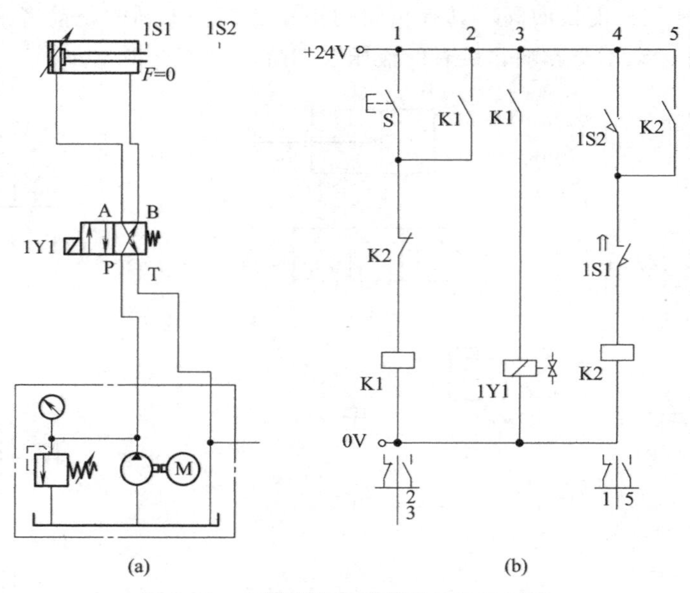

图 2-38 电控单往复直线运动换向回路

2. 电控自动往复直线运动换向回路

图 2-39（a）是电控自动往复直线运动液压系统回路，图 2-39（b）是电控自动往复直线运动电气控制系统回路。其主油路只受三位四通电磁换向阀控制。当S闭合后，电磁铁1Y1通电使换向阀换向，液压缸活塞向右运动，当运动到1S2电控行程开关后，使电磁铁1Y1断电，电磁铁1Y2得电，活塞再次换向向左运动，至电控行程开关1S1，重新使电磁铁1Y1通电，系统实现自动往复运动。电气控制线路采用自锁和互锁的电气回路设计方式，保证系统运行的安全性和稳定性。

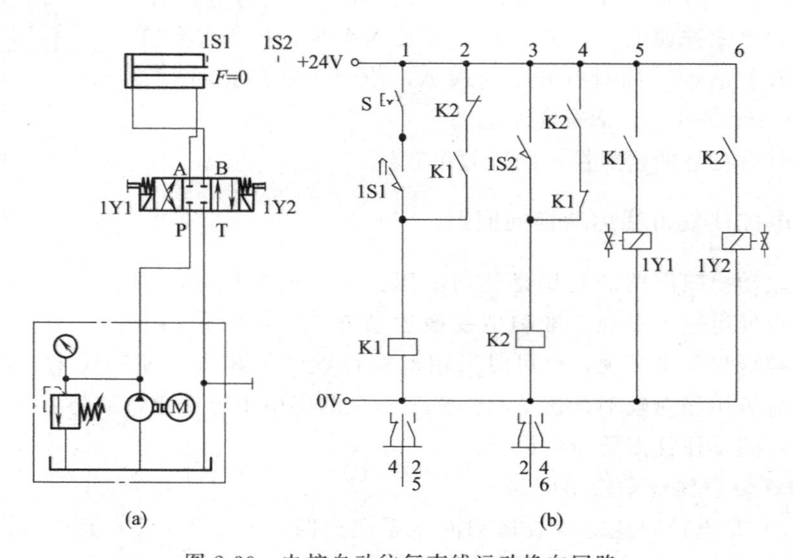

图 2-39 电控自动往复直线运动换向回路

制定方案

供热油罐车液压系统分析计划和决策表

<table>
<tr><td>情境</td><td colspan="6">供热油罐车液压系统分析</td></tr>
<tr><td>学习任务</td><td colspan="4">供热油罐车液压系统组建</td><td>完成时间</td><td></td></tr>
<tr><td>任务完成人</td><td>学习小组</td><td></td><td>组长</td><td></td><td>成员</td><td></td></tr>
<tr><td>需要学习的知识和技能</td><td colspan="6"></td></tr>
<tr><td rowspan="3">小组任务分配</td><td>小组任务</td><td>任务准备</td><td>管理学习</td><td>管理出勤、纪律</td><td colspan="2">管理卫生</td></tr>
<tr><td>个人职责</td><td>准备任务所需元件设备</td><td>认真努力学习并热情辅导小组成员</td><td>记录考勤并管理小组成员纪律</td><td colspan="2">组织值日并管理卫生</td></tr>
<tr><td>小组成员</td><td></td><td></td><td></td><td colspan="2"></td></tr>
<tr><td>完成工作任务的计划</td><td colspan="6"></td></tr>
<tr><td>完成任务载体的学习步骤</td><td colspan="6"></td></tr>
<tr><td>工作任务的初步方案</td><td colspan="6"></td></tr>
<tr><td>工作任务的最终方案</td><td colspan="6"></td></tr>
</table>

任务实施

供热油罐车液压系统分析任务实施表

<table>
<tr><td>情 境</td><td colspan="7">供热油罐车液压系统分析</td></tr>
<tr><td>学习任务</td><td colspan="5">供热油罐车液压系统组建</td><td>完成时间</td><td></td></tr>
<tr><td>任务完成人</td><td>学习小组</td><td></td><td>组长</td><td></td><td>成员</td><td colspan="2"></td></tr>
<tr><td colspan="8">应用获得的知识和技能完成任务要求</td></tr>
</table>

检查评估

供热油罐车液压系统分析任务检查表

情　境	供热油罐车液压系统分析					
学习任务	供热油罐车液压系统组建				完成时间	
任务完成人	学习小组		组长		成员	
供热油罐车工作原理描述 （写出不符合之处）						
掌握知识和技能的情况 （写出没掌握之处）						
液压各元件功用 （写出不合理之处）						
需要补缺的知识和技能						
任务汇报 PPT 完成情况和 情境学习表现及改进						

习 题

2.1 液压泵的工作压力取决于什么？泵的工作压力和额定压力有何区别？

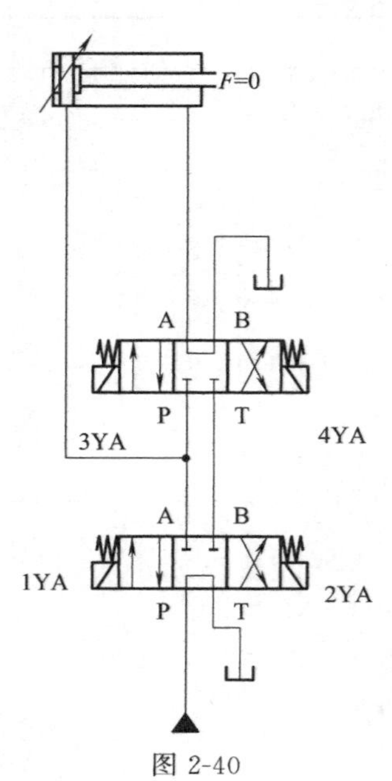

图 2-40

2.2 什么是齿轮泵的困油现象？有何危害？如何解决？

2.3 各类液压泵中，哪些能实现单向变量？哪些能实现双向变量？

2.4 某液压泵铭牌上标有转速 $n=1450\text{r/min}$，额定流量 $q_n=60\text{L/min}$，额定压力 $p_n=80\times10^5\text{Pa}$，泵的总效率 $\eta=0.8$，试求：

（1）该泵应选配的电动机功率；

（2）若该泵使用在特定的液压系统中，该系统要求泵的工作压力 $p=40\times10^5\text{Pa}$，该泵应选配的电动机功率。

2.5 滤油器的主要功能是什么？

2.6 蓄能器的功用和特点是什么？

2.7 简述换向阀的分类。

2.8 二位四通换向阀能否作为二位三通换向阀和二位二通来使用？具体如何接法？

2.9 简述图 2-40 液压回路如何能够实现快进→工进→快退→停止卸荷的工作循环。

学习情境 3

注塑机液压系统分析

学习目标

1. 能够选用合适的压力控制阀；
2. 能够利用压力控制阀构建压力控制回路；
3. 能够分析注塑机液压系统各元件功用；
4. 能够利用软件构建典型的压力控制回路并实现运动。

情境导入

塑料成型注射机工作任务单

<table>
<tr><td>情境</td><td colspan="7">注塑机液压系统分析</td></tr>
<tr><td>学习任务</td><td colspan="5">注塑机液压系统组建</td><td>完成时间</td><td></td></tr>
<tr><td>任务完成人</td><td>学习小组</td><td></td><td>组长</td><td></td><td>成员</td><td colspan="2"></td></tr>
<tr><td>任务要求</td><td colspan="7">1. 掌握控制阀的结构、工作原理及应用；
2. 能够利用软件构建典型的压力控制回路并实现运动；
3. 能够利用 Festo 设备完成液压回路的连接。</td></tr>
<tr><td>任务载体和资讯</td><td colspan="3"></td><td colspan="4">1. 溢流阀、减压阀、顺序阀、压力继电器的结构、原理及应用；
2. 压力控制回路的分析；
3. 溢流阀、减压阀、顺序阀的异同；
4. 注塑机液压系统组建。</td></tr>
<tr><td>资料查询情况</td><td colspan="7"></td></tr>
<tr><td>完成任务注意点</td><td colspan="7">1. 压力控制阀的应用；
2. 压力控制回路的分析；
3. 压力控制阀的结构。</td></tr>
</table>

任务描述

学习目标	学习内容	任务准备
1. 能够选用合适的压力控制阀 2. 能够利用压力控制阀构建压力控制回路 3. 能够分析注塑机液压系统各元件功用 4. 能够利用软件构建典型的压力液压控制回路并实现运动	1. 压力控制阀的结构及工作原理 2. 压力控制回路构建 3. 注塑机液压系统的构建	前期准备：溢流阀、顺序阀、减压阀、压力继电器 知识准备：压力控制阀结构原理及压力控制回路构建

知识链接

子学习情境 3.1 压力阀分析及压力控制回路组建

3.1.1 压力控制阀

在液压系统中，用来控制系统压力或利用压力为信号控制其他元件动作的阀，均属于压力控制阀，简称压力阀。它们都是利用作用在阀芯上的液压力和弹簧力相平衡的原理进行工作的。

在具体的液压系统中，根据工作需要的不同，对压力控制的要求也各不相同：有的需要限制液压系统的最高压力，如安全阀；有的需要稳定液压系统中某处的压力值（或者压力差、压力比等），如溢流阀、减压阀等定压阀；还有的是利用液压力作为信号控制其动作，如顺序阀、压力继电器等。压力阀按用途不同分为溢流阀、减压阀、顺序阀和压力继电器等。

1. 溢流阀

溢流阀是使系统中多余油液通过该阀溢出，从而维持系统压力基本恒定的压力阀。通常接在液压泵出口处的油路上。

（1）溢流阀的结构和工作原理　常用的溢流阀按其结构形式和基本动作方式可分为直动式和先导式两种。其中低压系统选用直动式溢流阀，中高压系统选用先导式溢流阀。

① 直动式溢流阀　直动式溢流阀是依靠系统中的压力油直接作用在阀芯上与弹簧力相平衡，以控制阀芯启闭动作的溢流阀。直动式溢流阀按其阀芯形式不同也可分为球阀式、锥阀式、滑阀式等。

直动式溢流阀的结构和图形符号如图 3-1（a）所示。阀芯在弹簧的作用下压在阀座上，阀体上开有进出油口 P 和 T，油液压力从进油口 P 作用在阀芯上。当油液压力小于弹簧力时，阀芯压在阀座上不动，阀口关闭；当油液压力超过弹簧力时，阀芯离开阀座，阀口打开，油液便从出油口 T 流回油箱，从而保证进口压力基本恒定。调定弹簧的预压力，便可调整溢流压力。

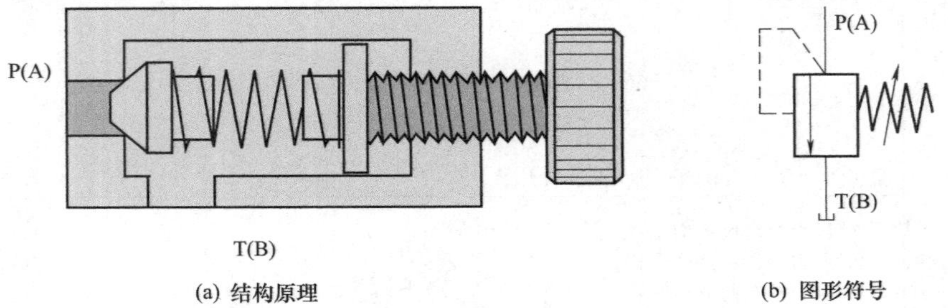

(a) 结构原理　　(b) 图形符号

图 3-1　直动形溢流阀

直动式溢流阀结构简单、灵敏度高。若溢流阀的工作压力较高，需要刚度较大的硬弹簧，结构尺寸也较大，不仅手动调节困难，而且溢流阀口开度略有变化就会引起较大的压力波动，因此直动式溢流阀一般只用于低压小流量系统或作为先导阀使用。

② 先导式溢流阀　先导式溢流阀由先导先阀和主阀两部分组成。图 3-2 所示为先导式溢流阀的结构原理和图形符号。压力油从进油口（图中没有画出）进入进油腔 P 后，经主阀芯上的径向孔和轴向孔 f 进入阀芯下端，同时油液又经阻尼孔 e 进入主阀芯上端，再经过孔 c 和孔 d 作用在先导阀阀芯上。

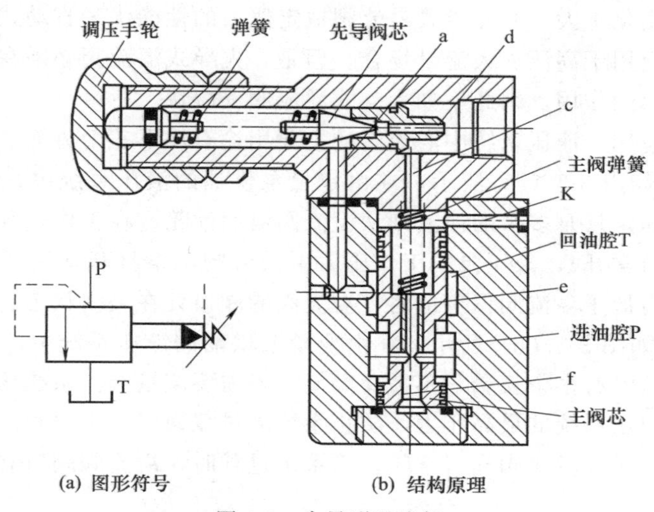

图 3-2　先导形溢流阀

当系统压力（进油口压力）较低，先导阀上的液压作用力不足以克服先导阀调压弹簧的作用力时，先导阀关闭，没有油液流过阻尼孔 e，因此主阀芯上下两端油的压力相等，在较软的主阀弹簧作用下主阀芯处于最下端位置（图示位置），进油口 P 与回油口 T 隔断，不溢流。

当系统压力升高时，主阀上腔压力也随之升高，当上腔的油液压力大于先导阀调压弹簧的调定压力时，先导阀阀芯的弹簧被压缩，先导阀口被打开，主阀上腔的压力油经先导阀阀口，再流经小孔 a 进入主阀回油腔 T，流回油箱。由于此时阻尼孔 e 中有油液流动而使主阀芯上腔的压力小于下端压力。这样，主阀芯上、下端就产生了压力差。当压力差对主阀芯形成的作用力小于主阀弹簧预紧力时，主阀芯仍然不动，进回油口还是关闭；当系统压力进一步升高，主阀芯两端压力差所产生的作用力大于主阀弹簧预紧力时，主阀芯上移，主阀阀口被打开，从而进油口 P 与回油口 T 相通，油液经过主阀阀口流回油箱，实现溢流。调节先导阀的调压弹簧，便可调整溢流压力。

K 为远程控制口，用于远程调压。如果将 K 口用油管接到另一个远程调压阀（图中未画出），则主阀芯上部的油压就受这个远程调压阀控制，调节远程调压阀的调定值，即可调节溢流阀主阀芯上端的液压力，从而对这个溢流阀实行远程调压。这时，溢流阀上部的先导阀应不起作用。因此，远程调压阀所能调节的最高压力不得超过溢流阀本身先导阀的调整压力。一般情况下这个口封闭不用。当远程控制口 K 通过二位二通阀接通油箱时，主阀芯上端的压力接近于零，主阀芯上移到最高位置，阀口开得很大。由于主阀弹簧较软，这时溢流阀 P 口处压力很低，系统的油液在低压下通过溢流阀流回油箱，实现卸荷。无论哪个起调整主阀上腔油压的作用，泵的溢流量始终经主阀阀口回油箱。

综上分析可知：在先导式溢流阀中，先导阀中的弹簧起调压作用，又叫调压弹簧，因而先导阀的作用是控制和调节溢流压力，一般为小流量的直动型锥阀式溢流阀。先导阀的阀口直径较小，需要通过先导阀的流量很小，即使在较高压力的情况下，作用在锥阀芯上的液压推力也不是很大，因此调压弹簧的刚度不必很大，压力调整也就比较轻松。而主阀的功能则在于溢流，主阀的弹簧是为了克服摩擦力使主阀芯复位而设置的，该弹簧也称稳压弹簧。主阀芯因两端均受油压作用，主阀弹簧只需很小的刚度，当溢流量变化引起弹簧压缩量变化时，进油口的压力变化不大，故先导式溢流阀恒定压力的性能优于直动式溢流阀。因此，先导式溢流阀可被广泛用于高压、大流量场合。但是，先导式溢流阀必须在先导阀和主阀都动作后才能起控制压力的作用，因此不如直动式溢流阀反应快。

（2）溢流阀的应用　液压系统中溢流阀的主要用途有以下三个方面，如图 3-3 所示。

① 稳压溢流　如图 3-3（a）所示，在由定量泵供油的液压系统中，由流量阀调节进入执行元件的流量，而定量泵多余的油液则从溢流阀溢回油箱。在工作过程中溢流阀的阀口处在打开状态（即阀口常开），液压泵的工作压力由溢流阀调整且基本保持恒定。当负载较小而使液压泵出口压力低于溢流阀设定值时，溢流阀的阀口处在关闭状态。

② 安全保护　如图 3-3（b）所示，在由变量泵供油的液压系统中，供油量随负载大小自动调节到需要值，没有多余流量，不需要溢流，不需要流量阀。系统压力随负载变化而变化，溢流阀可用来限定系统的最高压力，防止系统因过载而引起事故和故障，故也称为安全阀。当系统正常工作时，溢流阀阀口常闭；当系统过载时，溢流阀阀口立即打开溢流，使系统压力不再升高。

③ 使泵卸荷　将先导式溢流阀的遥控口直接与油箱相通或通过二位二通电磁换向阀与油箱相通，可使泵和系统卸荷。如图 3-3（c）所示，当电磁铁断电时，先导式溢流阀的遥控口通过二位二通电磁换向阀与油箱相通，主阀芯上端的压力接近于零，系统中的油液在压力很小时便可从溢流阀的主阀芯流回油箱，使系统卸荷，泵空负载运转。

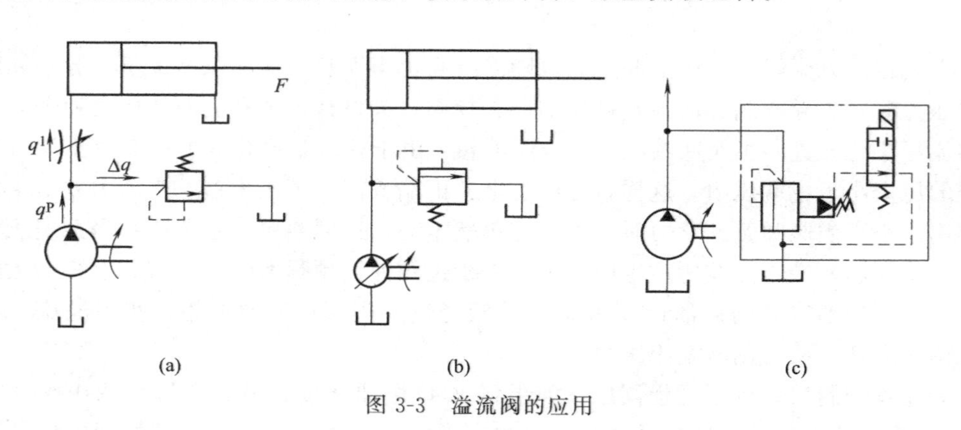

图 3-3　溢流阀的应用

（3）溢流阀常见故障分析及排除方法

① 压力设定无效　压力设定无效是指压力上升过大、压力过低或无压力。压力设定无效的主要原因和排除方法如下：

a. 调压弹簧严重变形或折断，使阀芯失去弹簧力的作用，造成无压力或压力过低。排除方法是更换弹簧。

b. 进、出油口反接，应及时加以调整。

c. 漏装主阀阀芯、先导阀阀芯或弹簧，从而造成进、出油口直接相通，主阀不起控制作用或阀芯失去弹簧力的作用。此时应按要求补装阀芯或弹簧。

d. 远程控制口与油箱相通，应切断其通道，并将远程控制口按要求接好。

② 压力波动　压力波动是溢流阀经常出现的故障，与液压系统和溢流阀本身均有关系。由溢流阀本身所引起的压力波动的主要原因和排除方法如下：

a. 调压弹簧的刚度过小、弹簧受损变形等，导致不能及时推动阀芯移动和维持稳定的工作压力。排除方法是重新选用合适刚度的弹簧。

b. 阻尼孔被油液中的杂质堵塞使阀芯移动困难，因污染或磨损导致密封不严等，均会导致压力波动。排除方法是定期检查油液的清洁度，如有必要应清洗元件、去除杂质和更换油液，并检查阀芯是否磨损严重。阀芯轻度磨损可进行修磨，磨损严重则需要更换阀芯。

③ 振动和噪声　在高压大流量系统中，溢流阀振动和噪声很大，有时会出现刺耳的噪声。噪声主要有流体噪声和机械噪声。

a. 由液压冲击、空穴现象、油液振动等原因产生的噪声称为流体噪声。它们产生的主要原因是先导阀和主阀中的压力波动较大或阀口处的油液速度变化大等。排除方法是提高零件的加工精度、清除阀内的杂质、保证油液的清洁、主阀弹簧不能太硬和防止空气进入阀内等。

b. 机械噪声来自由零件加工误差等原因产生的零件之间的摩擦。主要原因是由于弹簧刚度过小或严重变形而引起弹簧自振，阀芯与阀体配合过紧或过松，与系统中其他元件产生共振等。排除方法是重新选用合适刚度的弹簧，检查阀芯与阀体的相对位置并保证合理的配合间隙，检查其他元件的安装或固定管件有无松动等。

④ 泄漏　在安装和使用过程中，因安装螺钉或管接头松动，以及密封圈损坏失效等原因，都会造成溢流阀的外泄漏。造成内泄漏的原因主要是阀芯磨损、密封面接触不良等。排除溢流阀泄漏的方法应根据具体情况采取相应措施。

2. 减压阀

减压阀主要用于降低系统中某一支路的压力，使该支路获得比液压泵所提供油液压力较低的稳定压力。

根据减压阀所控制的压力不同，它可分为定值减压阀、定差减压阀和定比减压阀。减压阀也有直动式和先导式之分，先导式应用较多，而直动式较少单独使用，常与其他阀组合使用，如直动式减压阀与节流阀组合成调速阀。

（1）减压阀的结构和工作原理　减压阀的减压原理是依靠压力油通过缝隙（液阻）降压，使出口压力低于进口压力，并保持出口压力为一定值。缝隙越小，压力损失越大，减压作用就越强。

如图 3-4 所示为直动式减压阀，压力为 p 的高压油，从减压阀的进油口进入，经过减压阀口减压后，压力降为 p_2，从出油口 A 流出。由于油液流过减压口的缝隙时有压力损失，所以出口油压 p_2 低于进口油压 p_1，出口压力油一方面送往执行元件，另一方面经阀体上通道至阀芯左腔，并作用在阀芯上。当作用在阀芯上的液压力克服阀芯弹簧的预紧力时，阀芯右移，减压阀口变小，压降增大，使出口压力降低，直到阀芯左、右端压力差降低到阀芯弹簧的调定压力时，阀芯平衡，出口压力保持为定值。

由于外界的干扰（如负载变化）使出口压力变化时，减压阀将会自动调整减压阀口的开

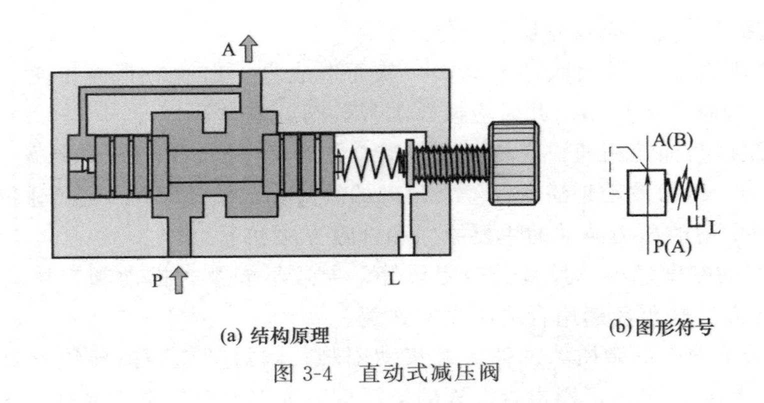

(a) 结构原理　　(b) 图形符号

图 3-4　直动式减压阀

度以保持出油压力稳定。

（2）减压阀的应用　定值减压阀在液压系统中常用于减压和稳压。

① 减压作用　在液压系统中，一个泵常需要同时向几个执行元件供油，当各执行元件需要的工作压力不同时，就要分别控制。若某个执行元件所需的供油压力小于泵的供油压力时，可在分支油路中串联一个减压阀，降低液压泵出油口的压力，供低压回路使用，它应用于控制回路、夹紧回路、润滑油路等。

② 稳定压力　减压阀出口油液压力比较稳定，从而可避免执行元件工作时受到油液压力波动的影响。

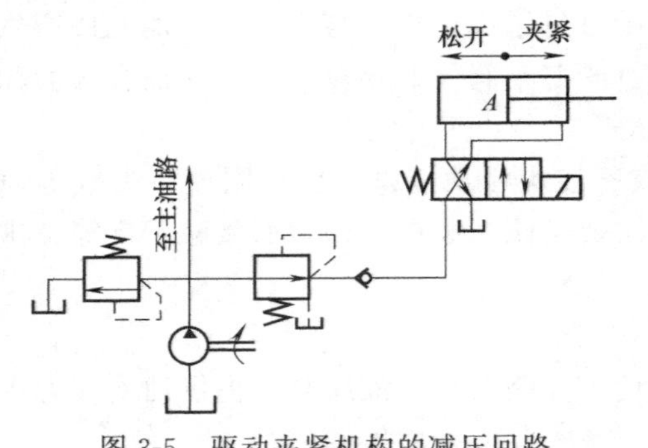

图 3-5　驱动夹紧机构的减压回路

图 3-5 所示为驱动夹紧机构的减压回路。液压泵供给主系统的油压由溢流阀控制，同时经过减压阀、单向阀、换向阀向夹紧缸供油。夹紧力的压力由减压阀调节，并稳定在调定值上。

实际中根据需要可利用多个减压阀将液压系统分成多个不同压力的支路，从而满足控制油路、辅助油路或多个执行元件所需要的不同工作压力。

（3）减压阀常见故障分析及排除方法　减压阀在使用中的故障一般有输出压力失调、压力调整后自动升高、压力输出波动大、振动及噪声等。

① 输出压力失调　当主阀芯卡死或先导阀堵塞时，导致减压阀开口不变化，无论如何调节调整螺母，减压阀出口压力也不减小。排除方法是应及时清洗阀体和阀芯，重新研配阀芯。

如果减压阀出口建立不起压力，其原因主要是主阀芯卡在阀口关闭时的位置或远程控制口未堵住等。排除方法是清洗阀芯与阀体，疏通阻尼孔。

② 压力调整后自动升高　造成的原因主要是主阀芯配合过松或阀芯严重磨损，导致泄漏量过大引起的。排除方法是重新装配或更换主阀芯。

③ 压力输出波动大　当油液中混入空气、阻尼孔堵塞、弹簧变形或卡住时，会造成压力输出波动较大。排除方法是尽量排尽混入油液中的空气，疏通阻尼孔，检查过滤器或更换油液、弹簧等。

3. 顺序阀

顺序阀是一种利用油路压力变化控制油路通断，实现多个执行元件顺序动作的压力阀。

根据控制油液来源的不同，顺序阀可分为内控式和外控式两种。内控式顺序阀直接利用自身进口油液压力来控制阀芯的启闭，简称顺序阀；外控式顺序阀利用外来的油液压力控制阀芯的启闭，称为液控顺序阀。顺序阀也有直动式和先导式两种，直动式一般用于低压系统，先导式用于中、高压系统。按泄漏方式不同，可分为内泄式和外泄式。内泄式顺序阀将弹簧腔的泄漏油液与出口油液一同流回油箱，此时的作用是使系统卸荷；外泄式顺序阀用管道将泄漏油液单独引回油箱。

(1) 顺序阀的结构和原理　直动式顺序阀的结构和图形符号如图 3-6 所示。当压力油从进油口 P_1（两个）进入，经阀道上的孔道 a 和端盖阻尼孔 b 流到控制活塞底部，当作用在控制活塞上的液压力能克服阀芯上的弹簧力时，阀芯上移，油液便从 P_2 流出。该阀称为内控式顺序阀，其图形符号如图 3-6（b）所示。

若将图 3-6（a）中的端盖旋转 90°安装，切断进油口通向控制活塞下腔的通道，并去除外控口的螺塞，引入控制压力油，便成为外控式顺序阀，其图形符号如图 3-6（c）所示。

(2) 顺序阀的应用　顺序阀的主要性能与溢流阀基本相似，选用调压弹簧的刚度要小，调压偏差要小，关闭状态下的内泄漏量要小，使后续执行元件或液压元件动作准确。

顺序阀用于控制两个或两个以上执行元件的顺序动作。图 3-7 所示为机床夹具上用顺序阀实现工件先定位后夹紧的顺序动作回路。当电磁换向阀的电磁铁处于断电状态时，压力油先进入定位缸右腔，缸左腔回油，活塞向左运动，实现定位。这时由于系统压力低于顺序阀的调定压力值，单向顺序阀关闭，压力油不能进入夹紧缸的右腔，工件不能夹紧。当定位缸活塞停止运动，系统压力升高到顺序阀调定压力值时，顺序阀开启，压力油进入夹紧缸右腔，左腔回油，活塞向左运动，将工件夹紧，实现了先定位后夹紧的动作顺序要求。当电磁换向阀的电磁铁通电时，压力油进入定位缸和夹紧缸的左腔，两缸右腔回油，松开工件。

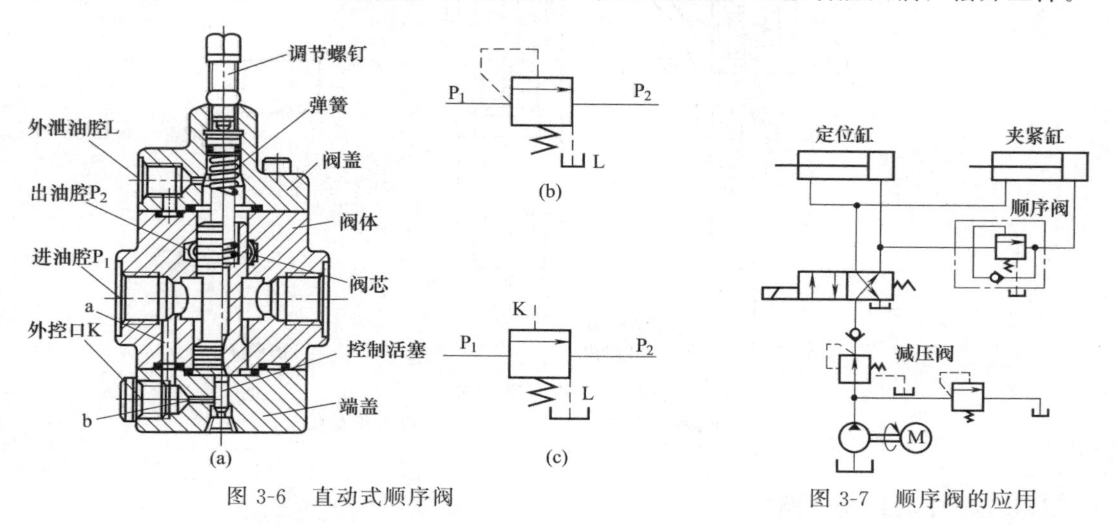

图 3-6　直动式顺序阀

图 3-7　顺序阀的应用

(3) 顺序阀常见故障分析及排除方法　顺序阀常见的故障有振动和噪声，调定压力不符合要求以及不起顺序控制的作用等。

调压弹簧选用不当、弹簧损坏或阀芯卡死等原因，均会导致顺序阀调定压力不符合要求。排除方法是重新选用合适的调压弹簧，并对阀芯进行必要的清洗，保证油液的清洁等。

造成顺序阀不起顺序控制作用的主要原因有：

① 阀芯在阀口全开时被卡住，阀内泄漏油路堵塞，导致进、出油口压力同时上升或降

低，此时相当于一个常通阀。排除方法是及时检修、清洗，并保证油液的清洁。

② 阀芯在阀口关闭位置上被卡住，外泄口堵塞，或泄漏管路背压过高等，导致顺序阀阀口关闭，相当于一个常闭阀。此时，应检查泄油口的连接方式，避免其与出油口相通。

③ 外控式顺序阀的控制油路堵塞，导致阀口始终处于关闭状态。此时，应检查控制油路，保证控制油路的畅通。

4. 压力继电器

压力继电器是当液压系统中的压力升高到一定数值时，将液压信号转换为电信号的一种转换元件。当系统压力达到压力继电器的调定压力时，它发出电信号控制电气元件（如电动机、电磁铁、电磁离合器等），使油路换向、卸压实现顺序动作，或关闭电动机起安全保护作用。

压力继电器从结构上可分为柱塞式、膜片式、弹簧管式和波纹管式四种，按发出电信号的功能可分为单触点和双触点。常用的压力继电器有柱塞式和膜片式。

压力继电器的结构和图形符号如图 3-8 所示，当进油口 P 处油液压力达到压力继电器的调定压力时，作用在柱塞 1 上的液压力通过顶杆 2 合上微动开关 4，发出电信号。

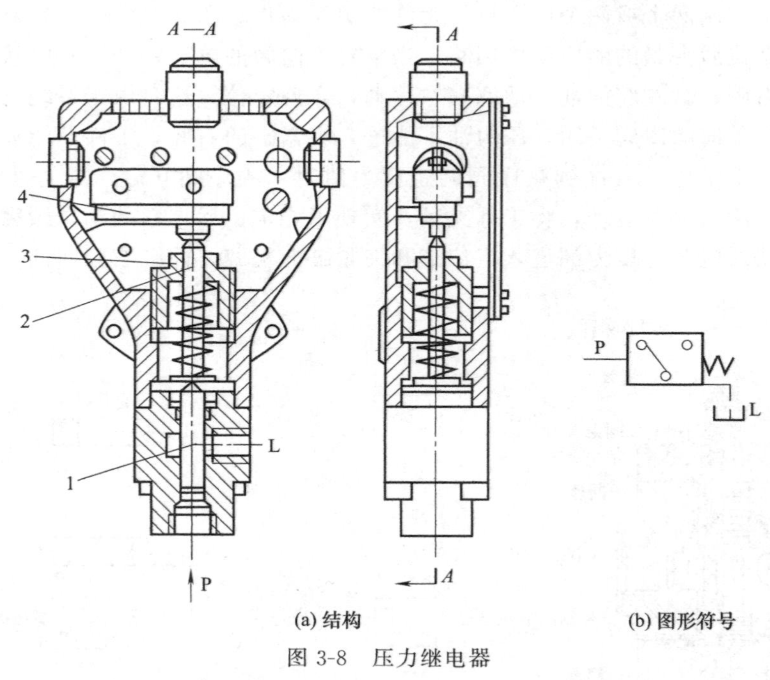

(a) 结构 (b) 图形符号

图 3-8 压力继电器

1—柱塞；2—顶杆；3—调节螺钉；4—微动开关

3.1.2 压力控制回路

压力控制回路是利用压力控制阀来控制系统整体或某一部分的压力，以满足液压执行元件对力或转矩要求的回路。这类回路包括调压、减压、增压、卸荷和平衡等多种回路。

1. 调压回路

调压回路的功用是使液压系统整体或部分的压力保持恒定或不超过某个数值。在定量泵系统中，液压泵的供油压力可以通过溢流阀来调节。在变量泵系统中，用安全阀来限定系统的最高压力，防止系统过载。若系统中需要两种以上的压力，则可采用多级调压回路。

(1) 单级调压回路 如图 3-9 所示的定量泵系统中，节流阀可以调节进入液压缸的流量，定量泵输出的流量大于进入液压缸的流量，而多余油液便从溢流阀流回油箱。调节溢流阀便可调节泵的供油压力，溢流阀的调定压力必须大于液压缸最大工作压力和油路上各种压力损失的总和。

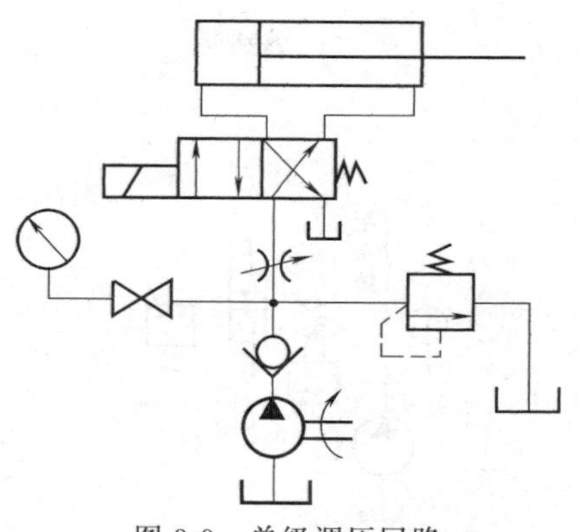

图 3-9 单级调压回路

(2) 双向调压回路 当执行元件正反向运动需要不同的供油压力时，可采用双向调压回路，如图 3-10 所示。图 3-10 (a) 中，当换向阀在左位工作时，活塞为工作行程，泵出口压力较高，由溢流阀 1 调定。当换向阀在右位工作时，活塞作空行程返回，泵出口压力较低，由溢流阀 2 调定。图 3-10 (b) 所示回路在图示位置时，阀 2 的出口高压油封闭，即阀 1 的远程口被堵塞，故泵的压力由阀 1 调定为较高压力。当换向阀在右位工作时，液压缸左腔通油箱，压力为零，阀 2 相当于阀 1 的远程调压阀，泵的压力由阀 2 调定。

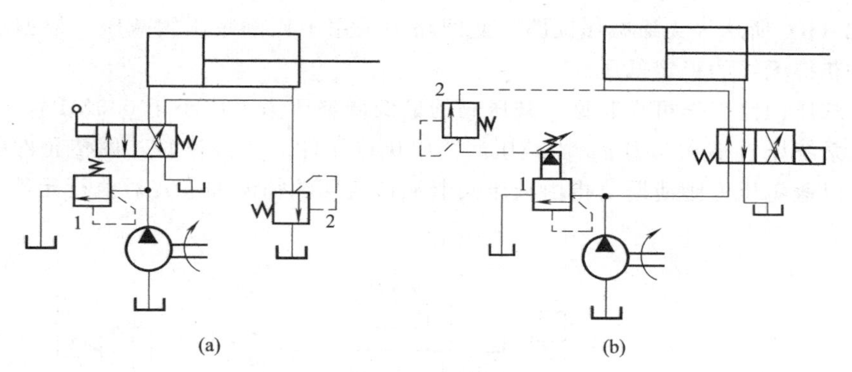

图 3-10 双向调压回路

1,2—溢流阀

(3) 多级调压回路 在不同的工作阶段，液压系统需要不同的工作压力，多级调压回路便可实现这种要求。图 3-11 (a) 所示为二级调压回路。图示状态下，泵出口压力由溢流阀 3 调定为较高压力，阀 2 换位后，泵出口压力由远程调压阀 1 调为较低压力。图 3-11 (b) 为三级调压回路。溢流阀 1 的远程控制口通过三位四通换向阀 4 分别接远程调压阀（或小流量溢流阀）2 和 3，使系统有三种压力调定值：换向阀在左位时，系统压力由阀 2 调定；换向阀在右位时，系统压力由阀 3 调定，换向阀在中位时，系统压力由主阀 1 调定。在此回路中，远程调压阀的调整压力必须低于主溢流阀的调整压力，只有这样远程调压阀才能作用。图 3-11 (c) 所示为采用比例溢流阀的调压回路。

2. 减压回路

液压系统中的定位、夹紧、控制油路等支路，工作中往往需要稳定的低压，为此，在该支路上再串接一个减压阀。

图 3-12 (a) 所示为用于工件夹紧的减压回路。夹紧工作时为了防止系统压力降低油液倒流，并短时保压，通常在减压阀后串接一个单向阀。图示状态，低压由调压阀 1 调定；当二通阀通电后，阀 1 出口压力则由远程调压阀 2 决定，故此回路为二级减压回路。

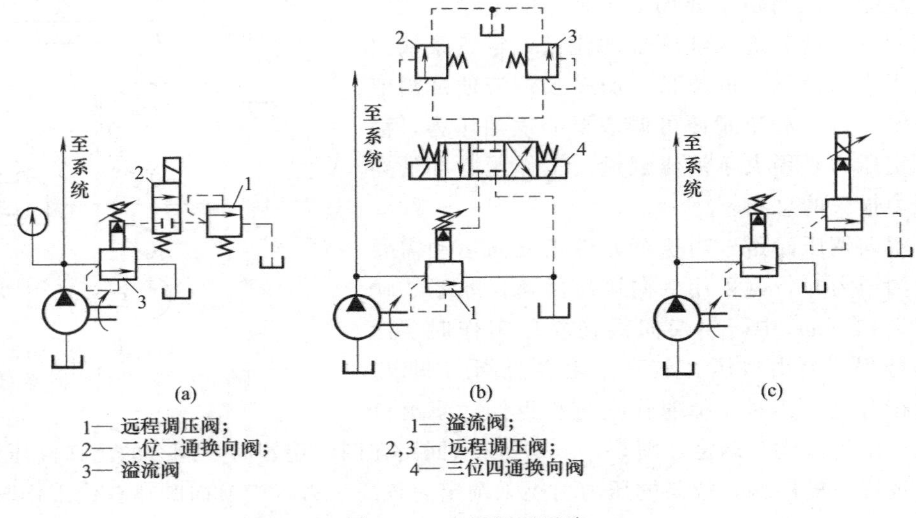

图 3-11 多级调压回路

图 3-12（b）所示为无级减压回路。此回路中采用了比例减压阀减压，根据输入信号的变化，便可获得无级的稳定低压。

为了使减压回路工作可靠起见，减压阀的最低调整压力不应小于 0.5MPa，最高调整压力至少应比系统压力小 0.5MPa。当减压回路中执行元件需要调速时，调整元件应放在减压阀的后面，以避免压力阀泄漏（指由减压阀泄油口流回油箱的油液）对执行元件的速度发生影响。

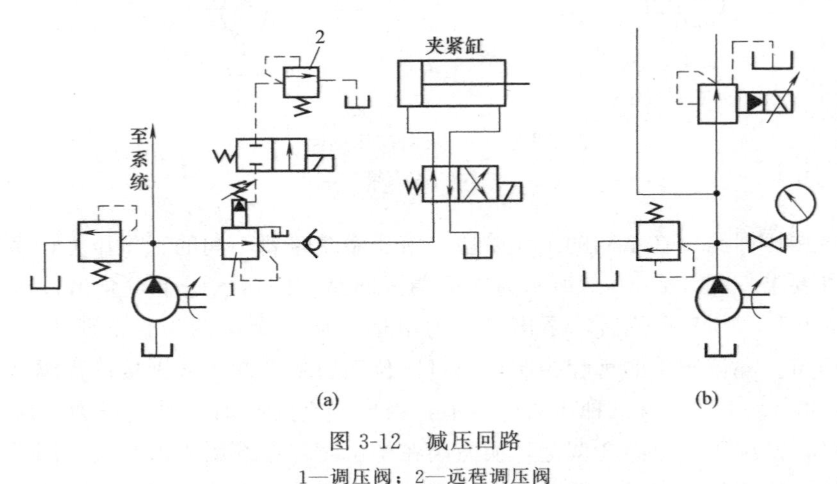

图 3-12 减压回路

1—调压阀；2—远程调压阀

3. 增压回路

当液压系统中的某一支油路需要压力较高但流量又不大的情况下，若采用高压泵又不经济或者根本就没有这样高压力的液压泵时，就要采用增压回路。采用了增压回路，系统的工作压力仍然较低，因而节省能源，而且系统工作可靠、噪声小。

（1）单作用增压缸的增压回路　如图 3-13 所示的回路中，当换向阀 1 在左位工作时，压力油经阀 1、液控单向阀 6 进入工作缸 7 的上腔，下腔油液经单向顺序阀 3 和阀 1 回油箱，活塞下行。当负载增加，油液压力升高时，压力油打开单向顺序阀 2 进入增压缸 4 的左腔推动活塞右行，增压缸右腔便输出高压油进入工作缸的上腔而增大其活塞推力。因为该回路只能间歇增压，所以称之为单作用增压回路。

(2) 双作用增压缸的增压回路　如图 3-14 所示为采用双作用增压缸的增压回路，能连续输出高压油，液压泵压力油进入大缸右腔和右端的小腔，大缸左腔油液经换向阀回油箱，活塞左移。左端小腔增压后的压力油经单向阀 4 输出，此时单向阀 3 和 2 均关闭。当活塞触动行程开关 6 使换向阀换向，活塞开始右移，右端小腔的压力油增压后经单向阀 3 输出。这样采用电气控制的换向回路便可获得连续输出的高压油。

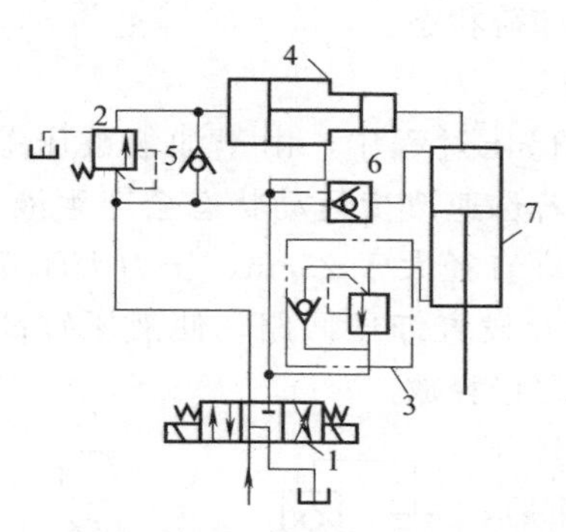

图 3-13　单作用增压缸的增压回路

1—换向阀；2—顺序阀；3—单向顺序阀；4—增压缸；5—单向阀；6—液控单向阀；7—工作缸

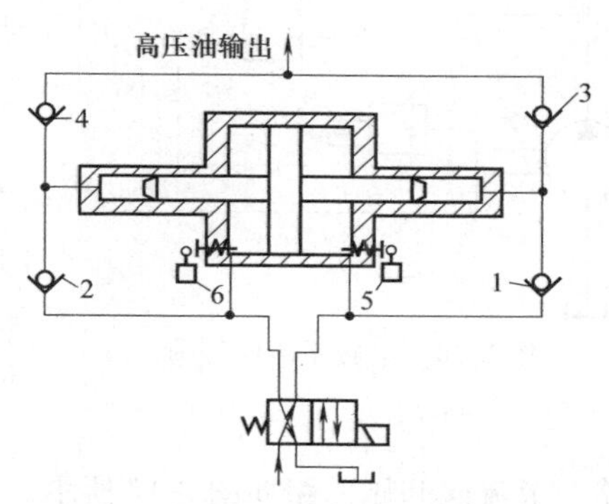

图 3-14　双作用增压缸的增压回路

1～4—单向阀；5,6—行程开关

4. 卸荷回路

卸荷回路的功用是在液压泵驱动电动机不频繁启闭的情况下，使液压泵在功率损耗接近于零的情况下运转，以减少功率损耗，降低系统发热，延长液压泵和电动机的寿命。因为液压泵的输出功率为其流量和压力的乘积，两者任一近似为零，功率损耗即近似为零，因此液压泵的卸荷有流量卸荷和压力卸荷两种：前者主要是使用变量泵，使泵仅为补偿泄漏而以最小流量运转，此方法比较简单，但泵仍处在高压状态下运行，磨损比较严重；压力卸荷的方法是使泵在接近零压下运转，常见的压力卸荷方式有以下几种。

(1) 换向阀卸荷回路　M、H 和 K 型中位机能的三位换向阀处于中位时，液压泵即卸荷，如图 3-15 (a) 所示为采用 M 型中位机能的电磁换向阀的卸荷回路。

图 3-15 (b) 为利用二位二通阀直接回油箱，液压泵卸荷。这种回路，因二位二通阀通

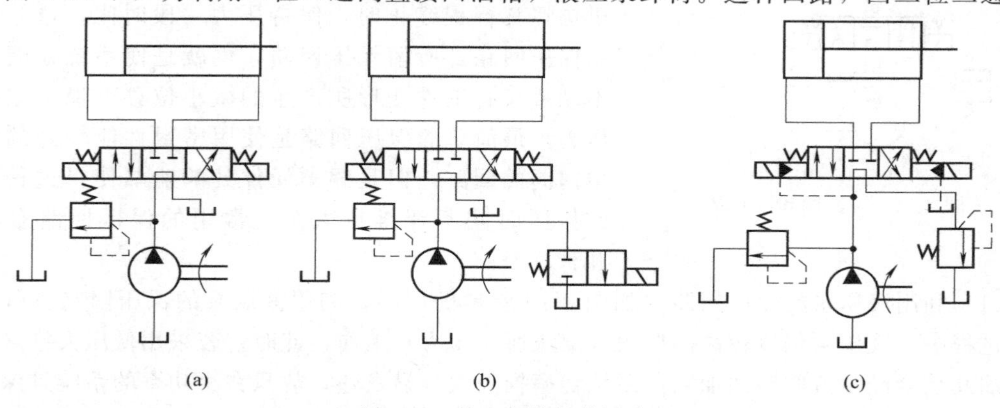

图 3-15　换向阀的卸荷回路

过泵的全部流量，故选用的规格应与泵的额定流量相适应。

图 3-15（c）为装有换向时间调节器的电液换向阀的卸荷回路。此回路使用流量较大的系统，卸荷效果很好。为保证控制油路能获得必需的控制压力，要在回油路上安装背压阀，使泵卸荷时，以保持 0.3～0.5MPa 的启动压力。

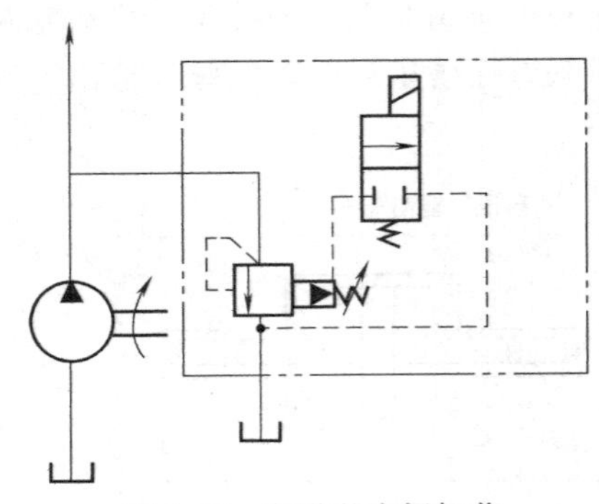

图 3-16 电磁溢流阀卸荷

（2）用先导型溢流阀的卸荷回路 电磁溢流阀是由先导式溢流阀和二位二通电磁换向阀组合而成的复合阀。如图 3-16 所示，当二位二通换向阀电磁铁通电时，液压泵处于卸荷状态。

5. 卸压回路

液压系统在保压过程中，由于油液被压缩，机件产生弹性变形，若迅速改变运动状态会产生液压冲击。因此，对于液压缸直径大于 25cm、压力大于 7MPa 的液压系统，通常要设置卸压回路，使液压缸高压腔的压力能在换向前缓慢释放。

（1）节流阀卸压回路 节流阀卸压回路如图 3-17 所示。当工作行程结束后，换向阀先切换至中位，使泵卸荷，同时液压缸上腔通过节流阀卸压。当压力降至压力继电器调定的压力时，微动开关复位发出信号，使电磁换向阀切换至右位，压力油打开液控单向阀，液压缸上腔回油，活塞上升。

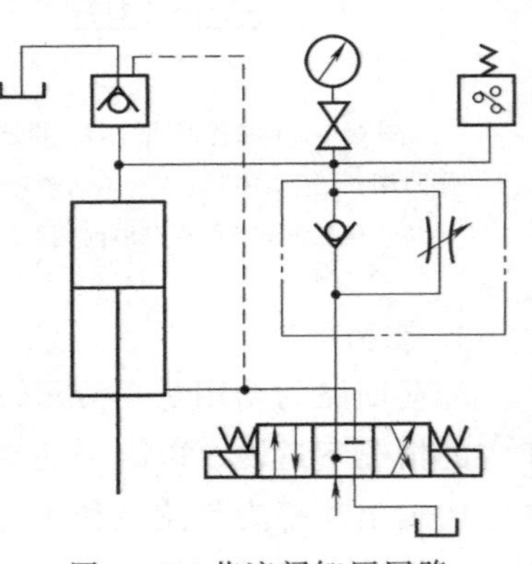

图 3-17 节流阀卸压回路

（2）溢流阀卸压回路 溢流阀卸压回路如图 3-18 所示。工作行程结束后，换向阀先切换至中位，使泵卸荷。同时溢流阀的外控口通过节流阀和单向阀通油箱，因而溢流阀开启使液压缸上腔卸压。调节节流阀即可调节溢流阀的开启速度，也就调节了液压缸的卸压速度。溢流阀的调定压力应大于系统的最高工作压力，因此溢流阀也起安全阀的作用。

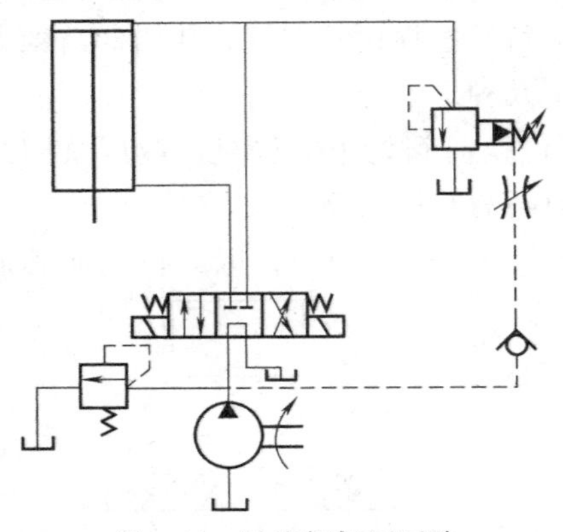

图 3-18 溢流阀卸压回路

6. 保压回路

有的机械设备在工作过程中，常常要求液压执行机构在其行程终止时，保持压力一段时间，这时需采用保压回路。所谓保压回路，也就是使系统在液压缸不动或仅有工件变形所产生的微小位移下稳定地维持压力，最简单的保压回路是使用密封性能较好的液控单向阀的回路，但是阀类元件处的泄漏使得这种回路的保压时间不能维持太久。常用的保压回路有以下几种：

（1）利用液压泵的保压回路 如图 3-19 所示的回路，利用液压泵的保压回路也就是在保压过程中，液压泵仍以较高的压力（保压所需压力）工作，此时，若采用低压大排量泵则压力油几乎全经溢流阀流回油箱，系统功率损失大，易发热，故只在小功率的系统且保压时间较短的场合下才使用；若采用高压小排量泵，在保压时泵的压力较高，但输出流量几乎等于零。因而，液压系统的功率损失小，这种保压方法且能随泄漏量的变化而自动调整输出流量，因而其效率也较高。

(2) 利用蓄能器的保压回路　如图 3-20 所示的回路，当主换向阀在左位工作时，液压缸向前运动且压紧工件，进油路压力升高至调定值，压力继电器发信使二通阀通电，泵即卸荷，单向阀自动关闭，液压缸则由蓄能器保压。缸压不足时，压力继电器复位使泵重新工作。保压时间的长短取决于蓄能器容量，调节压力继电器的工作区间即可调节缸中压力的最大值和最小值。

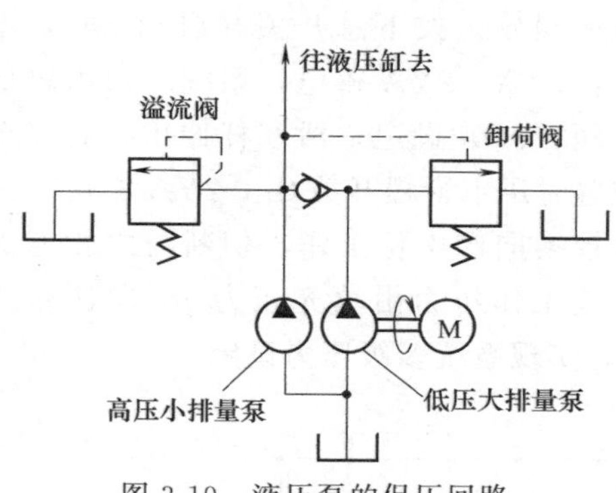

图 3-19　液压泵的保压回路

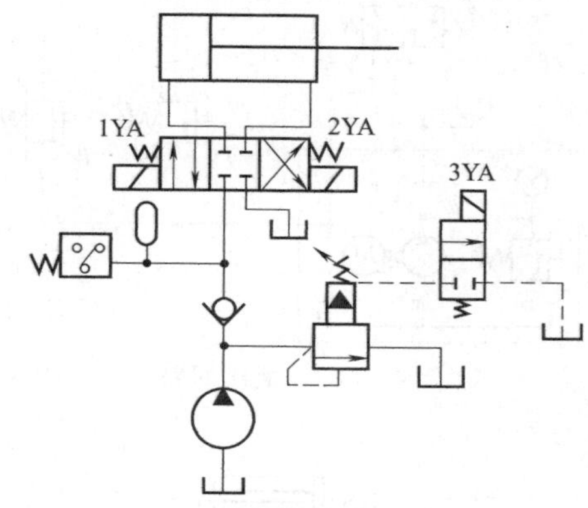

图 3-20　蓄能器的保压回路

7. 平衡回路

平衡回路的功用在于防止垂直或倾斜放置的液压缸和与之相连的工作部件因自重而自行下落。图 3-21 所示为采用单向顺序阀的平衡回路，当换向阀的左侧得电后活塞下行时，回油路上就存在着一定的背压；只要将这个背压调得能支承住活塞和与之相连的工作部件自重，活塞就可以平稳地下落。当换向阀处于中位时，活塞就停止运动，不再继续下移。这种回路当活塞向下快速运动时功率损失大，锁住时活塞和与之相连的工作部件会因单向顺序阀和换向阀的泄漏而缓慢下落；因此它只适用于工作部件重量不大、活塞锁住时定位要求不高的场合。

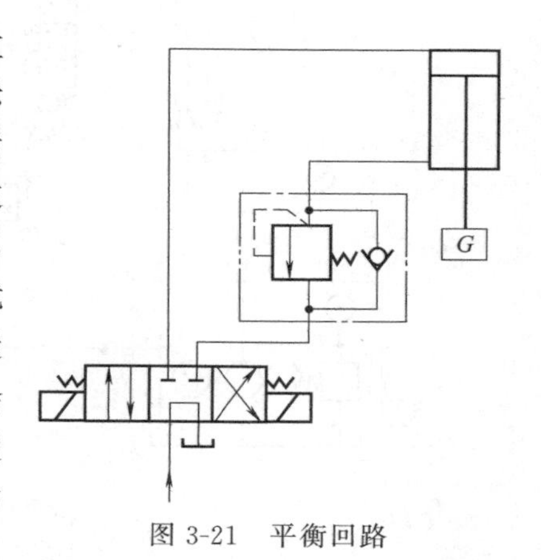

图 3-21　平衡回路

子学习情境 3.2　注塑机液压系统组建

如图 3-22 所示，塑料成型注射机的注塑过程是首先将热熔塑料在低压注入模具，然后用高压使塑料成形，在推料活塞运动一定距离后，通过二位二通机动换向阀来切换系统工作压力，系统多级工作压力由溢流阀设定。

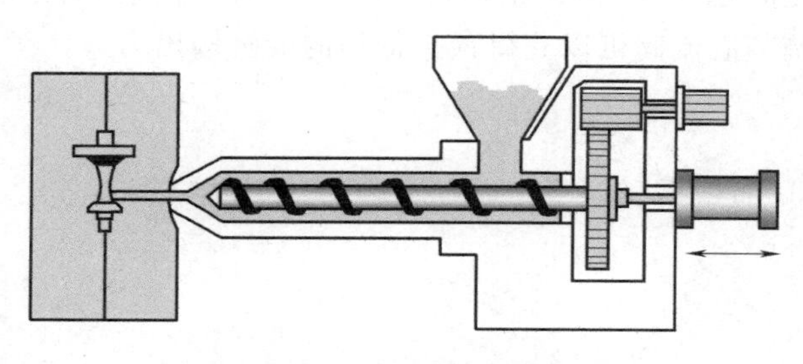

图 3-22　塑料成型注射机示意图

案例分析：

① 液压回路如图 3-23 所示。组装

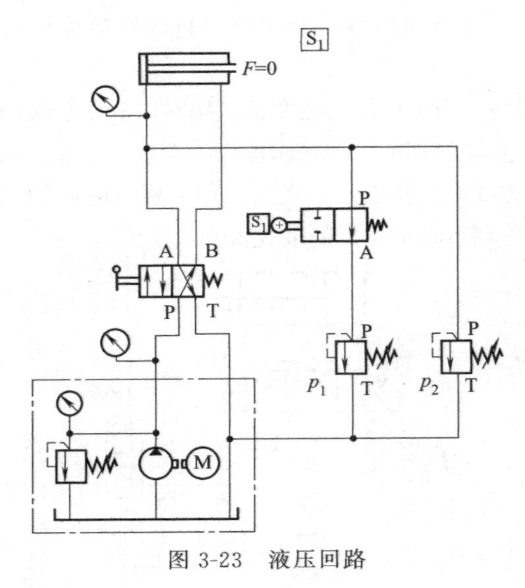

图 3-23 液压回路

完液压系统后，对系统进行调试。用二位四通手动换向阀控制液压缸运动，二位二通机动换向阀切换系统工作压力。

② Festo 电气液压模拟试验如图 3-24 所示。可利用现有试验元器件如：三位四通双电控换向阀和行程开关配合使用，代替二位二通机动换向阀来切换系统工作压力。系统多级工作压力由右侧两个溢流阀设定。按下总开关并启动 SB_1，系统开始工作：1YA、2YA 得电，系统压力由较低压力的溢流阀（p_1）设定，活塞杆伸出，右移至某一设定位置时压下行程开关 S_1，2YA 断电，三位四通双电控换向阀中位工作，切断与之相通的溢流阀，系统工作压力由填充压力 p_1 向注塑压力 p_2 切换，实现系统多级压力设定。

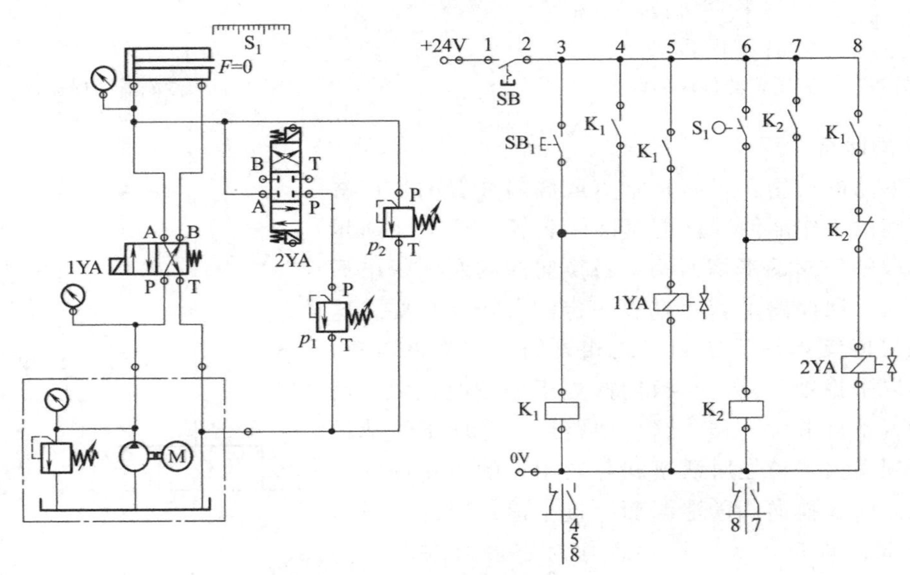

图 3-24 塑料成型注射机系统回路

结论：

系统开始工作时压力较低，由溢流阀 p_1 设定，当活塞到达某一设定位置时，三位四通换向阀切断了设置较低压力的溢流阀，此时系统工作压力由填充压力（p_1）向注塑压力（p_2）切换，并且压力值逐渐增加。通过调节溢流阀可以获得预想得到的油缸输出力。

制定方案

注塑机液压系统分析计划和决策表

<table>
<tr><td>情境</td><td colspan="7">注塑机液压系统分析</td></tr>
<tr><td>学习任务</td><td colspan="5">注塑机液压系统组建</td><td>完成时间</td><td></td></tr>
<tr><td>任务完成人</td><td>学习小组</td><td></td><td>组长</td><td></td><td>成员</td><td colspan="2"></td></tr>
<tr><td>需要学习的知识和技能</td><td colspan="7"></td></tr>
<tr><td rowspan="3">小组任务分配</td><td>小组任务</td><td>任务准备</td><td colspan="2">管理学习</td><td>管理出勤、纪律</td><td colspan="2">管理卫生</td></tr>
<tr><td>个人职责</td><td>准备任务所需各元件</td><td colspan="2">认真努力学习并辅导小组成员</td><td>记录考勤并管理小组成员纪律</td><td colspan="2">组织值日并管理卫生</td></tr>
<tr><td>小组成员</td><td></td><td colspan="2"></td><td></td><td colspan="2"></td></tr>
<tr><td>完成工作任务的计划</td><td colspan="7"></td></tr>
<tr><td>完成任务载体的学习步骤</td><td colspan="7"></td></tr>
<tr><td>工作任务的初步方案</td><td colspan="7"></td></tr>
<tr><td>工作任务的最终方案</td><td colspan="7"></td></tr>
</table>

任务实施

注塑机液压系统分析任务实施表

情 境	注塑机液压系统分析						
学习任务	注塑机液压系统组建					完成时间	
任务完成人	学习小组		组长		成员		
应用获得的知识和技能绘制注塑机的液压系统图							

检查评估

注塑机液压系统分析任务检查表

<table>
<tr><td>情　境</td><td colspan="6">注塑机液压系统分析</td></tr>
<tr><td>学习任务</td><td colspan="4">注塑机液压系统组建</td><td>完成时间</td><td></td></tr>
<tr><td>任务完成人</td><td>学习小组</td><td></td><td>组长</td><td></td><td>成员</td><td></td></tr>
<tr><td colspan="2">压力控制阀工作原理描述
（写出不符合之处）</td><td colspan="5"></td></tr>
<tr><td colspan="2">掌握知识和技能的情况
（写出没掌握之处）</td><td colspan="5"></td></tr>
<tr><td colspan="2">注塑机回路的分析与构建、连接情况（写出不合理之处）</td><td colspan="5"></td></tr>
<tr><td colspan="2">需要补缺的知识和技能</td><td colspan="5"></td></tr>
<tr><td colspan="2">任务汇报 PPT 完成情况和情境学习表现及改进</td><td colspan="5"></td></tr>
</table>

习 题

3.1 溢流阀在液压系统中有何功用？

3.2 比较溢流阀、减压阀和顺序阀的异同。

3.3 液压系统中为什么设置背压回路？背压回路与平衡回路有何区别？

3.4 在液压系统中，当工作部件停止运动后，使泵卸荷有什么好处？举例说明几种常用的卸荷方法。

3.5 如图 3-25 所示液压系统中，试分析在下面的调压回路中各溢流阀的调整压力应如何设置，能实现几级调压？

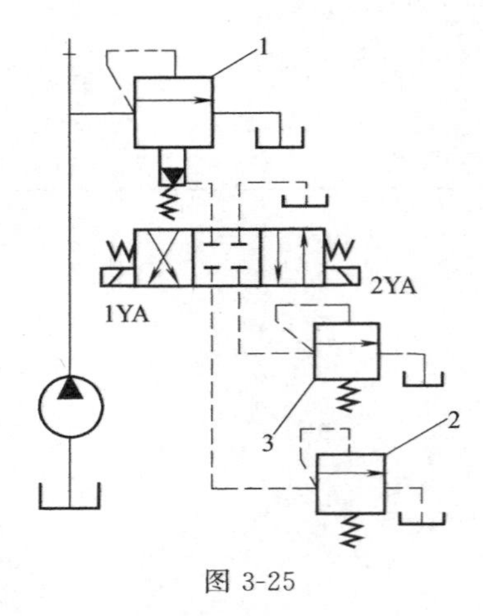

图 3-25

3.6 图 3-26 所示回路，溢流阀的调整压力为 5MPa，减压阀的调整压力为 1.5MPa，活塞运动时负载压力为 1MPa，其他损失不计，试分析：

(1) 活塞在运动期间 A、B 点的压力值。

(2) 活塞碰到死挡铁后 A、B 点的压力值。

(3) 活塞空载运动时 A、B 两点压力各为多少？

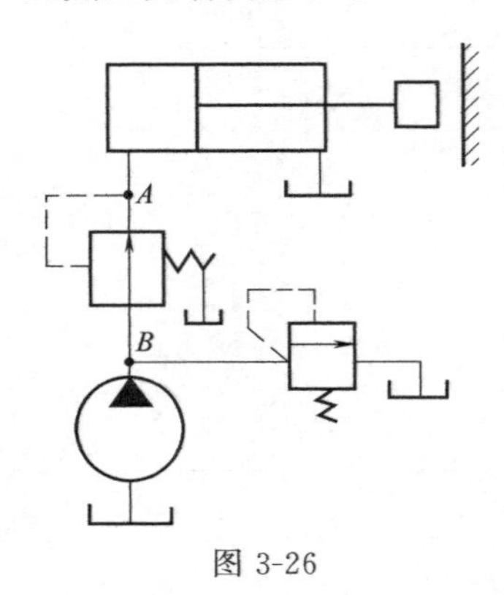

图 3-26

学习情境 4 动力滑台液压系统分析

学习目标

1. 能够选用合适的流量控制阀；
2. 能够利用流量控制阀构建速度控制回路；
3. 能够分析动力滑台液压系统各元件功用；
4. 能够利用软件构建典型的速度控制回路并实现运动。

情境导入

动力滑台液压系统工作任务单

<table>
<tr><td>情境</td><td colspan="6">动力滑台液压系统分析</td></tr>
<tr><td>学习任务</td><td colspan="4">动力滑台液压系统组建</td><td>完成时间</td><td></td></tr>
<tr><td>任务完成人</td><td>学习小组</td><td></td><td>组长</td><td></td><td>成员</td><td></td></tr>
<tr><td>任务要求</td><td colspan="6">1. 掌握控制阀的结构、工作原理及应用；
2. 能够利用软件构建典型的速度液压控制回路并实现运动；
3. 了解动力滑台液压系统的工作原理；
4. 利用软件构建动力滑台系统回路并实现运动；
5. 利用 Festo 设备完成液压回路的连接。</td></tr>
<tr><td>任务载体和资讯</td><td colspan="3">YT4543 型动力滑台液压系统</td><td colspan="3">1. 节流阀、调速阀的结构、原理及应用；
2. 速度控制回路的分析；
3. 动力滑台回路的分析与构建；
4. 动力滑台回路的连接。</td></tr>
<tr><td>资料查询情况</td><td colspan="6"></td></tr>
<tr><td>完成任务注意点</td><td colspan="6">1. 流量控制阀的选用；
2. 节流阀和单向节流阀的选用和安装；
3. 节流阀和调速阀的异同；
4. 分流阀的应用；
5. 速度控制回路的连接及故障分析。</td></tr>
</table>

任务描述

学习目标	学习内容	任务准备
1. 能够选用合适的流量控制阀 2. 能够利用流量控制阀构建速度控制回路 3. 能够分析动力滑台液压系统各元件功用 4. 能够利用软件构建典型的速度控制回路并实现运动	1. 液体流经孔口的流量压力特性 2. 流量控制阀的结构及工作原理 3. 速度控制回路构建 4. 动力滑台液压系统的分析构建	前期准备：单向节流阀、调速阀、分流阀、方向控制阀 知识准备：液体流经孔口的流量压力特性、流量控制阀、速度控制回路构建

知识链接

子学习情境 4.1 ▶▶ 流量阀分析及速度控制回路组建

4.1.1　液体流经孔口及缝隙的流量-压力特性

1. 小孔流量-压力特性

孔口和缝隙流量在液压技术中占有很重要的地位，它涉及液压元件的密封性，系统的容积效率，更为重要的是它是设计计算的基础，节流阀是利用小孔来控制流量。

液体流经小孔的情况可分为薄壁小孔、短孔和细长孔。

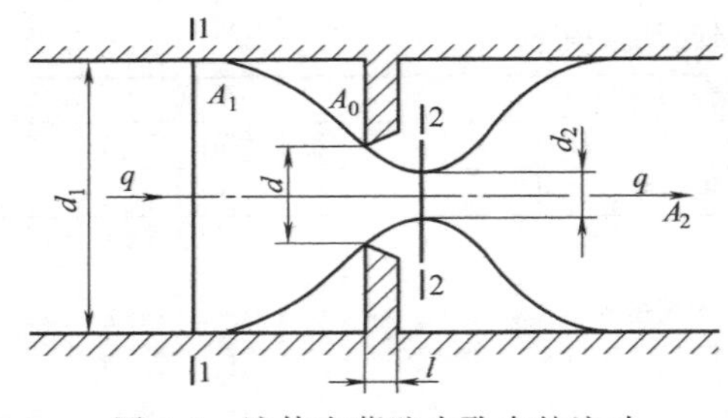

图 4-1　液体在薄壁小孔中的流动

(1) 薄壁小孔流量-压力特性　薄壁小孔是指孔的长度 l 与其直径 d 之比 $l/d \leqslant 0.5$ 的孔，一般孔口边缘都做成刃口形式，如图 4-1 所示。

当液体流经薄壁小孔时，由于液流的惯性作用，使通过小孔后的液流形成一个收缩截面 2-2，然后再扩散，这一收缩和扩散的过程就产生了压力损失。通常把最小收缩面积 A_2 与孔口截面积 A_0 之比值称为收缩系数 C_c，即 $C_c = A_2/A_0$。收缩系数取决于雷诺数、孔口边缘形状、孔口离管道侧壁的距离等因素。

设截面 1 处的压力和平均速度分别为 p_1、v_1，截面 2 处的压力和平均速度分别为 p_2、v_2，选轴线为参考基准，则 $z_1 = z_2$，列截面 1-1 和 2-2 处的伯努利方程：

$$p_1 + \frac{1}{2}\rho\alpha_1 v_1^2 = p_2 + \frac{1}{2}\rho\alpha_2 v_2^2 + \zeta\frac{\rho v_2^2}{2} \tag{4-1}$$

式中　ζ——局部阻力系数；

α_1，α_2——动能修正系数。

由于小孔前管道的通流截面面积 A_1 比小孔的收缩截面面积 A_2 大得多，故 $v_1 \ll v_2$，式中 $\frac{1}{2}\rho\alpha_1 v_1^2$ 项可忽略不计，并另 $\Delta p = p_1 - p_2$，则式 (4-1) 整理，求得液体流经薄壁小孔的平均速度 v_2 为

$$v_2 = \frac{1}{\sqrt{\alpha_2 + \zeta}}\sqrt{\frac{2}{\rho}\Delta p}$$

令 $C_v=\frac{1}{\sqrt{\alpha_2+\zeta}}$ 称为小孔流速系数，则流经薄壁小孔的流量为

$$q=A_2v_2=C_cA_0v_2=C_cC_vA_0\sqrt{\frac{2}{\rho}\Delta p}=C_dA_0\sqrt{\frac{2}{\rho}\Delta p} \tag{4-2}$$

式中，C_d 为薄壁小孔流量系数，$C_d=C_cC_v$，一般由实验确定；A_0 为孔口面积，m^2；ρ 为流体的密度，kg/m^3；Δp 为压力差，Pa。

由式（4-2）可知，流经薄壁小孔的流量与小孔前后压差的平方根成正比，由于流程很短，沿程阻力损失非常小，流量对油温的变化不敏感，不易堵塞，因而常用做液压系统的节流器。

（2）短孔和细长孔的流量-压力特性　所谓短孔是指长径比 $l/d<4$ 时的孔，而 $l/d>4$ 时称为细长孔。

流经短孔的流量公式依然是式（4-2），但流量系数 C_d 不同，它与雷诺数和 d/l 有关。短孔较薄壁小孔容易加工，因此特别适合于作固定节流器使用。

流经细长孔的液流一般都是层流，其流量计算可用液流流经圆管的流量公式计算，即 $q=\pi d^4\Delta p/(128\mu l)$。在这里，液体流经细长孔的流量与孔前后压差成正比，而和液体黏度成反比。油温变化时，液体的黏度变化使流经细长孔的流量发生变化，另外，细长孔较易堵塞，这些特性都是和薄壁小孔不同。

2. 液体流经缝隙的流量-压力特性

（1）液体流经平行平板缝隙的流量-压力特性

① 固定平行平板缝隙　如图 4-2 所示为液体在两固定平行平板缝隙内的流动状态，其流动是由缝隙两端压力差引起的，故也称压差流动。若其缝隙高度为 δ，长度为 l，宽度为 b，一般恒有 $l\gg\delta$、$b\gg\delta$，缝隙两端压差为 $\Delta p=p_1-p_2$。经理论推导可得液体流经该平行平板缝隙的流量为

$$q=\frac{\delta^3b}{12\mu l}\Delta p \tag{4-3}$$

从式（4-3）可以看出，在压差作用下，流过缝隙的流量与缝隙高度的三次方成正比，这说明液压元件内缝隙的大小对其泄漏量的影响是很大的。

② 相对运动平行平板缝隙　若一平板以一定速度 v 相对另一平板运动，如图 4-3 所示，在无压差作用下，由于液体存在黏性，两个相对运动平板中间各层的流速呈线性分布，液体的这种流动称为剪切流动。此时通过该缝隙的流量为

$$q=\frac{v}{2}b\delta \tag{4-4}$$

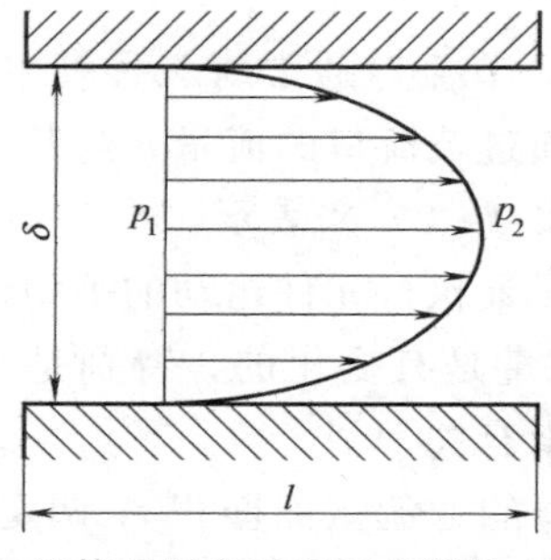

图 4-2　液体在固定平行平板缝隙中的流动

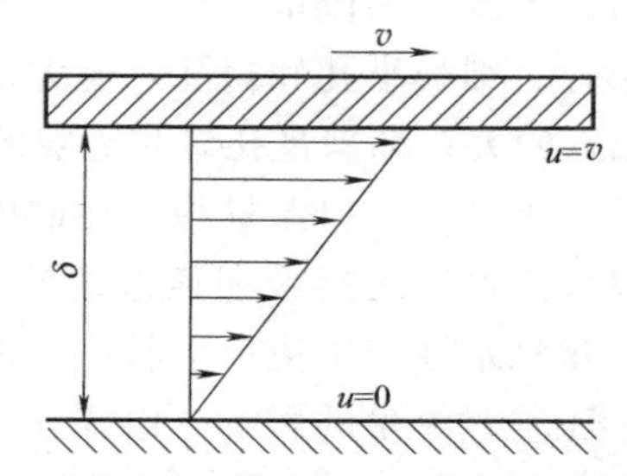

图 4-3　液体在相对运动的平行平板缝隙中流动

一般情况下，相对运动平行平板缝隙中既有压差流动，又有剪切流动。因此，流过相对运动的两平行平板缝隙的流量为压差流量和剪切流量的叠加，即

$$q=\frac{\delta^3 b}{12\mu l}\Delta p\pm\frac{v}{2}b\delta \tag{4-5}$$

式中，剪切流动和压差流动方向相同时取“＋”，相反时取“－”。

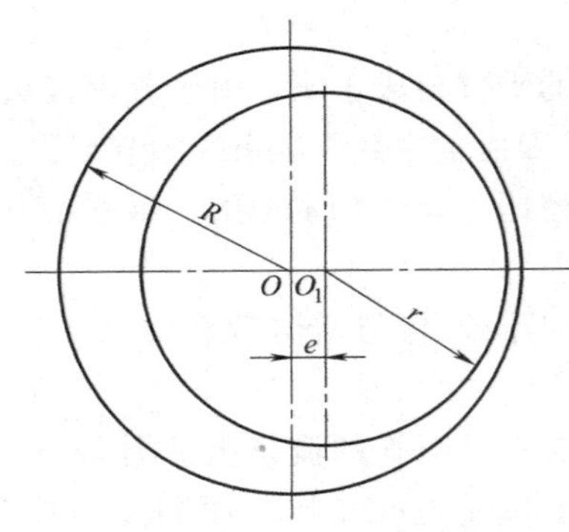

图 4-4 偏心环形缝隙中的液流

(2) 液体流经环形缝隙的流量-压力特性 在液压传动系统中，液体流经环形缝隙是较为常见的情况，如液压缸的活塞和缸体内孔之间，液压阀的阀芯和阀套之间，都存在环形缝隙，环形缝隙有同心和偏心两种情况。

如图 4-4 所示，长度为 l 的偏心环形缝隙，孔半径为 R、轴半径为 r、偏心距为 e、内外环的相对运动速度为 v。通过该缝隙的流量为

$$q=\frac{\pi D\delta^3\Delta p}{12\mu l}(1+1.5\varepsilon^2)\pm\frac{\pi d\delta v}{2} \tag{4-6}$$

式中，$D=2R$ 为孔的直径；$d=2r$ 为轴的直径；$\delta=(D-d)/2$为无偏心时缝隙量；$\varepsilon=e/\delta$。

若内外环无相对运动，即没有剪切流动时，通过该缝隙的流量为

$$q=\frac{\pi D\delta^3\Delta p}{12\mu l}(1+1.5\varepsilon^2) \tag{4-7}$$

由式（4-7）可看出，当两圆环同心 $e=0$ 时，$\varepsilon=0$，可得到同心环形缝隙的流量公式 $q=\frac{\pi D\delta^3}{12\mu l}\Delta p$；当 $\varepsilon=1$ 时，完全偏心时的泄漏量为同心时的 2.5 倍，故在液压元件中柱塞阀芯上都开有平衡槽，使其在工作时靠液压自动对中，以保持同心，减少泄漏。

4.1.2 流量控制阀

液压系统中当执行元件的有效面积一定时，执行元件运动速度取决于输入执行元件的油液的流量。用来控制液压系统中油液流量的阀，简称流量阀。流量阀的工作原理都是通过改变阀口通流面积或通流通道的长短来控制流量，从而实现对执行元件运动速度的调节和控制。常用的液压流量控制阀主要有节流阀、调速阀等。气压流量控制阀主要有节流阀、单向节流阀和排气节流阀等。

1. 流量控制原理及节流口的形式

任何一个流量阀都有一个起节流作用的阀口，通常称为节流口，它的大小和形状对流量阀的工作性能有很大的影响。

(1) 节流口的流量特性 通过节流的流量与其结构有关，节流口通常有三种基本形式：薄壁小孔、细长小孔和短孔，但无论节流口采用何种形式，通过节流口的流量 q 与其前后压力差 Δp 的关系都满足孔口和缝隙的流量特性公式，均可用式（4-2）来表示。

(2) 影响节流口流量稳定性的因素 在液压系统中，为保证执行元件运动的平稳性，当节流口大小调定之后希望通过的流量保持不变，但实际上流量是有变化的，特别是小流量时。流量稳定性与节流口形状、节流压差以及油液温度等因素有关。

①压差对流量的影响 由式 $q=KA\Delta pm$ 可知，当节流口的通流截面面积 A 调定之后，节流阀两端压差 Δp 变化时，通过的流量要发生变化，而压差 Δp 随负载变化而改变，并且

系数 m 越大对流量的影响越大，系数 m 越小，流量变化越小，薄壁孔比细长孔的流量稳定性受 Δp 变化的影响要小。三种结构形式的节流口中，通过薄壁小孔的流量受压差改变的影响最小。因此，为获得较好的流量稳定性，应使节流口形式接近于薄壁孔口。

②温度变化对流量的影响　油温变化将引起油液黏度的变化，小孔流量通用公式中的系数 C_d 值就随之变化，从而使流量变化。对于细长小孔，节流通道长，温度对流量的稳定性影响大；对于薄壁小孔，油液黏度对流量几乎没有影响，因此油温变化时，流量基本保持不变。但在小流量情况下，对于同一个节流阀来说，节流口的流程长度相对较长，油温对流量的影响将会增大。

③节流口的堵塞　一般节流阀只要保持油液足够清洁，就不会出现阻塞。但节流阀经过较长时间的工作后，油液中的杂质或由于油液氧化后的析出物会造成节流口的局部堵塞，从而改变已调定节流口通流面积的大小，使流量发生变化。特别是当节流口开口较小时影响更为突出，严重时会导致节流口完全堵塞而出现断流现象。因此，节流口的抗堵塞性能也是影响流量稳定性的重要因素，尤其会影响流量阀的最小稳定流量。一般节流口通流面积越大、节流通道越短且水力直径越大，越不容易堵塞。为了尽量避免节流口的堵塞，节流口一般应选取薄壁小孔，同时应选择高质量、高清洁度的油液作为工作介质，并在系统中设置过滤精度较高的过滤器去除油液中的杂质，从而保证油液的清洁。

(3) 节流口的形式　节流口的形式很多，图 4-5 所示为常用的三种节流口，都是依靠油液流经小孔或缝隙遭遇阻力，且阻力随小孔或缝隙的减小而增大，从而实现对通过的流量的控制。

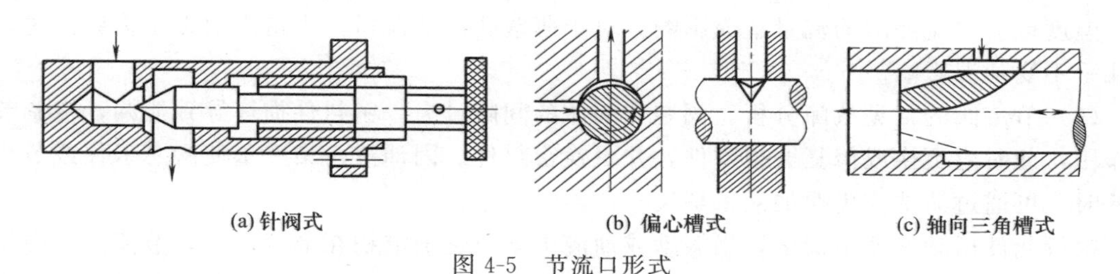

(a) 针阀式　(b) 偏心槽式　(c) 轴向三角槽式

图 4-5　节流口形式

(4) 对流量阀的主要性能要求

①较大流量调节范围，且流量调节要均匀，在小流量时不易堵塞，能得到很小的稳定流量。

②当阀前、后压力差发生变化时，通过阀的流量变化要小，以保证负载运动的稳定。

③油温变化对通过阀的流量影响要小。

④液流通过阀全开时的压力损失要小。

⑤当阀口关闭时，阀的泄漏量要小。

2. 节流阀

由于节流阀是流量控制阀中的主要元件，其他流量控制阀均包含节流阀，所以应首先掌握节流阀的相关特性。

(1) 节流阀的结构与原理　如图 4-6 所示，节流阀主要由阀体、阀芯、弹簧和手轮等组成。这种节流阀的节流口形式为轴向三角槽式。为平衡液压径向力，三角槽须对称布置。

压力油从进油口 P_1 进入，经节流口从 P_2 流出。调节手轮可使阀芯轴向移动来改变三角槽形节流口的通流截面面积，从而达到调节流量的目的。

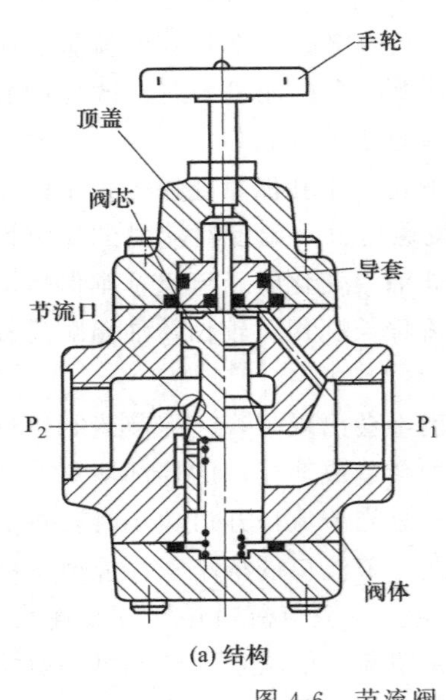

(a) 结构 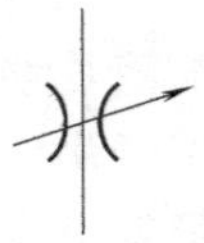　　(b) 图形符号

图 4-6　节流阀

（2）节流阀的性能特点

①流量特性　由节流口的流量特性方程 $q=KA\Delta p^m$ 可知，当 Δp 一定时，改变节流口的通流截面积 A 可以调节流量；在 Δp 和 A 一定时，流经阀的流量就一定。然而在实际工作工程中，负载的变化往往会引起节流口前后压差 Δp 的波动，即使 A 不变，流经阀的流量也会产生波动，即流量不稳定。同一节流阀，在节流开口一定时，m 越大，Δp 对流量的影响越大，而薄壁小孔 m 值最小，负载变化对流量的影响最小。因此节流口制成薄壁孔比细长孔好。

②最小稳定流量　当压差 Δp 一定时，将阀口通流面积调小到一定程度时，流量 q 会出现时多时少的周期性脉动现象。进一步调小通流面积，流量脉动现象加剧甚至出现间歇式断流，使节流阀完全丧失工作能力，这就是节流阀的堵塞现象。节流阀的堵塞使节流阀在很小流量下工作时流量不稳定，造成执行元件出现爬行现象，因此每个节流阀都有一个能正常工作的最小稳定流量。用于调速时，最小稳定流量限制了执行元件的最低稳定速度。

温度也会对流经阀的流量造成影响。对于薄壁孔形节流口，当雷诺数大于临界值时，流量几乎不受油温影响。

（3）节流阀的常见故障分析　阀芯和阀体的间隙过大，密封件损坏导致泄漏，使调节不起作用，此时应更换或修复磨损零件，并更换密封件。因油液污染严重使阀芯卡住或节流口堵塞时，可通过清洗或更换油液来解决。

执行元件运动速度不稳定，当振动或油液中杂质逐渐堆积在节流口时，节流口均会发生变化，导致通过流量不稳定而影响执行元件的速度稳定性，此时可增加节流锁紧装置、清洗和更换油液。对于负载变化导致执行元件速度变化的情况，可将节流阀用调速阀来替换。

3. 单向节流阀

如图 4-7 所示，当压力油从油口 A 进入，经阀芯上的三角槽节流口，然后从油口 B 流出，这时起节流作用。旋转螺母即可改变阀芯的轴向位置，从而使通流面积相应地变化。当压力油从油口 B 进入时，在压力油的作用下阀芯克服软弹簧的作用力下移，油液不再经过节流口而直接从油口 A 流出，这时起单向阀的作用。

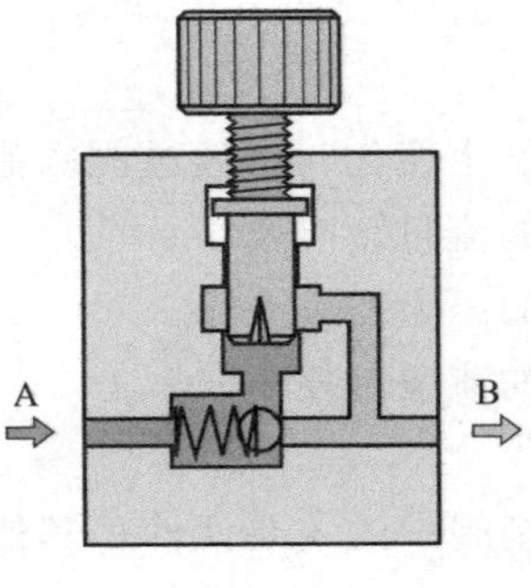

(a) 结构原理 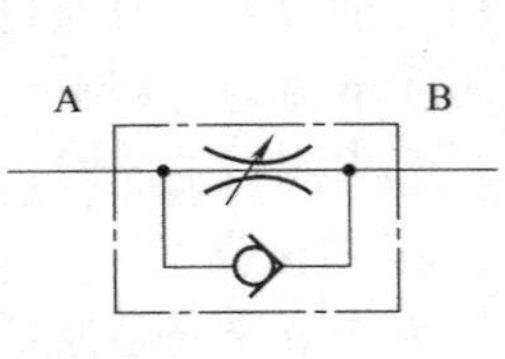　　(b) 图形符号

图 4-7　单向节流阀

4. 调速阀

调速阀是由定差减压阀 1 和节流阀 2 串联而成的组合阀，其工作原理及图形符号如图 4-8所示。节流阀用来调节通过的流量，定差减压阀则用来稳定节流阀前后的压差。设减压

阀的进口压力为 p_1，出口压力为 p_2，通过节流阀后降为 p_3。当负载 F 变化时，p_3 和调速阀进出口压差 p_1-p_2 随之变化，但节流阀两端压差 p_2-p_3 却不变。例如，当 F 增大时，p_3 增大，减压阀芯弹簧腔液压力增大，阀芯左移，阀口开度加大，使 p_2 增大，结果 p_2-p_3 保持不变，反之亦然。

调速阀和节流阀的流量特性（q 与 Δp 之关系）曲线如图 4-9 所示。由图中可以看出，通过节流阀的流量随其进出口压差发生变化，而调速阀的特性曲线基本上是一条水平线，即进出口压差变化时，通过调速阀的流量基本不变。只有当压差很小时，一般 $\Delta p \leqslant 0.5$MPa，调速阀的特性曲线与节流阀的特性曲线重合，这是因为此时调速阀中的减压阀处于非工作状态，减压阀口全开，调速阀只相当于一个节流阀。

调速阀和节流阀在液压系统中的应用基本相同，主要由定量泵、溢流阀组成节流调速系统。调节节流阀的开口面积，便可调节执行元件的运动速度。节流阀适用于一般的节流调速系统，而调速阀适用于执行元件负载变化大而运动速度要求稳定的系统中，也可用于容积节流调速回路中。

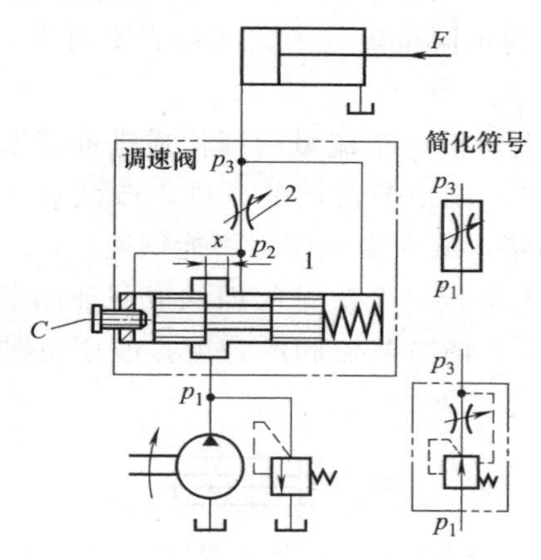

图 4-8　调速阀的工作原理

1—定差减压阀；2—节流阀

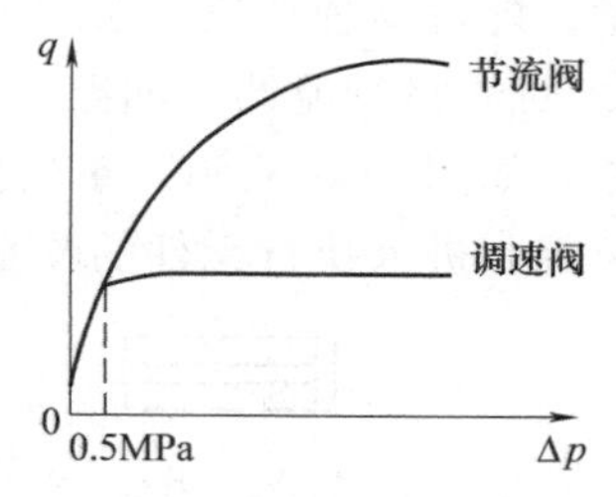

图 4-9　调速阀和节流阀的流量特性曲线

调速阀常见故障有以下两点，一是压力补偿装置失灵，造成压力补偿装置失灵的原因主要是调速阀进、出口压力差过小或进、出口接反，油液中的杂质使阀芯卡住等。排除方法是调整调速阀进、出口压力差达到规定值，检查进、出口是否接反，如果接反应及时调整，同时还应清洗元件，保证油液的清洁。

另一个故障是流量调节受阻，当油液中的杂质堵塞阀芯或阀芯所受压力过大时，调节手柄转动不灵活，不能方便地调节节流阀的开口大小，使流量调节受阻。排除方法是清洗阀芯，重新调整使阀芯受力减小。

4.1.3　速度控制回路

液压传动系统中的速度控制回路包括调节液压执行元件的速度的调速回路、使之获得快速运动的快速回路、快速运动和工作进给速度之间的速度换接回路。

1. 调速回路

调速是为了满足液压执行元件对工作速度的要求，在不考虑液压油的压缩性和泄漏的情况下，液压缸的运动速度为

$$v=q/A \tag{4-8}$$

液压马达的转速为

$$n_{M}=q/V_{m} \tag{4-9}$$

式中，q 为输入液压执行元件的流量，m^3；A 为液压缸的有效面积，m^2；V_m 为液压马达的排量，m^3。

由以上两式可知，改变输入液压执行元件的流量或改变液压缸的有效面积（或液压马达的排量）均可以达到改变速度的目的。但改变液压缸工作面积的方法在实际中是不现实的，因此，只能用改变进入液压执行元件的流量或用改变变量液压马达排量的方法来调速。为了改变进入液压执行元件的流量，可采用变量液压泵来供油，也可采用定量泵和流量控制阀，以改变通过流量阀流量。用定量泵和流量阀来调速时，称为节流调速；用改变变量泵或变量液压马达的排量调速时，称为容积调速；用变量泵和流量阀来达到调速目的时，则称为容积节流调速。

（1）节流调速回路　节流调速回路采用定量泵供油，通过节流阀或调速阀改变进入或流出执行元件的流量来实现调速。根据流量阀在回路中的不同位置分为进油路节流调速、回油路节流调速和旁油路节流调速回路三种。

① 进油路节流调速回路　在执行元件的进油路上串接一个流量阀即构成进油路节流调速回路，如图 4-10 所示。泵的供油压力由溢流阀调定，调节节流阀的开度，改变进入液压缸流量，即可实现调速。泵多余的流量经溢流阀回油箱，故无溢流阀则不能调速。

② 回油路节流调速回路　在执行元件的回油路上串接一个流量阀即构成回油路节流调速回路，如图 4-11 所示。泵的供油压力由溢流阀调定，调节节流阀的开度，改变缸的回油流量，控制进入执行元件的流量实现调速。

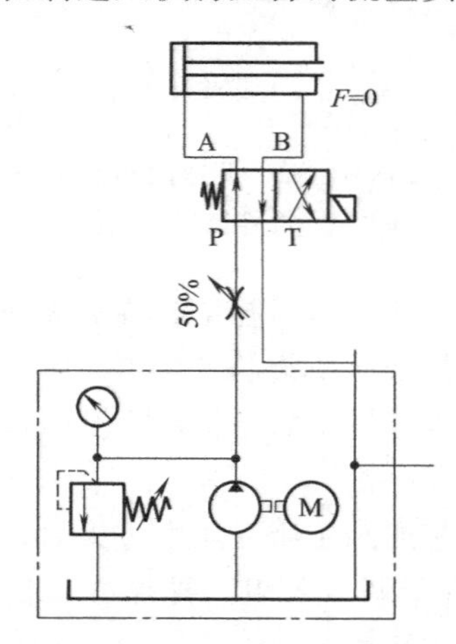

图 4-10　进油路节流调速回路

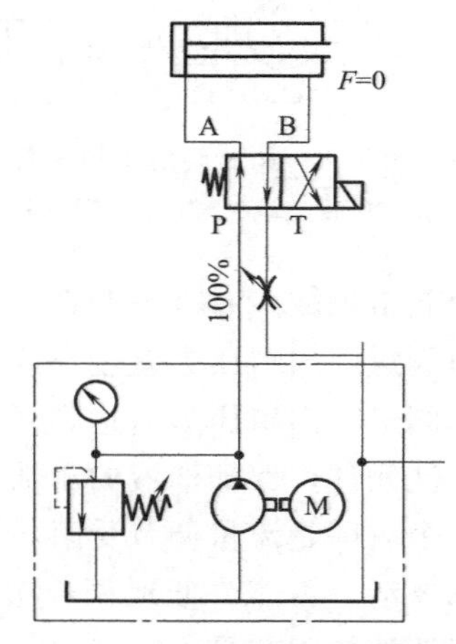

图 4-11　回油路节流调速回路

两种调速回路存在溢流阀的溢流损失和节流阀节流损失，因此回路的效率较低，功率损失会造成液压系统发热，引起系统油温升高。

③ 进、回油路节流调速回路性能比较

a. 对于回油路节流调速回路，由于液压缸的回油腔中存在一定背压，因而能承受一定负值负载（即与活塞运动方向相同的负载，如顺铣时的铣削力和垂直运动部件下行时的重力等）；而进油路节流调速回路，在负值负载作用下活塞的运动会因失控而超速前冲。

b. 在回油路节流调速回路中，由于液压缸的回油腔中存在背压，且活塞运动速度越快，产生的背压力就越大，故其运动平稳性较好；而进油路节流调速回路，液压缸的回油腔中则无此背压，因此其运动平稳性较差，若增加背压阀，则运动平稳性也可以得到提高。

c. 在回油路节流调速回路中，经过节流阀发热后的油液能够直接流回油箱并得以冷却，对液压缸泄漏的影响较小；而进油路节流调速回路，通过节流阀发热后的油液直接进入液压缸，会引起泄漏的增加。

d. 对于回油路节流调速回路，在停车后，液压缸回油腔中的油液会由于泄漏而形成空隙，再次启动时，液压泵输入的流量将不受流量控制阀的限制而全部进入液压缸，使活塞出现较大的启动超速前冲；而对于进油路节流调速回路，因进入液压缸的流量总是受到节流阀的限制，故启动冲击小。

e. 对于进油路节流调速回路，比较容易实现压力控制过程，当运动部件碰到死挡铁后，液压缸进油腔内的压力会上升到溢流阀的调定压力，利用这种压力的上升变化可使压力继电器发出电信号；而回油路节流调速回路，液压缸进油腔内的压力变化很小，难以利用，即使在运动部件碰到死挡铁后，液压缸回油腔内的压力会下降到零，利用这种压力下降变化也可使压力继电器发出电信号，但实现这一过程所采用的电路结构复杂，可靠性低。

此外，对单活塞杆液压缸来说，无杆腔进油路节流调速可获得较有杆腔回油路节流调速低的速度和大的调速范围；有杆腔回油路节流调速，在轻载时回油腔内的背压力可能比进油腔内的压力要高许多，从而引起较大的泄漏。

④ 旁油路节流调速回路　旁油路节流调速回路是将流量控制阀设置在执行元件并联的支路上，如图 4-12 所示。用节流阀来调节流回油箱的油液流量，以实现间接控制进入液压缸的流量，从而达到调速目的。回路中溢流阀处于常闭状态，起到安全保护的作用，故液压泵的供油压力随负载变化而变化。

旁油路节流调速适用于负载变化小和对运动平稳性要求不高的高速大功率场合。应注意的是，在这种调速回路中，液压泵的泄漏对活塞运动的速度有较大影响，而在进油和回油节流调速回路中，液压泵的泄漏对活塞运动的速度影响则较小，因此这种调速回路的速度稳定性比前两种回路都低。

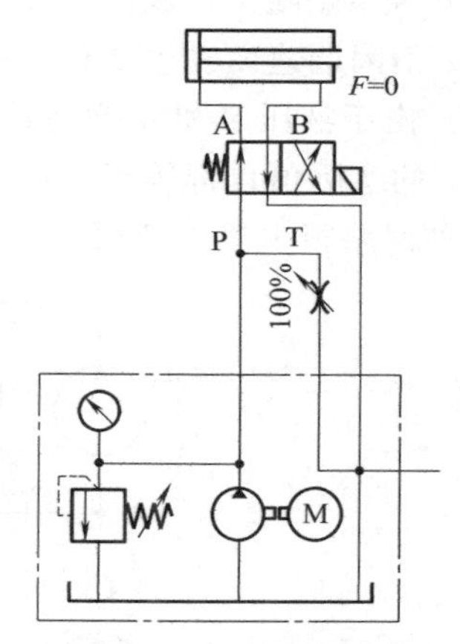

图 4-12　旁油路节流调速回路

(2) 容积调速回路　容积调速回路是采用变量泵或变量液压马达，通过改变变量泵或变量液压马达的排量来实现调速的回路。其主要优点是功率损失小（没有溢流损失也没有节流损失），系统效率高，广泛应用于大功率液压系统中。

容积调速回路通常有三种形式，即变量泵和定量马达容积调速回路；定量泵和变量马达容积调速；变量泵和变量马达容积调速回路。

① 变量泵和定量马达容积调速回路　变量泵和定量马达组成的容积调速回路如图 4-13 所示。在这种回路中，液压泵转速和液压马达排量都是恒量，改变液压泵排量 V_p 就可使液压马达转速 n_M 和输出功率 P_M 随着 V_P 成正比地变化。而马达的输出转矩 T_M 是由负载决定的，不因调速而发生变化，所以这种回路通常称为恒转矩调速回路。这种调速回路的调速范围很大。由于液压泵和液压马达都存在不同程度的泄漏，这种调速回路的速度稳定性要受到负载变化的影响。

如图 4-13 所示，由变量泵 3 和定量马达 5 组成闭式回路，高压管路上的溢流阀 4 起安全阀的作用，低压管路上连接一个小流量补给泵，补油压力由溢流阀 6 调定，补油的流量一般为回路中主泵最大流量的 10%～15%。

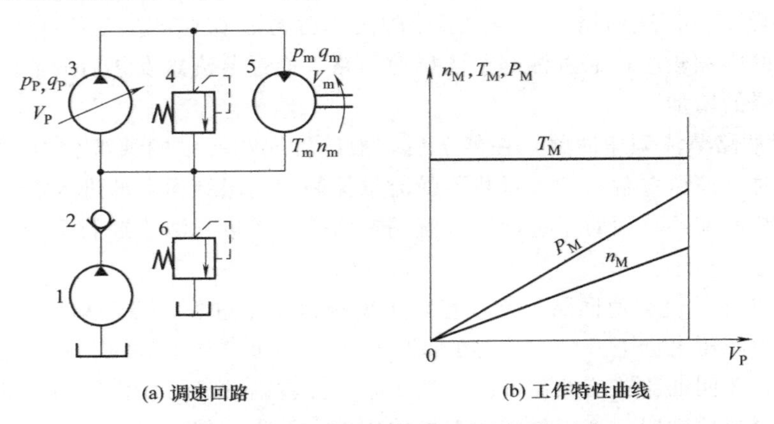

图 4-13 变量泵和定量马达容积调速回路

1—液压泵；2—节流阀；3—变量泵；4，6—溢流阀；5—定量马达

② 定量泵和变量马达容积调速回路 定量泵和变量马达组成的容积调速回路如图 4-14 所示，在这种回路中，液压泵转速和排量都是恒量，改变液压马达 V_M 的排量，可使液压马达转速 n_M 随 V_M 成反比变化，马达输出转矩 T_M 随 V_M 成正比变化。而马达的输出功率 P_M 不因调速而发生变化，所以这种回路通常叫做恒功率调速回路。这种回路的调速范围很小。由于液压泵和液压马达的泄漏损失和摩擦损失，这种回路当 V_M 很小时，n_M、T_M、P_M 的实际值也都等于零，以致无力带动负载，造成液压马达停止转动的"自锁"现象，故这种回路很少单独使用。

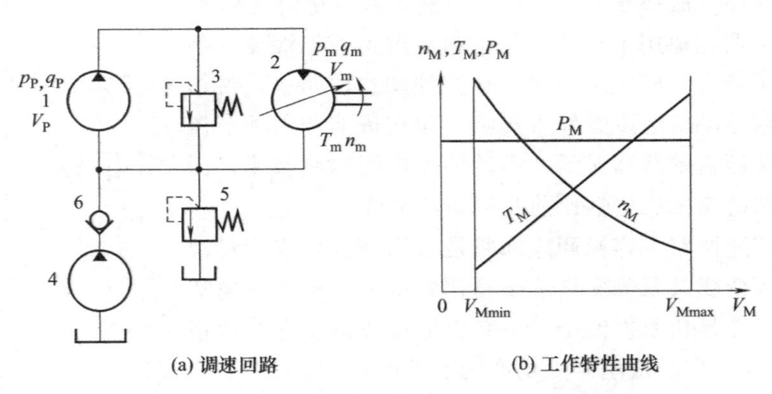

图 4-14 定量泵和变量马达容积调速回路

1—定量泵；2—变量马达；3，5—溢流阀；4—液压泵；6—节流阀

③ 变量泵和变量马达容积调速回路 由双向变量泵和双向变量马达组成的容积调速回路如图 4-15 所示。调节变量泵和变量马达均可调节液压马达的转速，所以这种回路的工作特性是上述两种回路工作特性的综合。其理想情况下的特性曲线如图 4-16 所示。这种回路的调速范围很大，等于泵的调速范围和马达调速范围的乘积。这种回路适用于大功率的液压系统。

在如图 4-15 所示的变量泵和变量马达调速回路中，变量泵 2 可以正反向供油，液压马达 10 便可以正反向旋转。图中溢流阀 12 的调整压力应略高于溢流阀 9 的调整压力，以保证液动换向阀动作时，回路中的部分热油经溢流阀 9 排回油箱，此时由补给泵 1 向回路输送冷却油液。

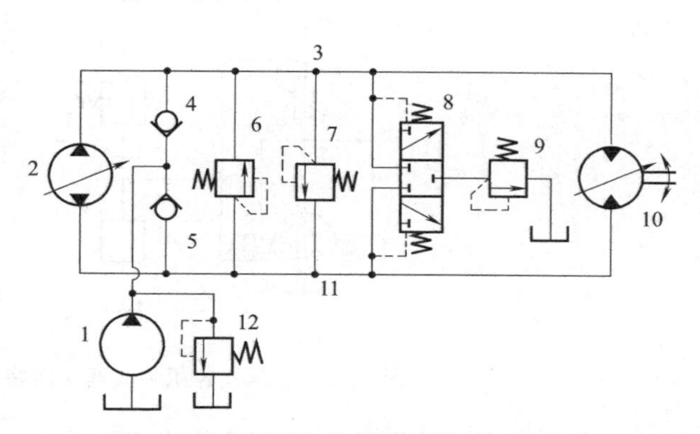

图 4-15 变量泵和变量马达容积调速回路

1—定量泵；2—双向变量泵；3,11—节点；4,5—单向阀；6,7,9,12—溢流阀；8—三位三通换向阀；10—双向变量马达

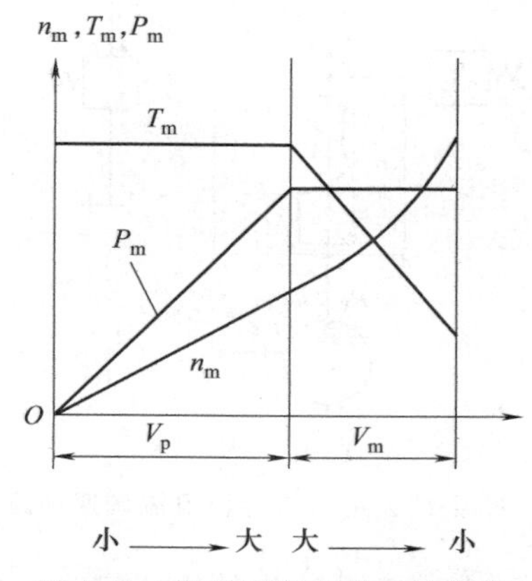

图 4-16 变量泵和变量马达容积调速回路工作特性曲线

(3) 容积节流调速回路　容积节流调速回路是变量泵与流量阀组成的调速回路。

容积节流调速回路的调速原理是：采用压力补偿性变量泵供油，用流量控制阀调节进入或流出液压缸的流量以调节其运动速度，并使变量泵的输油量自动与液压缸所需流量相适应。

这种调速回路的特点是：只有节流损失，无溢流损失，回路的效率较高，且回路的调速性能取决于流量阀的调速性能，与变量泵泄漏有关，因此回路的低速稳定性比容积调速回路好。

① 限压式变量泵与调速阀组成的容积节流调速回路　如图 4-17 所示，变量泵输出的压力油经调速阀进入液压缸工作腔，回油路上有背压阀，使回油腔形成一定的背压。改变节流阀阀口的大小，即可使泵的输出流量和通过调速阀进入液压缸的流量相适应，实现对液压缸运动速度的调节。当调速阀开度一定时，泵出口压力也就完全确定，它与负载压力的变化无关，因此这种调速回路称为定压式容积节流调速回路。

② 差压式变量泵与流量阀组成的容积节流调速回路　如图 4-18 所示，采用差压式变量叶片泵供油，通过节流阀改变进入液压缸或自液压缸流出的流量，不但使变量泵输出的流量与液压缸所需流量相适应，而且液压泵出口的工作压力能自动跟随负载压力的变化而变化，因此这种回路也称为变压式容积节流调速回路。

节流阀在起流量调节作用的同时，又将流量检测为压力差信号，通过反馈作用控制泵的流量，泵的出口压力等于负载压力加节流阀前后的压力差。这种调速回路特别适用于负载变化较大、对速度负载特性要求较高的场合，如组合机床的进给系统等。

2. 快速回路

快速回路的功能是使执行元件在空行程时获得尽可能大的运动速度，以提高生产率。根据公式 $v=q/A$ 可知，对于液压缸来说，增加进入液压缸的流量就能提高液压缸的运动速度。

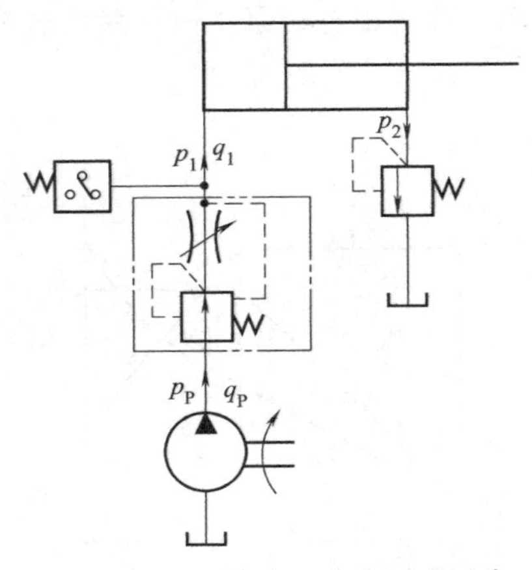

图 4-17 定压式容积节流调速回路

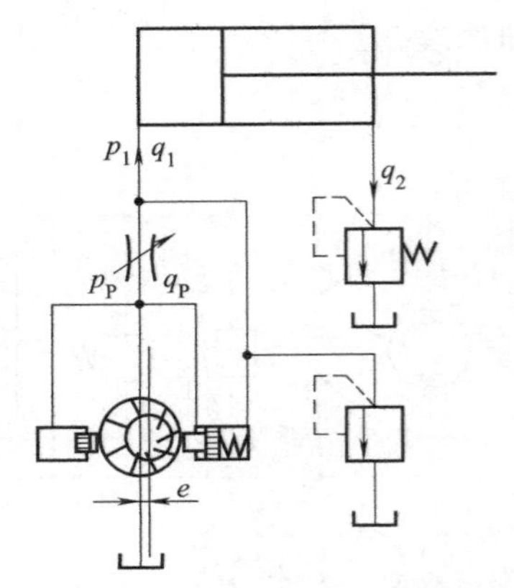

图 4-18 变压式容积节流调速回路

（1）差动连接的快速回路 如图 4-19 所示为单活塞杆液压缸差动连接的快速回路。二位三通电磁换向阀 3 处于图示位置时，单活塞杆液压缸差动连接液压缸的有效工作面积等效为 A_1-A_2，活塞将快速向右运动；二位三通电磁换向阀 3 通电时，单活塞杆液压缸为非差动连接，其有效工作面积为 A_1。这说明单活塞杆液压缸差动连接增速的实质是因为缩小了液压缸的有效工作面积。这种回路的特点是结构简单，价格低廉，应用普遍，但只能实现一个方向的增速，且增速受液压缸两腔有效工作面积的限制，增速的同时液压缸的推力会减小。采用此回路时，要注意此回路的阀和管道应按差动连接时的较大流量选用，否则压力损失过大，使溢流阀在快进时也开启，则无法实现差动。

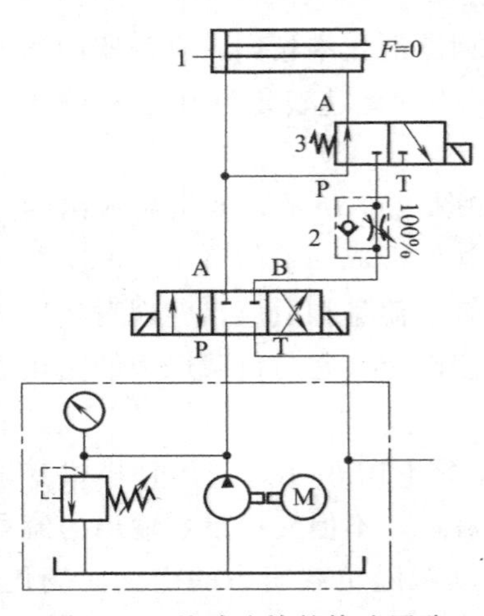

图 4-19 差动连接的快速回路
1—液压缸；2—单向节流阀；
3—二位三通电磁换向阀

（2）双泵并联供油的快速回路 图 4-20 所示为双泵并联供油的快速回路。快速运动时，由于负载小，系统压力小于外控顺序阀 3 的开启压力，则阀 3 关闭，泵 1 的油液通过单向阀 8 与泵 2 汇合在一起进入液压缸，以实现快速运动。工进时，负载大，系统压力升高，外控顺序阀 3 被打开，并关闭单向阀 8，使低压大流量泵 1 卸荷。此时系统仅由高压小流量泵 2 供油，实现工作进给。外控顺序阀 3 的开启压力应比快速运动时所需压力大 0.8～1.0MPa。

（3）增速缸快速回路 所谓增速缸实际上是一种复合液压缸。如 4-21 所示，其活塞内含有柱塞缸，中间有孔的柱塞又和增速缸体固连。当换向阀 2 在左位工作时，液压泵输出的压力油先进入工作面积小的柱塞缸内，使活塞快进，增速缸Ⅰ腔内出现真空，便通过单向阀 5 补油。活塞快进结束时应使二通阀 4 在右位工作，压力油便同时进入增速缸Ⅰ腔和Ⅲ腔，此时因工作面积增大，便获得大推力、低速运动，实现工作进给。换向阀 2 在右位工作时，压力油便进入工作面积很小的Ⅱ腔并打开液控单向阀 5，增速缸快退。

（4）用蓄能器的快速回路 图 4-22 是采用蓄能器的快速回路。这种回路适用于系统短期需要大流量的场合。

当液压缸停止工作时，液压泵向蓄能器充油，油液压力升至液控顺序阀的调定压力时，打开液控顺序阀，液压泵卸荷。当液压缸工作时，由蓄能器和液压泵同时供油，使活塞获得短期较大的速度。这种回路可以采用小容量液压泵，实现短期大量供油，减小能量损耗。

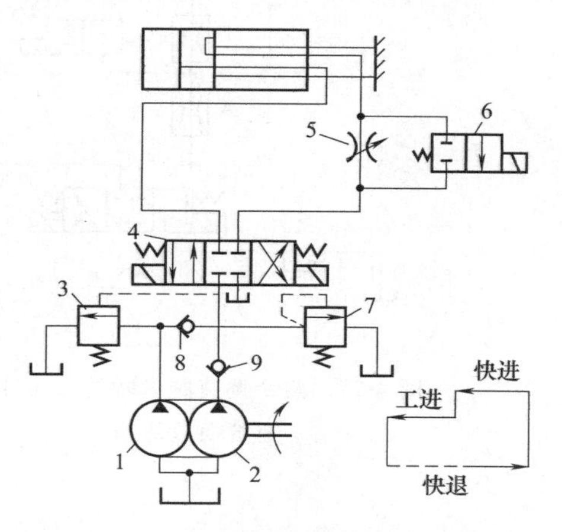

图 4-20 双泵并联供油的快速回路

1—低压大流量泵；2—高压小流量泵；3—外控顺序阀；4—三位四通电磁换向阀；5—节流阀；6—二位二通电磁换向阀；7—溢流阀；8,9—单向阀

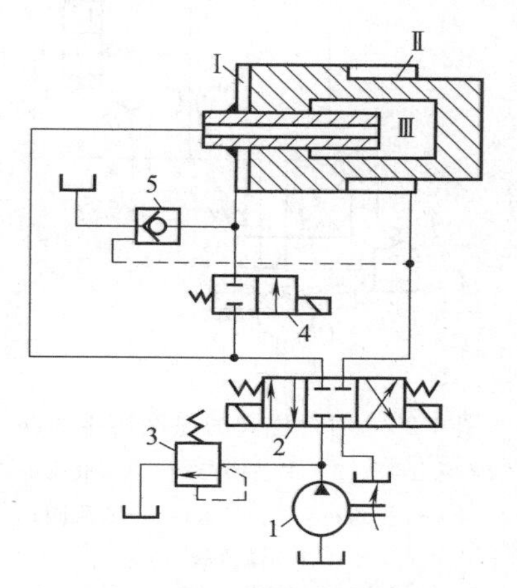

图 4-21 增速缸快速回路

1—液压泵；2—三位四通换向阀；3—溢流阀；4—二位二通阀；5—液控单向阀

3. 速度换接回路

换接回路是指执行元件实现运动速度的切换。根据换接回路换接前后速度相对快慢的不同，可分为快速-慢速换接和慢速-慢速换接两大类。

(1) 快速-慢速换接回路 图 4-23 所示为一种采用行程阀的快速-慢速换接回路。当手动换向阀 2 右位和行程阀 4 下位接入回路（图示状态）时，液压缸活塞将快速向右运动，当活塞移动至使挡块压下行程阀 4 时，行程阀关闭，液压油的回油必须通过节流阀 6，活塞的运动切换成慢速状态；当换向阀 2 左位接入回路，液压油经单向阀 5 进入液压缸右腔，活塞快速向左运动。这种回路的特点是快速-慢速换接比较平稳，切换点准确，但不能任意布置行程阀的安装位置。

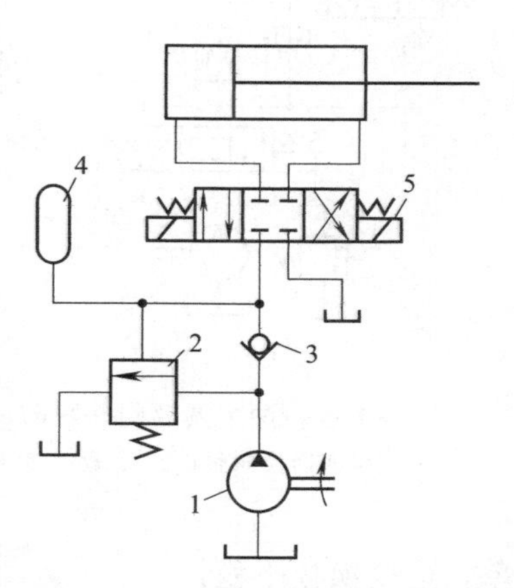

图 4-22 用蓄能器的快速回路

1—液压泵；2—卸荷阀；3—单向阀；4—蓄能器；5—三位四通换向阀

如将图 4-23 中的行程阀改为电磁换向阀，并通过挡块压下电气行程开关来控制电磁换向阀工作，也可实现上述快速-慢速自动换接过程，而且可以灵活地布置电磁换向阀的安装位置，只是换接的平稳性和换接点的准确性要比用行程阀时差。

(2) 两种慢速的换接回路 如图 4-24 所示为两个调速阀串联的二次进给速度换接回路。当电磁铁 1YA 通电时，压力油经调速阀 A 和二位二通阀进入液压缸左腔，进给速度由调速阀 A 控制，实现第一次进给；当电磁铁 1YA 和 3YA 同时通电后，则压力油先经调速阀 A，再经调速阀 B 进入液压缸左腔，速度由调速阀 B 控制，实现第二次进给。在这种回路中，调速阀 B 的开口必须小于调速阀 A 的开口。

如图 4-25 所示为两个调速阀并联的二次进给速度换接回路。图 4-25 (a) 中，当换向阀

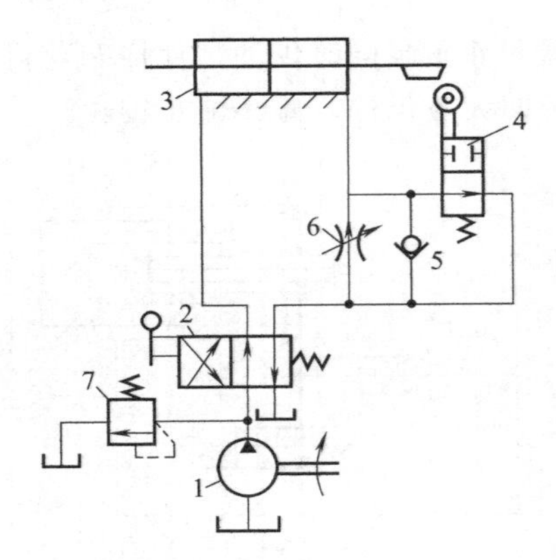

图 4-23 用行程阀的速度换接回路
1—液压泵；2—手动换向阀；3—液压缸；
4—行程阀；5—单向阀；6—节流阀；
7—溢流阀

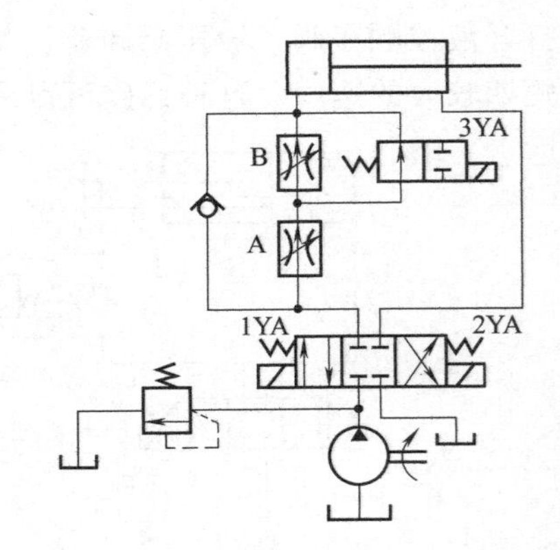

图 4-24 两个调速阀串联的二次进给速度换接回路

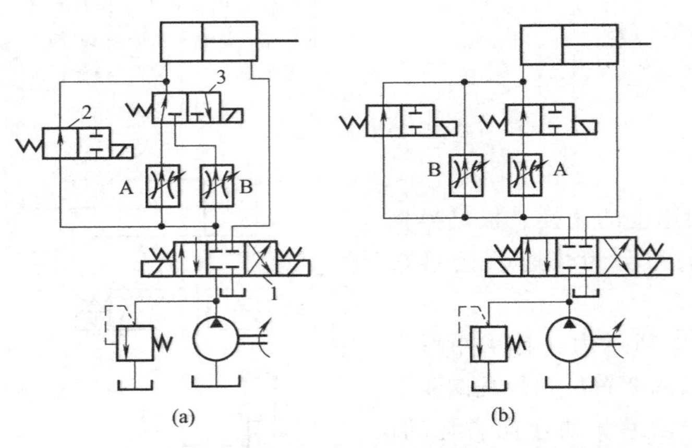

图 4-25 两个调速阀并联的二次进给速度换接回路
1—三位四通换向阀；2—二位二通换向阀；3—二位三通换向阀

1 在左位工作时，并使阀 2 电磁铁通电，根据二位三通阀 3 的不同工作位置，压力油需经调速阀 A 或 B 才进入液压缸内，便可实现第一次工进和第二次工进速度的换接。两个调速阀可单独调节，两种速度互不限制。当第一个调速阀工作时，另一个调速阀无油通过，后者的减压阀处于非工作状态，其阀口完全打开，一旦换接，油液大量流过此阀，液压缸易产生前冲现象。若将两调速阀按图 4-25（b）所示的方式并联，则可克服液压缸前冲的现象，速度换接平稳。

子学习情境 4.2 动力滑台液压系统分析

以 YT4543 型动力滑台液压系统为例进行案例分析。

1. 案例概述

组合机床是由一些通用和专用部件组合而成的专用机床，它操作简便，效率高，广泛应用于成批大量的生产中。组合机床上的主要通用部件——动力滑台用来实现进给运动，只要配以不同用途的主轴头，即可实现钻、铰、镗、铣、刮端面、倒角及攻螺纹等加工。动力滑台有机械滑台和液压滑台之分。液压动力滑台利用液压缸将泵站所提供的液压能转变成滑台运动所需的机械能。它对液压系统性能的主要要求是速度换接平稳，进给速度稳定，功率利用合理，效率高，发热少。

YT4543 型液压动力滑台，其进给速度范围 $v=6.6\sim660\text{mm/min}$，最大进给力 $F_{\max}=$

4.5×10^4N。该系统采用限压式变量泵供油、电液动换向阀换向、快进由液压缸差动连接来实现。用行程阀实现快进与工进的转换、二位二通电磁换向阀用来进行两个工进速度之间的转换，为了保证进给的尺寸精度，采用了止挡块停留来限位。通常实现的工作循环为：快进→一工进→二工进→止挡块停留→快退→原位停止。

2. YT4543 型动力滑台液压系统原理图

YT4543 型动力滑台液压系统原理图见图 4-26。

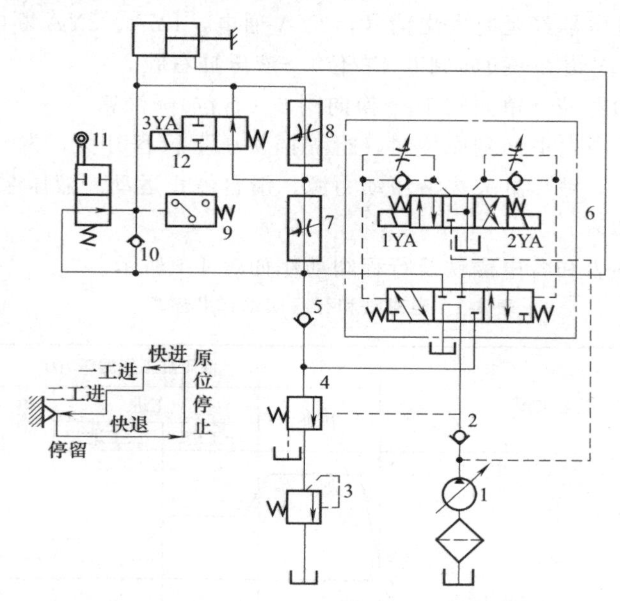

图 4-26　YT4543 型动力滑台液压系统原理图

1—液压泵；2,5,10—单向阀；3—背压阀；4—顺序阀；
6—换向阀；7,8—调速阀；9—压力继电器；11—行程阀；12—换向阀

3. 案例分析

(1) 快进　按下启动按钮，电磁铁 1YA 得电，电液动换向阀 6 的先导阀阀芯向右移动从而引起主阀芯向右移，使其左位接入系统，其主油路如下。

进油路：液压泵 1→单向阀 2→换向阀 6（左位）→行程阀 11（下位）→液压缸左腔。

回油路：液压缸的右腔→换向阀 6（左位）→单向阀 5→行程阀 11（下位）→液压缸左腔。形成差动连接。

(2) 一工进　当滑台快速运动到预定位置时，滑台上的行程挡块压下行程阀 11 的阀芯，切断了该通道，使压力油须经调速阀 7 进入液压缸的左腔。由于油液流经调速阀，系统压力上升，打开液控顺序阀 4，此时单向阀 5 的上部压力大于下部压力，所以单向阀关闭，切断了液压缸的差动回路，回油经液控顺序阀 4 和背压阀 3 流回油箱使滑台转换为一工进。其进油路如下。

进油路：泵 1→单向阀 2→换向阀 6（左位）→调速阀 7→换向阀 12（右位）→液压缸左腔。

回油路：液压缸的右腔→换向阀 6（左位）→顺序阀 4→背压阀 3→油箱。

因为工作进给时，系统压力升高，所以变量泵 1 的输油量便自动减小，以适应工作进给的需要，进给量大小由调速阀 7 调节。

（3）二工进　第一次工进结束后，行程挡块压下行程开关使 3YA 通电，二位二通换向阀将通路切断，进油必须经调速阀 7、8 才能进入液压缸，此时由于调速阀 8 的开口量小于阀 7，所以进给速度再次降低，其他油路情况同一工进。

（4）止挡块停留　当滑台工作进给完毕之后，碰上的滑台不再前进，停留在止挡块处，同时系统压力升高，当升高到达压力继电器 9 的调整值时，压力继电器动作，经过时间继电器延时，再发出信号使滑台返回，滑台的停留时间可由时间继电器在一定范围内调整。

（5）快退　时间继电器经延时发出信号，2YA 通电，1YA、3YA 断电，主油路如下。

进油路：泵 1→单向阀 2→换向阀 6（右位）→液压缸右腔。

回油路：液压缸的左腔→单向阀 10→换向阀 6（右位）→油箱。

（6）原位停止　当滑台退回到原位时，行程挡块压下行程开关，发出信号，使 2YA 断电，换向阀 6 处于中位，液压缸失去液压动力源，滑台停止运动。液压泵输出的油液经换向阀 6 直接回油箱，泵卸荷。

该系统的动作循环表和各电磁铁及行程阀动作如表 4-1 所示。

表 4-1　电磁铁和行程阀动作顺序表

电磁铁行程阀		信号来源	液压缸工作循环 $v(t)$					
			快进	工进		停留	快退	停止
				一工进	二工进			
			v					O　t
1YA	+ −							
行程阀	+ −							
3YA	+ −							
2YA	+ −							

制定方案

动力滑台液压系统分析计划和决策表

<table>
<tr><td>情　境</td><td colspan="6">动力滑台液压系统分析</td></tr>
<tr><td>学习任务</td><td colspan="4">动力滑台液压系统组建</td><td>完成时间</td><td></td></tr>
<tr><td>任务完成人</td><td>学习小组</td><td></td><td>组长</td><td></td><td>成员</td><td></td></tr>
<tr><td>需要学习的知识和技能</td><td colspan="6"></td></tr>
<tr><td rowspan="3">小组任务分配</td><td>小组任务</td><td>任务准备</td><td>管理学习</td><td>管理出勤、纪律</td><td colspan="2">管理卫生</td></tr>
<tr><td>个人职责</td><td>准备任务的绘图仪器和工具</td><td>认真努力学习并热情辅导小组成员</td><td>记录考勤并管理小组成员纪律</td><td colspan="2">组织值日并管理卫生</td></tr>
<tr><td>小组成员</td><td></td><td></td><td></td><td colspan="2"></td></tr>
<tr><td>完成工作任务的计划</td><td colspan="6"></td></tr>
<tr><td>完成任务载体的学习步骤</td><td colspan="6"></td></tr>
<tr><td>工作任务的初步方案</td><td colspan="6"></td></tr>
<tr><td>工作任务的最终方案</td><td colspan="6"></td></tr>
</table>

任务实施

动力滑台液压系统分析任务实施表

<table>
<tr><td>情 境</td><td colspan="6">动力滑台液压系统分析</td></tr>
<tr><td>学习任务</td><td colspan="4">动力滑台液压系统组建</td><td>完成时间</td><td></td></tr>
<tr><td>任务完成人</td><td>学习小组</td><td></td><td>组长</td><td></td><td>成员</td><td></td></tr>
<tr><td colspan="7">应用获得的知识和技能实现动力滑台液压系统的设计与运动</td></tr>
</table>

检查评估

动力滑台液压系统分析任务检查表

<table>
<tr><td>情 境</td><td colspan="6">动力滑台液压系统分析</td></tr>
<tr><td>学习任务</td><td colspan="4">动力滑台液压系统组建</td><td>完成时间</td><td></td></tr>
<tr><td>任务完成人</td><td>学习小组</td><td></td><td>组长</td><td></td><td>成员</td><td></td></tr>
<tr><td colspan="2">流量控制阀工作原理描述
（写出不符合之处）</td><td colspan="5"></td></tr>
<tr><td colspan="2">掌握知识和技能的情况
（写出没掌握之处）</td><td colspan="5"></td></tr>
<tr><td colspan="2">动力滑台回路的分析与构建、连接情况（写出不合理之处）</td><td colspan="5"></td></tr>
<tr><td colspan="2">需要补缺的知识和技能</td><td colspan="5"></td></tr>
<tr><td colspan="2">任务汇报PPT完成情况和情境学习表现及改进</td><td colspan="5"></td></tr>
</table>

习 题

4.1 节流阀的阀口为什么选择薄壁小孔而不是细长孔？

4.2 如何调节执行元件的运动速度？常用的调速方法有哪些？

4.3 在液压系统中为什么要设置快速回路？执行元件实现快速运动的方法有哪些？

4.4 如图 4-27 所示各缸完全相同，负载 $F_A > F_B$。已知节流阀能调节缸速并不计压力损失。试判断图 4-27（a）、（b）中，哪一个缸先动？哪一个缸速度快？说明原因。

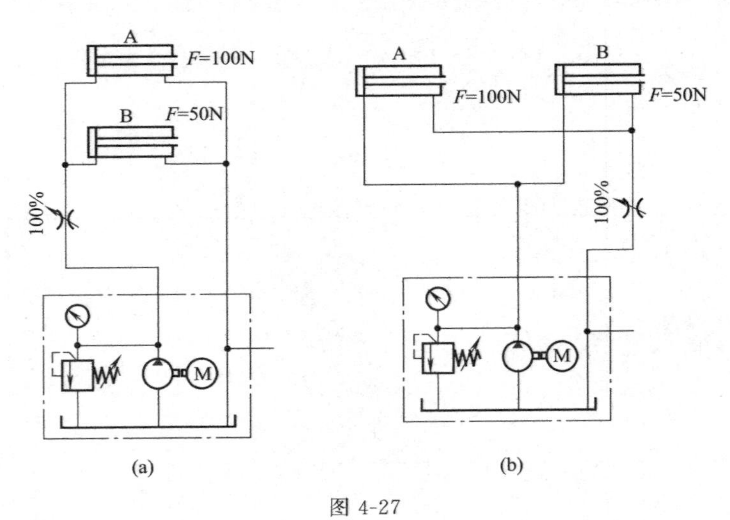

图 4-27

4.5 容积节流调速回路的流量阀和变量泵逐渐是如何实现匹配的？

学习情境 5

公交车门气动系统分析

学习目标

1. 能够分析气动方向、流量控制元件的功用；
2. 能够利用气动方向、流量控制元件构建气动回路；
3. 能够熟练应用气动逻辑元件；
4. 能够分析典型气动控制回路。

情境导入

公交车门气动系统分析工作任务单

<table>
<tr><td>情　境</td><td colspan="6">公交车门气动系统分析</td></tr>
<tr><td>学习任务</td><td colspan="4">公交车门气动回路组建</td><td>完成时间</td><td></td></tr>
<tr><td>任务完成人</td><td>学习小组</td><td></td><td>组长</td><td></td><td>成员</td><td></td></tr>
<tr><td>任 务 要 求</td><td colspan="6">1. 掌握方向控制元件的工作原理、功用及回路组建；
2. 掌握流量控制元件的工作原理、功用及回路组建；
3. 掌握逻辑元件的功用及应用；
4. 典型气动控制回路的能力。</td></tr>
<tr><td>任务载体
和资讯</td><td colspan="2">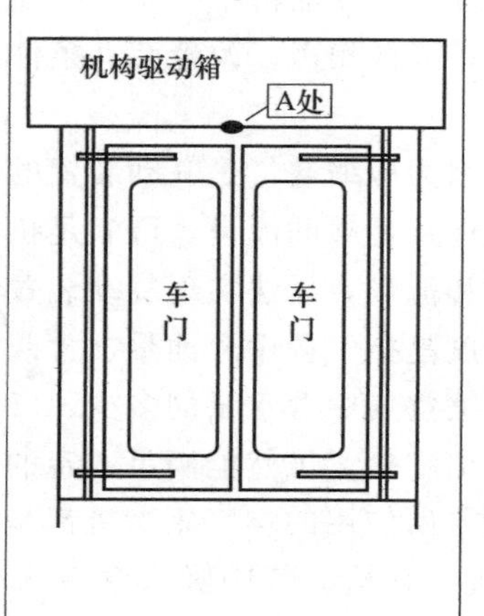
</td><td colspan="4">1. 气源装置的结构、功用、工作原理及应用；
2. 气动方向、流量控制元件的结构、功用、工作原理及应用；
3. 气动逻辑元件的工作原理、结构、功用及应用；
4. 典型单气动回路的构建；
5. 具有分析典型气动控制回路的能力。</td></tr>
</table>

续表

资料查询情况	
完成任务注意点	1. 更换气动元件时必须关闭气源； 2. 插拔气管时应将气源关闭； 3. 行程开关的位置设置； 4. 机动换向阀和标尺的关联设置； 5. 阀的选择与连接； 6. 手动换向阀(二位三通换向阀)的中位机能确定。

任务描述

学习目标	学习内容	任务准备
1. 能够分析气动方向、流量控制元件的功用 2. 能够利用气动方向、流量控制元件构建气动回路 3. 能够熟练应用气动逻辑元件 4. 能够分析典型气动控制回路	1. 气源装置及辅助元件的结构、工作原理和职能符号知识 2. 气动控制元件的功用、结构、工作原理及应用 3. 气动方向、速度控制回路 4. 典型气动控制回路分析和构建	前期准备：气缸、空气压缩机、气管、接头、各种气动控制元件 知识准备：气源装置，气动方向控制元件、气动流量控制元件，气动控制回路构建

知识链接

子学习情境 5.1 气动控制元件及回路组建

5.1.1 气源装置

气压传动系统中的气源装置必须为气动系统提供满足一定质量要求的压缩空气，它是气压传动系统的重要组成部分，气源装置的主体是空气压缩机。由空气压缩机产生的压缩空气，必须经过降温、净化、减压、稳压等一系列处理后，才能供给气动系统使用。而使用过的压缩空气排向大气时，会产生噪声，应采取措施，降低噪声，改善劳动条件和环境质量。

1. 对压缩空气的要求

(1) 压缩空气具有一定的压力和足够的流量。因为压缩空气是气动装置的工作介质，一定的压力是保证执行机构产生足够的推力的必要条件；足够的流量，可满足执行机构运动速度和程序的要求。总之，压缩空气没有一定的压力和流量，无法实现气动装置的一切功能。

(2) 压缩空气有一定的清洁度和干燥度。清洁度是指气源中含油量、含灰尘杂质的质量及颗粒大小都要控制在很低范围内。干燥度是指压缩空气中含水量的多少，气动装置要求压缩空气的含水量越低越好。由空气压缩机排出的压缩空气，虽然能满足一定的压力和流量的要求，但不能为气动装置所使用。因为一般气动设备所使用的空气压缩机都是属于工作压力较低（小于 1MPa），用油润滑的活塞式空气压缩机。它从大气中吸入含有水分和灰尘的空气，经压缩后，空气温度均提高到 140～180℃，这时空气压缩机气缸中的润滑油也部分成为气态，这样油分、水分以及灰尘便形成混合的胶体微尘与杂质混在压缩空气中一同排出。如果将此压缩空气直接输送给气动装置使用，将会产生下列影响：

① 混在压缩空气中的油蒸气可能聚集在储气罐、管道、气动系统的容器中形成易燃物，有引起爆炸的危险；另一方面，润滑油被汽化后，会形成一种有机酸，对金属设备、气动装置有腐蚀作用，影响设备的寿命。

② 混在压缩空气中的杂质能沉积在管道和气动元件的通道内，减少了通流面积，增加了管道阻力。特别是对内径只有0.2～0.5mm的某些气动元件会造成阻塞，使压力信号不能正确传递，整个气动系统不能稳定工作甚至失灵。

③ 压缩空气中含有的饱和水分，在一定的条件下会凝结成水，并聚集在个别管道中。在寒冷的冬季，凝结的水会使管道及附件结冰而损坏，影响气动装置的正常工作。

④ 压缩空气中的灰尘等杂质，对气动系统中作往复运动或转动的气动元件（如气缸、气动马达、气动换向阀等）的运动副会产生研磨作用，使这些元件因漏气而降低效率，影响它的使用寿命。

因此气源装置必须设置一些除油、除水、除尘，并使压缩空气干燥，提高压缩空气质量，进行气源净化处理的辅助设备，进而形成一个气源系统（压缩空气站）。

2. 气源系统

气源系统就是由气源设备组成的系统，气源设备是产生、处理和储存压缩空气的设备，如图5-1所示为典型的气源系统。

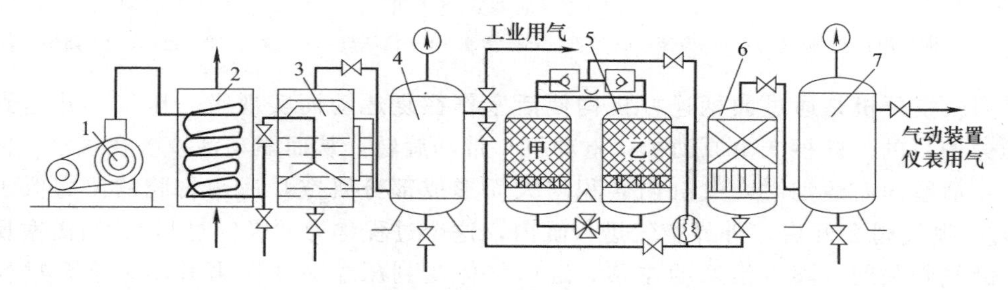

图5-1　压缩空气站设备组成及布置示意图

1—空气压缩机；2—后冷却器；3—油水分离器；4,7—储气罐；5—干燥器；6—过滤器

在图5-1中，1为空气压缩机，用以产生压缩空气，一般由电动机带动。其吸气口装有空气过滤器以减少进入空气压缩机的杂质量。2为后冷却器，用以降温冷却压缩空气，使净化的水凝结出来。3为油水分离器，用以分离并排出降温冷却的水滴、油滴、杂质等。4为储气罐，用以储存压缩空气，稳定压缩空气的压力并除去部分油分和水分。5为干燥器，用以进一步吸收或排除压缩空气中的水分和油分，使之成为干燥空气。6为过滤器，用以进一步过滤压缩空气中的灰尘、杂质颗粒。7为储气罐。储气罐4输出的压缩空气可用于一般要求的气压传动系统，储气罐7输出的压缩空气可用于要求较高的气动系统（如气动仪表及射流元件组成的控制回路等）。气动三大件的组成及布置由用气设备确定，图中未画出。

5.1.2　空气压缩机

1. 作用与分类

空气压缩机是气动系统的动力源，它把电机输出的机械能转换成压缩空气的压力能输送给气动系统。

空气压缩机的种类很多，按压力高低可分为低压型（0.2～1.0MPa）、中压型（1.0～10MPa）和高压型（>10MPa）；按排气量可分为微型压缩机（$V<1\text{m}^3/\text{min}$）、小型压缩机（$V=1\sim10\text{m}^3/\text{min}$）、中型压缩机（$V=10\sim100\text{m}^3/\text{min}$）和大型压缩机（$V>100\ \text{m}^3/\text{min}$）；若按工作原理可分为容积型和速度型（也称透平型或涡轮型）两类。在容积型压缩机中，气体压力的提高是由于压缩机内部的工作容积被缩小，使单位体积内气体的分子密度增加而形成的。而在速度型压缩机中，气体压力的提高是由于气体分子在高速流动时突然受阻而停滞下来，使动能转化为压力能而达到压力提高。容积型压缩机按结构不同又可分为活塞式、膜片式和螺杆式等。速度型压缩机按结构不同分为离心式和轴流式等。目前，使用最广泛的是活塞式压缩机。

2. 工作原理

（1）活塞式空压机　活塞式空压机是最常用的空压机形式，其工作原理如图 5-2 所示。

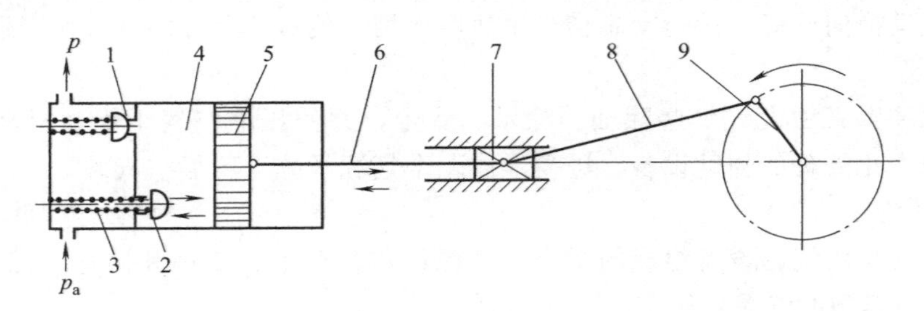

图 5-2　活塞式空压机

1—排气阀；2—吸气阀；3—弹簧；4—气缸；5—活塞；6—活塞杆；7—滑块；8—连杆；9—曲柄

活塞式空压机是通过曲柄连杆机构使活塞作往复运动而实现吸、压气，并达到提高气体压力的目的。曲柄 9 由原动机（电动机）带动旋转，从而驱动活塞 5 在气缸 4 内往复运动。当活塞向右运动时，气缸内容积增大而形成部分真空，活塞右腔的压力低于大气压力 p_a，吸气阀 2 开启，外界空气进入缸内，这个过程称为“吸气过程”；当活塞反向运动时，吸气阀关闭，随着活塞的左移，缸内气体受到压缩而使压力升高，这个过程称为“压缩过程”。当缸内压力高于输出气管内压力 p 后，排气阀 1 被打开，压缩空气送至输出气管内，这个过程称为“排气过程”。曲柄旋转一周，活塞往复行程一次，即完成一个工作循环。

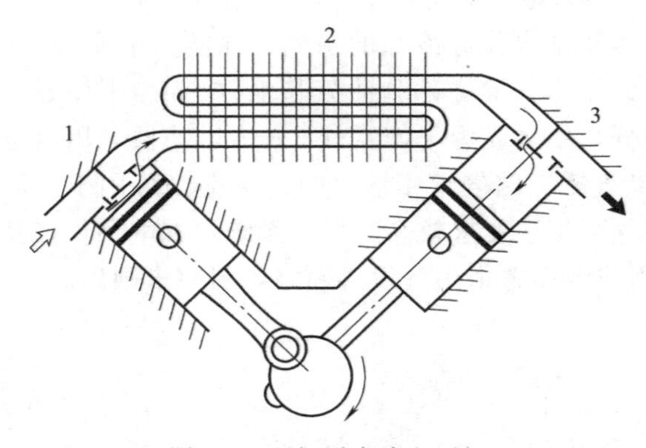

图 5-3　两级活塞式空压机

1—一级活塞；2—中间冷却器；3—二级活塞

图 5-2 所示为单级活塞式空压机，常用于需要 0.3～0.7MPa 压力范围的系统。单级空压机若压力超过 0.6MPa，产生的热量将大大降低压缩机的效率，因此，常用两级活塞式空压机。

图 5-3 所示为两级活塞式空压机。若最终压力为 0.7MPa，则第 1 级通常压缩到 0.3MPa。设置中间冷却器是为了降低第 2 级活塞的进口空气温度，提高空压机的工作效率。

（2）叶片式空压机　叶片式空压机转子偏心地安装在定子内，一组叶片插在转子的放射状槽内。

如图 5-4 所示为叶片式空压机。当转子旋转时，各叶片主要靠离心力作用紧贴于定子内表面。叶片、转子和定子内表面所围成的容积空间在转子回转过程中，其容积逐渐减小，吸入的空气就逐渐被压缩，并从输出口排出。在转子的每一次回转中，将根据叶片的数目多次进行吸气、压缩和排气，所以输出压力的脉动较小。这种压缩机的优点是能连续排出脉动小的压缩空气，一般无需设置储气罐，结构简单，操作及维护方法简便，运转中噪声较小。缺点是叶片、转子、定子之间的相对运动产生较大的机械摩擦，能量损失大，机械效率较低。在输入口附近，还需要向气流喷油，以对叶片及定子内部进行润滑、冷却和密封，所以输出的压缩空气中含有大量油分，故必须在输出口处设置油雾分离器和冷却器，以便把油从压缩空气中分离出来，冷却后循环再用。若采用石墨或有机材料作为叶片材料而制成的空压机，运转时可不需添加任何润滑油，压缩空气不被污染，满足了无油化的需求。

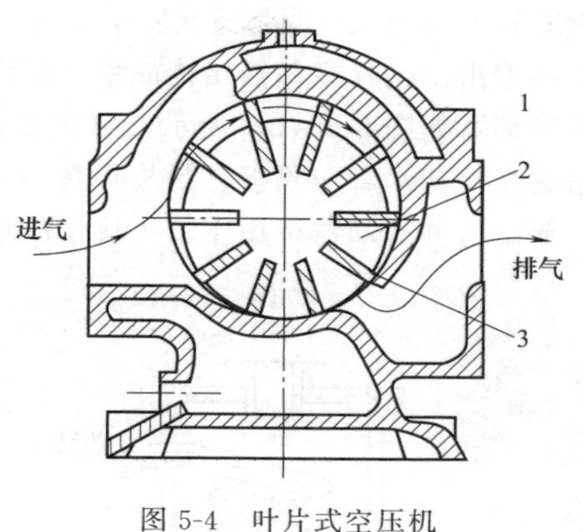

图 5-4 叶片式空压机

1—机体；2—转子；3—叶片

3. 空压机的选用

多数气动装置是断续工作的，且负载波动较大，因此，首先应按空压机的特性要求，选择空压机类型；再依据气压传动系统所需的工作压力和流量两个主要参数确定空压机的输出压力 p 和吸入流量 q，最终选取空压机的型号。

在确定空压机的额定压力时，应使额定压力略高于使用的工作压力，一般气压传动系统工作压力为 0.5～0.6MPa，选用额定输出压力 0.7～0.8MPa 的低压空气压缩机。特殊需要时也可依公式计算空压机的输出压力 p 而选用中压、高压或超高压的空气压缩机，请查询相关的设计手册。考虑气动系统的总压力损失除了管路的沿程阻力损失和局部阻力损失外，还要考虑为了保证减压阀的稳定性能所必需的最低输入压力，以及气动元件工作时的压降损失。

在确定空压机的额定排气量时，应以各种气动设备所需的最大耗气量之和为基础，并考虑到气动设备和气动系统管路阀门的泄漏量，以及各种气动设备是否连续工作等因素，将各元件和装置在其不同压力下压缩空气流量转换为大气压下的自由空气流量。

5.1.3 气动辅助元件

气动辅助元件分为气源净化装置和其他辅助元件两大类。

1. 气源净化装置

压缩空气净化装置一般包括：后冷却器、油水分离器、储气罐、干燥器、过滤器等。

(1) 后冷却器 后冷却器安装在空气压缩机出口处的管道上。它的作用是将空气压缩机排出的压缩空气温度由 140～170℃降至 40～50℃。这样就可使压缩空气中的油雾和水汽迅速达到饱和，使其大部分析出并凝结成油滴和水滴，以便经油水分离器排出。后冷却器的结构形式有：蛇形管式、列管式、散热片式、管套式。冷却方式有水冷和气冷两种方式。蛇形管式冷却器的结构主要由一只蛇状空心盘管和一只盛装此盘管的圆筒组成。蛇状盘管可用铜管或钢管弯制而成，蛇管的表面积也就是该冷却器的散热面积。由空气压缩机排出的热空气由蛇管上部进入［见图 5-5（a)］，通过管外壁与管外的冷却水进行热交换，冷却后，由蛇管下部输出。这种冷却器结构简单，使用和维修方便，因而被广泛用于流量较小的场合。列管式冷却器如图 5-5（b）所示，它主要由外壳、封头、隔板、活动板、冷却水管、固定板所组成。冷却水管与隔板、封头焊在一起。冷却水在管内流动，空气在管间流动，活动板为月牙形。这种冷却器可用于较大流量的场合。蛇形管式和列管式后冷却器的结构见图 5-5。

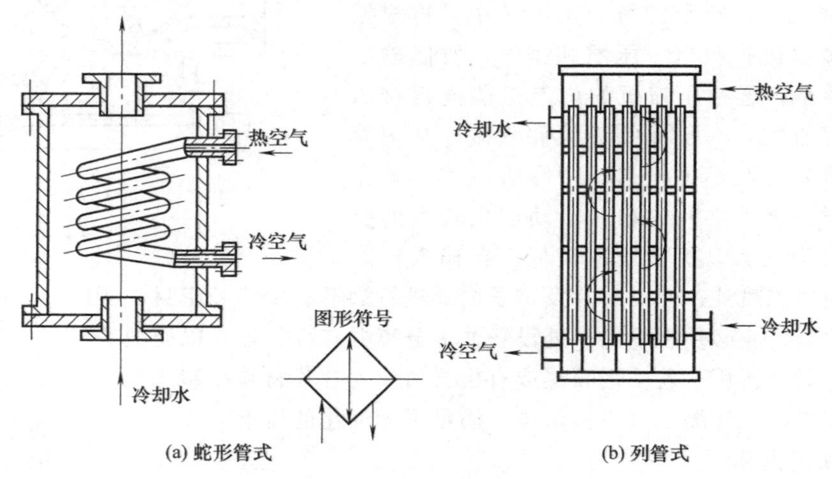

图 5-5 后冷却器

另外一种常用的后冷却器是套管式冷却器，其结构如图 5-6 所示，压缩空气在外管与内管之间流动，内、外管之间由支承架来支承。这种冷却器流通截面小，易达到高速流动，有利于散热冷却。管间清理也较方便。但其结构笨重，消耗金属量大，主要用在流量不太大、散热面积较小的场合。具体参数可查阅有关资料，这里不再一一列出。

（2）油水分离器　油水分离器安装在后冷却器出口管道上，它的作用是分离并排出压缩空气中凝聚的油分、水分和灰尘杂质等，使压缩空气得到初步净化。油水分离器的结构形式有环形回转式、撞击折回式、离心旋转式、水浴式以及以上形式的组合使用等。图 5-7 所示是撞击折回并回转式油水分离器的结构形式，它的工作原理是：当压缩空气由入口进入分离器壳体后，气流先受到隔板阻挡而被撞击折回向下（见图中箭头所示流向）；之后又上升产

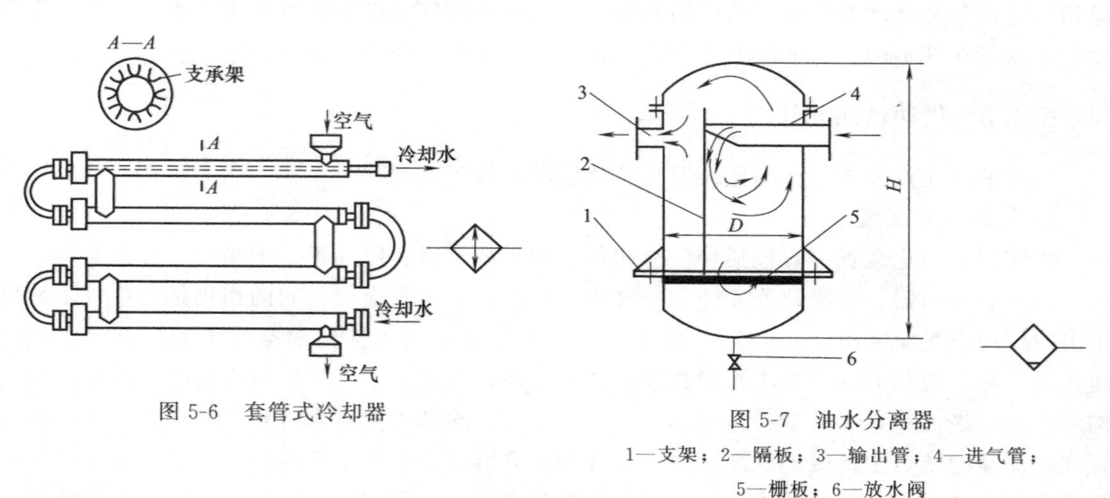

图 5-6 套管式冷却器

图 5-7 油水分离器

1—支架；2—隔板；3—输出管；4—进气管；5—栅板；6—放水阀

生环形回转，这样凝聚在压缩空气中的油滴、水滴等杂质受惯性力作用而分离析出，沉降于壳体底部，由放水阀定期排出。为提高油水分离效果，应控制气流在回转后上升的速度不超过0.3～0.5m/s。

(3) 储气罐　储气罐的作用是消除压力波动，保证输出气流的连续性；储存一定数量的压缩空气，调节用气量或以备发生故障和临时需要应急使用，进一步分离压缩空气中的水分和油分。储气罐一般采用圆筒状焊接结构，有立式和卧式两种，一般以立式居多。立式储气罐（见图5-8）的高度约为其直径D的2～3倍，同时应使进气管在下，出气管在上，并尽可能加大两管之间的距离，以利于进一步分离空气中的油水。同时，每个储气罐应有以下附件：

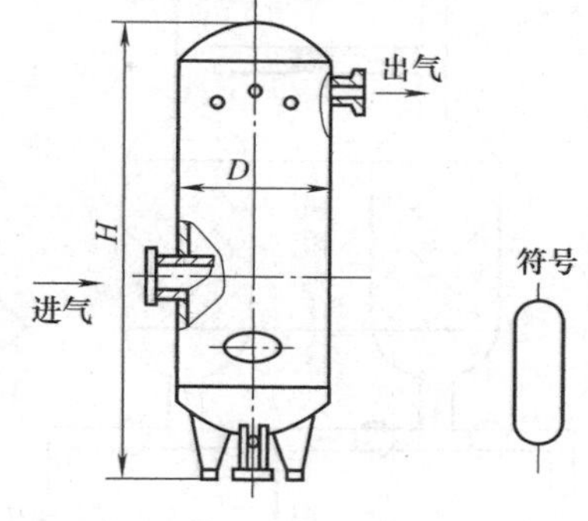

图5-8　储气罐结构

① 安全阀，调整极限压力，通常比正常工作压力高10%。

② 清理、检查用的孔口。

③ 指示储气罐罐内空气压力的压力表。

④ 储气罐的底部应有排放油水的接管。

在选择储气罐的容积V_c时，一般都是以空气压缩机每分钟的排气量q为依据选择的。即

当$q<6.0m^3/min$时，取$V_c=1.2\ m^3$；

当$q=6.0\sim30\ m^3/min$时，取$V_c=1.2\sim4.5\ m^3$；

当$q>30\ m^3/min$时，取$V_c=4.5\ m^3$。

(4) 干燥器　经过后冷却器、油水分离器和储气罐后得到初步净化的压缩空气，已满足一般气压传动的需要。但压缩空气中仍含一定量的油、水以及少量的粉尘。如果用于精密的气动装置、气动仪表等，上述压缩空气还必须进行干燥处理。压缩空气干燥方法主要采用吸附法和冷却法。

吸附法是利用具有吸附性能的吸附剂（如硅胶、铝胶或分子筛等）来吸附压缩空气中含有的水分，而使其干燥；冷却法是利用制冷设备使空气冷却到一定的露点温度，析出空气中超过饱和水蒸气部分的多余水分，从而达到所需的干燥度。吸附法是干燥处理方法中应用最为普遍的一种方法。吸附式干燥器的结构如图5-9所示。它的外壳呈筒形，其中分层设置栅板、吸附剂、滤网等。湿空气从管1进入干燥器，通过吸附剂层21、钢丝过滤网20、上栅板19和下部吸附层16后，因其中的水分被吸附剂吸收而变得很干燥。然后，再经过钢丝过滤网15、下栅板14和钢丝过滤网12，干燥、洁净的压

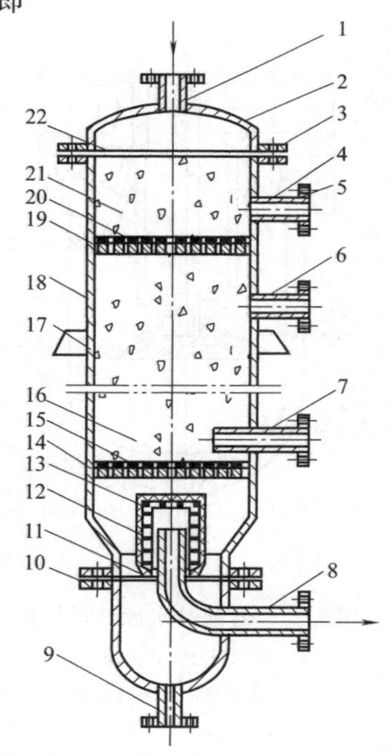

图5-9　吸附式干燥器结构

1—湿空气进气管；2—顶盖；3,5,10—法兰；4,6—再生空气排气管；7—再生空气进气管；8—干燥空气输出管；9—排水管；11,22—密封座；12,15,20—钢丝过滤网；13—毛毡；14—下栅板；16,21—吸附剂层；17—支撑板；18—筒体；19—上栅板

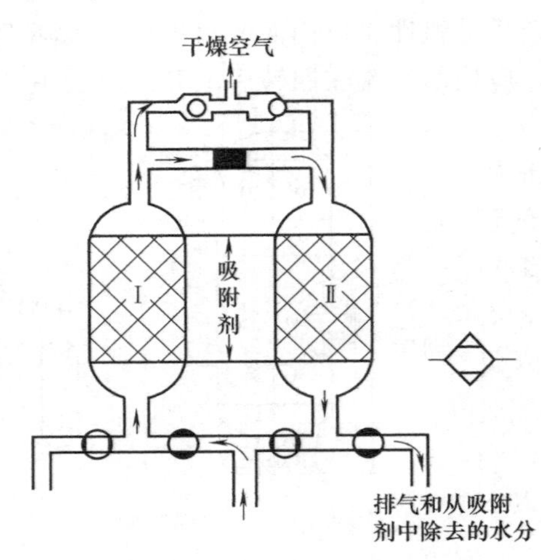

图 5-10 不加热再生式干燥器

缩空气便从输出管 8 排出。图 5-10 所示为一种不加热再生式干燥器，它有两个填满干燥剂的相同容器，空气从一个容器的下部流到上部，水分被干燥剂吸收而得到干燥，一部分干燥后的空气又从另一个容器的上部流到下部，从饱和的干燥剂中把水分带走并放入大气。即实现了不须外加热源而使吸附剂再生，Ⅰ、Ⅱ两容器定期的交换工作（约 5～10min）使吸附剂产生吸附和再生，这样可得到连续输出的干燥压缩空气。

（5）过滤器 空气的过滤是气压传动系统中的重要环节。不同的场合，对压缩空气的要求也不同。过滤器的作用是进一步滤除压缩空气中的杂质。常用的过滤器有一次性过滤器（也称简易过滤器，滤灰效率为 50%～70%）；二次过滤器（滤灰效率为 70%～99%）。在要求高的特殊场合，还可使用高效率的过滤器（滤灰效率大于 99%）。

图 5-11 所示为一种一次过滤器，气流由切线方向进入筒内，在离心力的作用下分离出液滴，然后气体由下而上通过多片钢板、毛毡、硅胶、焦炭、滤网等过滤吸附材料，干燥清洁的空气从筒顶输出。

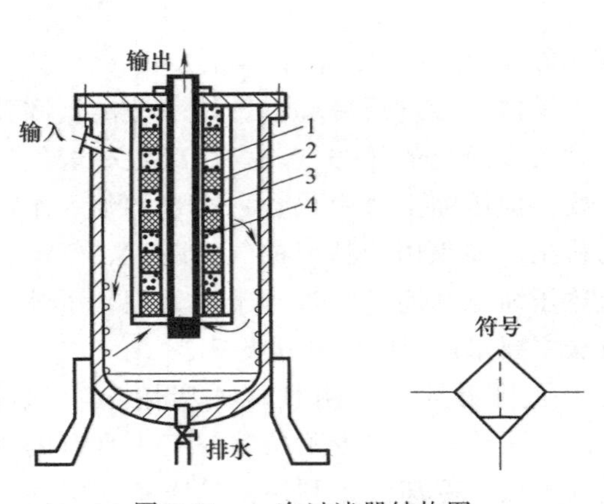

图 5-11 一次过滤器结构图

1—ϕ10 密孔网；2—280 目细钢丝网；3—焦炭；4—硅胶等

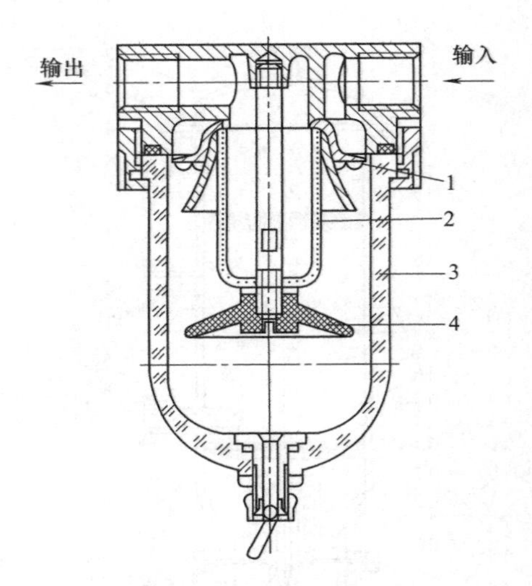

图 5-12 普通分水滤气器结构

1—旋风叶子；2—滤芯；3—存水杯；4—挡水板

（6）分水滤气器 分水滤气器滤灰能力较强，属于二次过滤器。它和减压阀、油雾器一起被称为气动三联件，是气动系统不可缺少的辅助元件。气动三联件组合使用的安装次序一般为：分水滤气器→减压阀→油雾器。普通分水滤气器的结构如图 5-12 所示。其工作原理如下：压缩空气从输入口进入后，被引入旋风叶子 1，旋风叶子上有很多小缺口，使空气沿切线反向产生强烈的旋转，这样夹杂在气体中的较大水滴、油滴、灰尘（主要是水滴）便获得较大的离心力，并高速与存水杯 3 内壁碰撞，而从气体中分离出来，沉淀于存水杯 3 中，然后气体通过中间的滤芯2，部分灰尘、雾状水被滤芯2拦截而滤去，洁净的空气便从输出口输出。挡水板4是防止气体漩涡将杯中积存的污水卷起而破坏过滤作用。为保证分水滤气器正常工作，必须及时将存水杯中的污水通过排水阀放掉。在某些人工排水不方便的场合，可采用自动排水式分水滤气器。因此分水滤气器必须垂直安装，并将放水阀朝下。存水杯由透明材料制成，便于观察工作情况、污水情况和滤芯污染情况。滤芯目前采用铜粒烧结而成。发现油泥过多，可采用酒精清洗，干燥后再装上，可继续使用。但是这种过滤器只能滤除固体和液体杂质，因此，使用时应尽可能装在能使空气中的水分变成液态的部位或防止液体进入的部位，如气动设备的气源入口处。

2. 其他辅助元件

(1) 油雾器　油雾器是以压缩空气为动力，将润滑油喷射成雾状并混合于压缩空气中，使该压缩空气具有润滑气动元件的能力。目前，气动控制阀、气缸和气动马达主要是靠这种带有油雾的压缩空气来实现润滑的，其优点是方便、干净、润滑质量高。

① 油雾器的工作原理　油雾器的工作原理如图5-13所示。假设气流通过文氏管后压力降为 p_2，当输入压力 p_1 和 p_2 的压差 Δp 大于把油吸引到排出口所需压力 ρgh 时，油被吸上，在排出口形成油雾并随压缩空气输送出去。但因油的黏性阻力是阻止油液向上运动的力，因此实际需要的压力差要大于 ρgh，黏度较高的油吸上时所需的压力差就较大，相反，黏度较低的油吸上时所需的压力差就小一些，但是黏度较低的油即使雾化也容易沉积在管道上，很难到达所期望的润滑地点。因此在气动装置中要正确选择润滑油的牌号［一般选用HU20～HU30汽轮机（透平）油］。

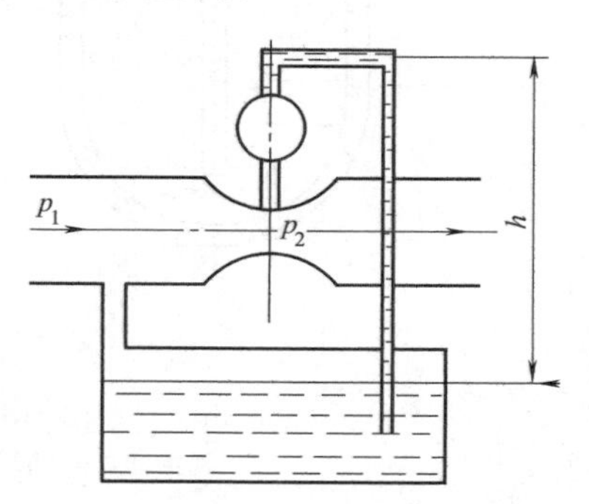

图5-13　油雾器工作原理

② 普通型油雾器结构简介　如图5-14所示为普通型油雾器。压缩空气从输入口1进入后，大部分从主气道流出，一小部分通过小孔2进入特殊单向阀［由阀座5、钢球12和弹簧13组成，其工作情况如图5-14（c）、(d)、(e) 所示］阀座的腔内，如图5-14（d）所示，在钢球12上下表面形成压力差，此压力差被弹簧13的部分弹簧力所平衡，而使钢球处于中间位置，因而压缩空气就进入储油杯6的上腔A，油面受压，压力油经吸油管10将单向阀9的钢球托起，钢球上部管道有一个边长小于钢球直径的四方孔，使钢球不能将上部管道封死，压力油能不断地流入视油器8内，到达喷嘴小孔2中，被主通道中的气流从小孔2中引射出来，雾化后从输出口4输出。视油器上部的节流阀7用以调节滴油量，可在0～200滴/min范围内调节。

普通型油雾器能在进气状态下加油，这时只要拧松油塞11后，A腔与大气相通而压力下降，同时输入进来的压缩空气将钢球12压在阀座5上，切断压缩空气进入A腔的通道，如图5-14（e）所示。又由于吸油管中单向阀9的作用，压缩空气也不会从吸油管倒灌到储油杯中，所以就可以在不停气状态下通过油塞11加油。加油完毕，拧上油塞，特殊单向阀又恢复工作状态，油雾器又重新开始工作。

储油杯一般由透明的聚碳酸酯制成，能清楚地看到杯中的储油量和清洁程度，以便及时补充与更换。视油器用透明的有机玻璃制成，能清楚地看到油雾器的滴油情况。

安装油雾器时注意进、出口不能接错；垂直设置，不可倒置或倾斜；保持正常油面，不

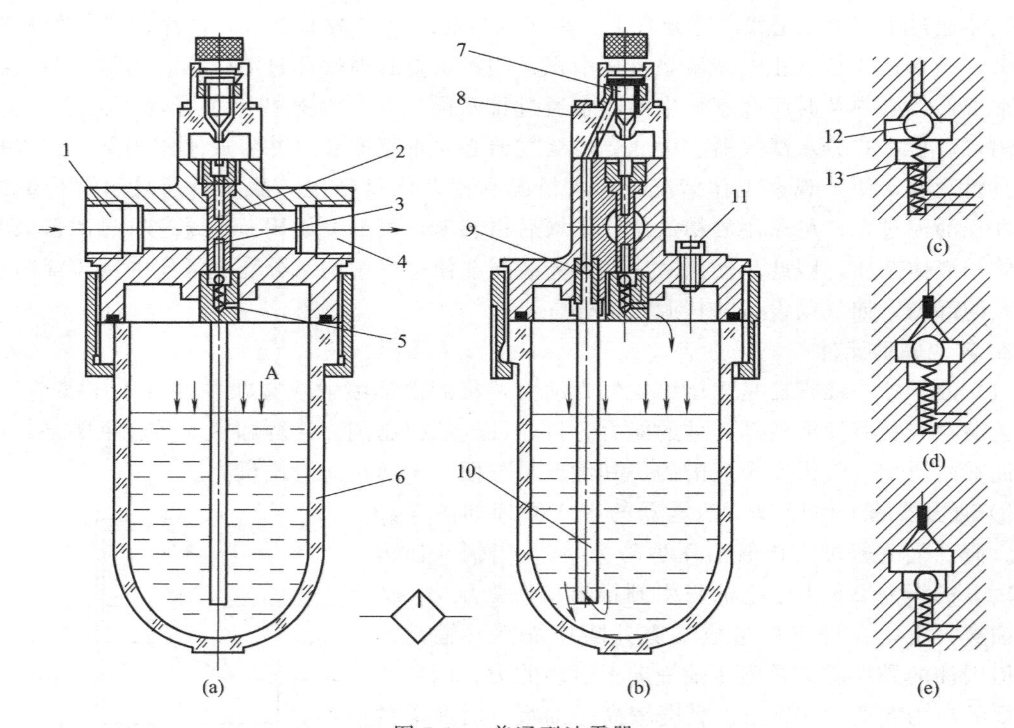

图 5-14 普通型油雾器

1—输入口；2,3—小孔；4—输出口；5—阀座；6—储油杯；7—节流阀；8—视油器；9—单向阀；10—吸油管；11—油塞；12—钢球；13—弹簧

应过高或过低。其供油量根据使用条件的不同而不同，一般以 $10m^3$ 自由空气（标准状态下）供给 1mL 的油量为基准。

油雾器一般安装在分水滤气器、减压阀之后，尽可能靠近换向阀，应避免把油雾器安装在换向阀和气缸之间，以免造成浪费。

③ 油雾器的主要性能指标

流量特性：也称压力-流量特性，它表征了在给定进气压力下，随着通过油气流量的变化，油雾器进出口压力降的变化情况。油雾器中通过其额定流量时，进出口压力降一般不超过 0.15 MPa。

起雾空气流量：当油位处于最高位置，节流阀 7 全开（见图 5-14），气流压力为 0.5 MPa 时，起雾时的最小空气流量规定为额定空气流量的 40%。

油雾粒径：在规定的试验压力 0.5 MPa 下，输油量为 30 滴/min，其粒径不大于 50μm。

加油后恢复滴油时间：加油完毕后，油雾器不能马上滴油，要经过一定的时间，在额定工作状态下，一般为 20～30s。

油雾器在使用中一定要垂直安装，它可以单独使用，也可以与空气过滤器、减压阀和油雾器三件联合使用，组成气源调节装置（通常称之为气动三联件），使之具有过滤、减压和油雾的功能。联合使用时，其顺序应为空气过滤器→减压阀→油雾器，不能颠倒，安装中气源调节装置应尽量靠近气动设备附近，距离不应大于 5m。

（2）消声器 气压传动装置的噪声一般都比较大，尤其当压缩气体直接从气缸或阀中排向大气，较高的压差使气体体积急剧膨胀，产生涡流，引起气体的振动，发出强烈的噪声，为消除这种噪声应安装消声器。消声器是指能阻止声音传播而允许气流通过的一种气动元件，气动装置中的消声器主要有阻性消声器、抗性消声器及阻抗复合消声器三大类。

① 阻性消声器 阻性消声器主要利用吸声材料（玻璃纤维、毛毡、泡沫塑料、烧结金属、烧结陶瓷以及烧结塑料等）来降低噪声。在气体流动的管道内固定吸声材料，或按一定方式在管道中排列，这就构成了阻性消声器。当气流流入时，一部分声音能被吸收材料吸收，起到消声作用。这种消声器能在较宽的中高频范围内消声，特别对刺耳的高频声波消声效果更为显著。图 5-15 为其结构示意。

② 抗性消声器 抗性消声器又称声学滤波器，是根据声学滤波原理制造的，它具有良好的低频消声性能，但消声频带窄，对高频消声效果差。抗性消声器最简单的结构是一段管件，如将一段粗而长的塑料管接在元件的排气口，气流在管道里膨胀、扩散、反射、相互干涉而消声。

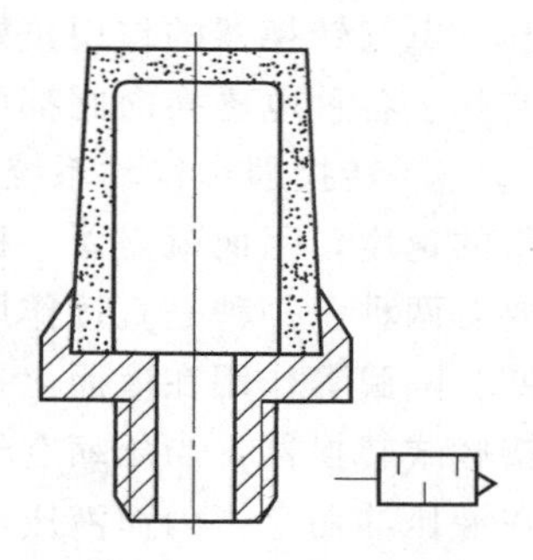

图 5-15 阻性消声器

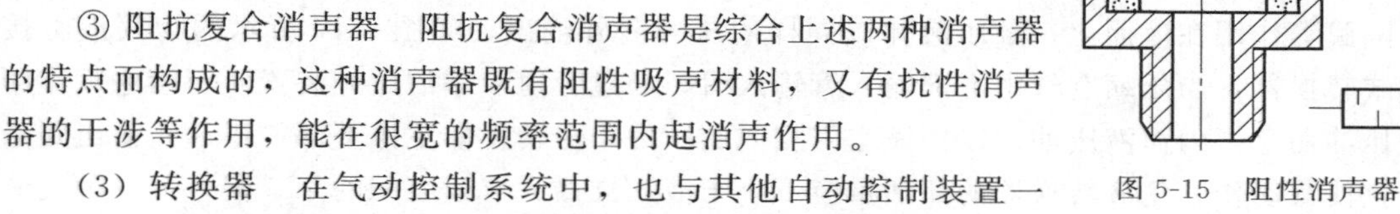

③ 阻抗复合消声器 阻抗复合消声器是综合上述两种消声器的特点而构成的，这种消声器既有阻性吸声材料，又有抗性消声器的干涉等作用，能在很宽的频率范围内起消声作用。

(3) 转换器 在气动控制系统中，也与其他自动控制装置一样，有发信、控制和执行部分，其控制部分工作介质为气体，而信号传感部分和执行部分不一定全用气体，可能用电或液体传输，这就要通过转换器来转换。常用的转换器有：气-电、电-气、气-液等。

① 气电转换器及电气转换器 气电转换器是将压缩空气的气信号转变成电信号的装置，即用气信号（气体压力）接通或断开电路的装置，也称之为压力继电器。压力继电器按信号压力的大小可分为低压型（0～0.1MPa）、中压型（0～0.6MPa）和高压型（＞1.0MPa）三种。

图 5-16 (a) 所示为一种低压气电转换器，其输入气压力小于 0.1MPa。平时阀芯 1 和焊片 4 是断开的，气信号输入后，膜片 2 向上弯曲，带动阀芯上移，与限位螺钉 3 导通，即与焊片导通，调节螺钉可以调节导通气压力的大小。这种气电转换器一般用来提供信号给指

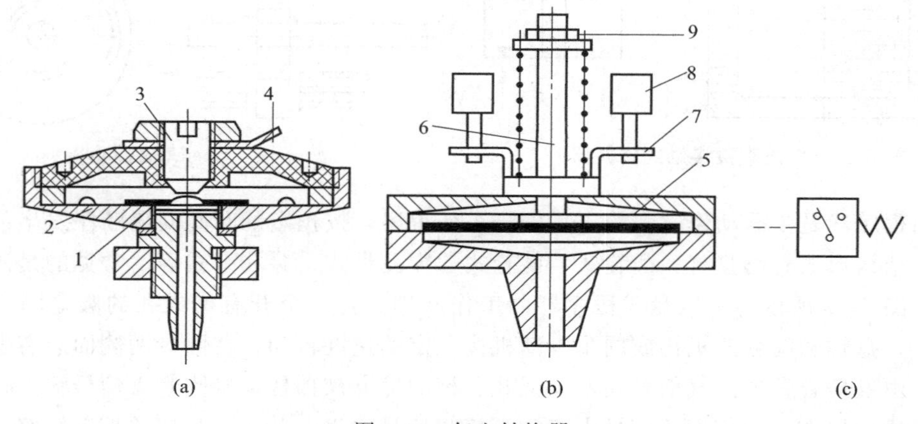

图 5-16 气电转换器

1—阀芯；2,5—膜片；3—限位螺钉；4—焊片；6—顶杆；7—爪枢；8—微动开关；9—螺母

示灯，控制指示气信号的有无。也可以将输出的电信号经过功率放大后带动电力执行机构。

图 5-16（b）所示为一种高压气电转换器，其输入气信号压力大于 1MPa，膜片 5 受压后，推动顶杆 6 克服弹簧的弹簧力向上移动，带动爪枢 7，两个微动开关 8 发出电信号。旋转螺母 9，可调节控制压力范围，这种气电转换器的调压范围有 0.025～0.5MPa，0.065～1.2MPa 和 0.6～3MPa。这种依靠弹簧可调节控制压力范围的气电转换器也被称为压力继电器，当气罐内压力升到一定压力后，压力继电器控制电机停止工作，当气罐内压力降到一定压力后，压力继电器又控制电机启动，其图形符号如图 5-16（c）所示。

电气转换器的作用正好与气电转换器的作用相反，它是将电信号转换成气信号的装置。实际上各种电磁换向阀都可作为电气转换器。

② 转换器　气动系统中常常用到气-液阻尼缸或使用液压缸作执行元件，以求获得较平稳的速度，因而就需要一种把气信号转换成液压信号的装置，这就是气液转换器。其种类主要有两种：一种是直接作用式，即在一筒式容器内，压缩空气直接作用在液面上，或通过活塞、隔膜等作用在液面上，推压液体以同样的压力向外输出，如图 5-17 所示的为气液直接接触式转换器，当压缩空气由上部输入管输入后，经过管道末端的缓冲装置使压缩空气作用在液压油面上，因而液压油即以压缩空气相同的压力，由转换器主体下部的排油孔输出到液压缸，使其动作，气液转换器的储油量应不小于液压缸最大有效容积的 1.5 倍；另一种气液转换器是换向阀式，它是一个气控液压换向阀，采用气控液压换向阀，需要另外备有液压源。

(4) 程序器　程序器是一种控制装置，其作用是储存各种预定的工作程序，按预先制定的特定顺序发出信号，使其他控制装置或执行机构以需要的次序自动动作。程序器一般有时间程序器和行程程序器两种。

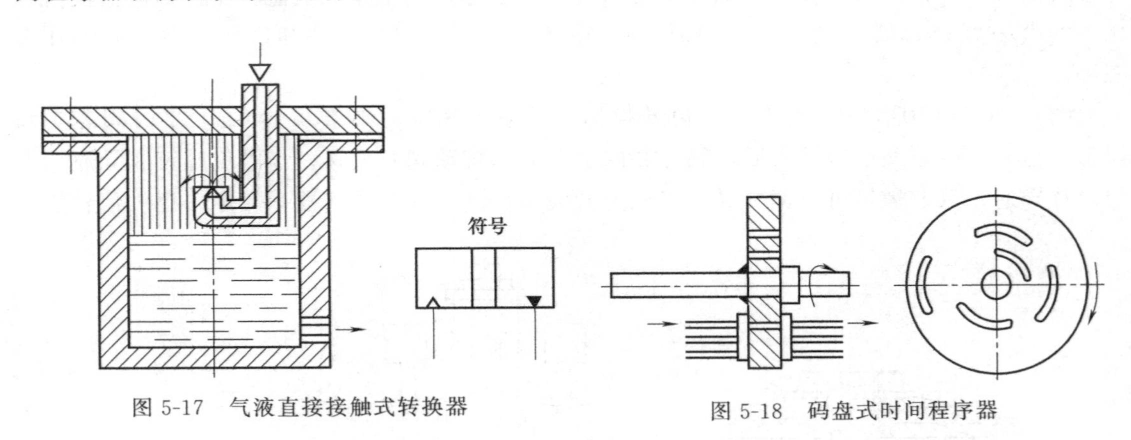

图 5-17　气液直接接触式转换器

图 5-18　码盘式时间程序器

时间程序器是依据动作时间的先后安排工作程序，按预定的时间间隔顺序发出信号的程序器。其结构形式有码盘式、凸轮式、棘轮式、穿孔带式、穿孔卡式等。常见的是码盘式和凸轮式。图 5-18 所示为一码盘式程序器的工作原理。把一个开有槽或孔的圆盘固定在一根旋转轴上，盘轴随同减速机构或同步电动机按一定的速度转动，在圆盘两侧面装有发信管和接收管。由发信管发出的气信号在网盘无孔、槽的地方被挡住，接收管无信号输出；在圆盘上有孔或槽的地方，发信管的信号由接收管接收信号输出，并送入相应的控制线路，完成相应的程序控制，此带孔或槽的圆盘一般称为码盘。

行程程序器是依据执行元件的动作先后顺序安排工作程序，并利用每个动作完成以后发回的反馈信号控制程序器向下一步程序的转换，发出下一步程序相应的控制信号。无反馈信号发回时，程序器就不能转换，也不会发出下一步的控制信号。这样就使程序信号指令的输出和执行机构的每一步动作有机地联系起来，只有执行机构的每一步都达到预定位置，发回反馈信号，整个系统才能一步一步地按预先选定的程序工作。行程程序器也有多种结构形式，此处不作详细介绍。

(5) 延时器　气动延时器的工作原理如图5-19所示，当输入气体分两路进入延时器时，由于节流阀1的作用，膜片2下腔的气压首先升高，使膜片堵住喷嘴3，切断气室4的排气通路；同时，输入气体经节流阀1向气室缓慢充气。当气室4的压力逐渐上升到一定压力时，膜片5堵住上喷嘴6，切断低压气源的排空通路，于是输出口S便有信号输出，这个输出信号S发出的时间在输入信号A以后，延迟了一段时间，延迟时间的大小取决于节流口的大小、气室的大小及膜片5的刚度。当输入信号消失后，膜片2复位，气室内的气体经下喷嘴排空；膜片5复位，气源经上喷嘴排空，输出端无输出、节流阀1可调时，该延时器称之为可调式，反之称之为固定式。

(6) 管道连接件　管道连接件包括管子和各种管接头。管子可分为硬管和软管两种。如总气管和支气管等一些固定不动的、不需要经常装拆的地方，使用硬管。连接运动部件和临时使用、装拆方便的管路应使用软管。硬管有铁管、铜管、黄铜管、紫铜管和硬塑料管等；软管有塑料管、尼龙管、橡胶管、金属编织塑料管以及挠性金属导管等等。常用的是紫铜管和尼龙管。

气动系统中使用的管接头的结构及工作原理与液压管接头基本相似，分为卡套式、扩口螺纹式、卡箍式、插入快换式等。

5.1.4 执行元件

1. 气缸

将压缩空气的压力能转化为机械能的元件，称为气动执行元件。气动执行元件分为气缸和气动马达。

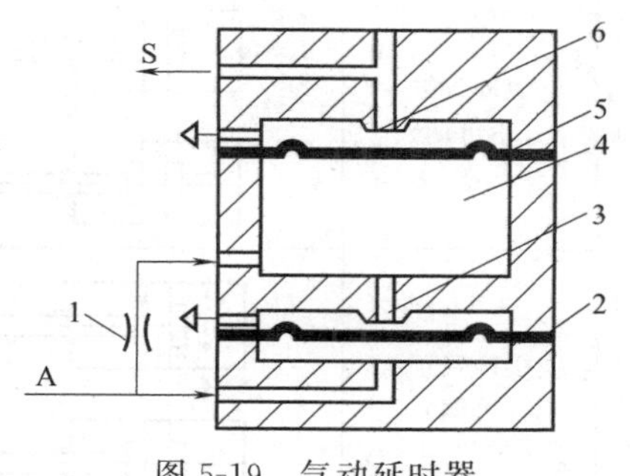

图5-19　气动延时器

1—节流阀；2,5—膜片；3,6—喷嘴；4—气室

气缸可实现直线往复运动或摆动，输出为力或转矩，气动马达可实现连续的回转运动，输出为转矩。气压传动与液压传动相比，压力低、工作介质黏度小，相应地在执行元件上就有要求密封性能更好，可用薄膜结构，标准化程度相对较高等。

气缸的优点是结构简单、成本低、工作可靠；可用在特殊场合安全使用；气缸的运动速度可达到1～3m/s，应用在自动化生产线中可以缩短辅助动作（例如传输、夹紧等）的时间，提高劳动生产率。但是气缸主要的缺点是由于空气的压缩性使速度和位置控制的精度不高，输出功率小。

(1) 气缸的分类　气缸是气动系统中使用最广泛的一种执行元件。根据使用条件、场合的不同，其结构、形状和功能也不一样，种类很多。

气缸根据作用在活塞上力的方向、结构特征、功能及安装方式来分类。常用气缸的分类、简图及特点见表5-1。

表 5-1 常用气缸的分类、简图及特点

类别	名称	简图	特点
单作用气缸	柱塞式气缸	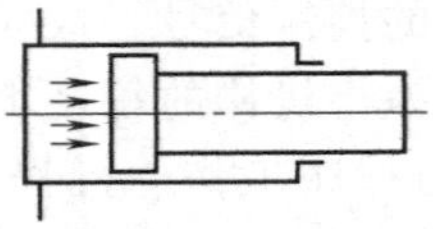	压缩空气使活塞向一个方向运动(依靠外力复位)。输出力小,主要用于小直径气缸
	活塞式气缸(外力复位)	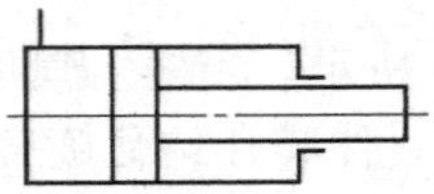	压缩空气只使活塞向一个方向运动,靠外力或重力复位,可节省压缩空气
	活塞式气缸(弹簧复位)	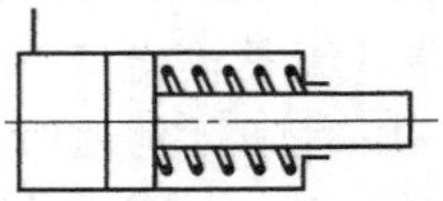	压缩空气只使活塞向一个方向运动。靠弹簧复位。结构简单、耗气量小,弹簧起背压缓冲作用。用于行程较小、对推力和速度要求不高的地方
	膜片式气缸	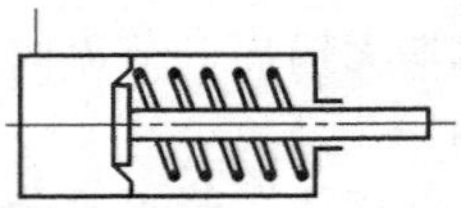	压缩空气只使膜片向一个方向运动,靠弹簧复位。密封性好,但运动件行程短
双作用气缸	无缓冲气缸(普通气缸)	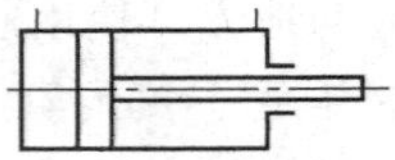	利用压缩空气使活塞向两个方向运动,活塞行程可根据需要选定。它是气缸中最普通的一种,应用广泛
	双活塞杆气缸	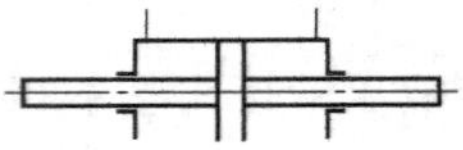	活塞左右运动速度和行程均相等。通常活塞杆固定、缸体运动,适合于长行程
	缓冲气缸(不可调)	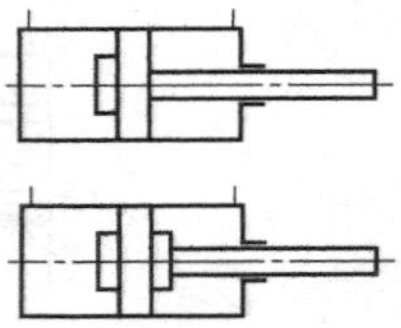	活塞运动到接近行程终点时,减速制动。减速值不可调整,上图为一端缓冲,下图为两端缓冲
	缓冲气缸(可调)	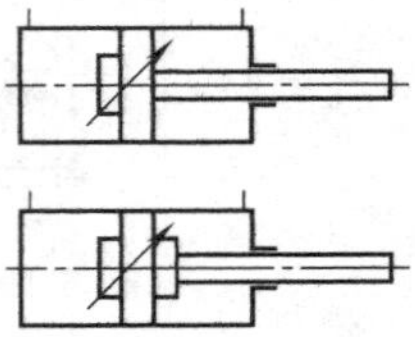	活塞运动到接近行程终点时,减速制动,减速值可根据需要调整
	双活塞气缸	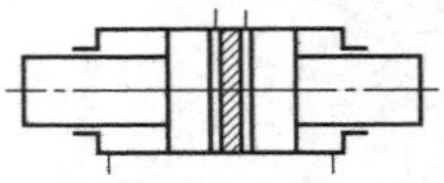	两个活塞可以同时向相反方向运动
	多位气缸	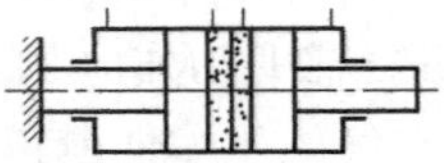	活塞杆沿行程长度有四个位置。当气缸的任一空腔与气源相通时,活塞杆到达四个位置中的一个
	串联式气缸	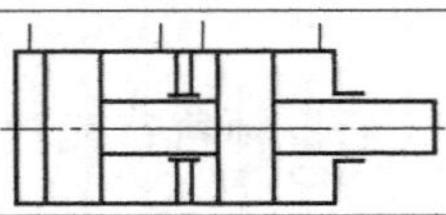	两个活塞串联在一起,当活塞直径相同时,活塞杆的输出力可增大一倍
	膜片气缸	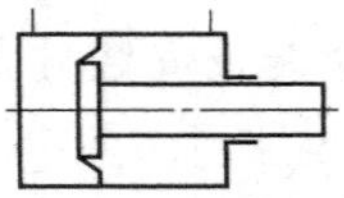	密封性好,加工简单,但运动件行程小

续表

类别	名称	简图	特点
组合气缸	增压气缸		两端活塞面积不等，利用压力与面积的乘积不变的原理，使小活塞侧输出压力增大
	气液增压缸		根据液体不可压缩和力的平衡原理，利用两个活塞的面积不等，由压缩空气驱动大活塞，使小活塞侧输出高压液体
	齿轮齿条式气缸		利用齿条齿轮传动，将活塞杆的直线往复运动变为输出轴的旋转运动，并输出力矩
	摆动式气缸（单叶片式）		直接利用压缩空气的能量，使输出轴产生旋转运动，旋转角小于 360°
	摆动式气缸（双叶片式）		直接利用压缩空气的能量，使输出轴产生旋转运动（但旋转角小于 180°），并输出力矩

（2）常用气缸的结构特点和工作原理

① 双作用气缸　图 5-20（a）是单活塞杆双作用气缸（又称普通气缸）的结构简图。它由缸筒、前后缸盖、活塞、活塞杆、紧固件和密封件等零件组成。

当 A 孔进气、B 孔排气时，压缩空气作用在活塞左侧面积上的作用力大于作用在活塞右侧面积上的作用力和摩擦力等反向作用时，压缩空气推动活塞向右移动，使活塞杆伸出。反之，当 B 孔进气、A 孔排气，压缩空气推动活塞向左移动，使活塞和活塞杆缩回到初始位置。

由于该气缸缸盖上设有缓冲装置，所以它又被称为缓冲气缸，图 5-20（b）为这种气缸的图形符号。

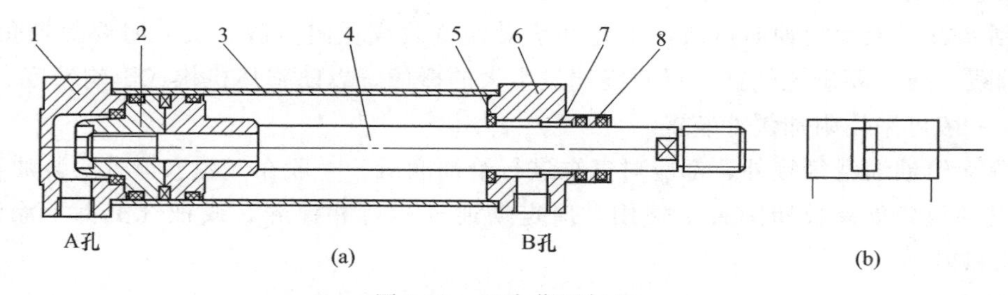

图 5-20　双向作用气缸

1—后缸盖；2—活塞；3—缸筒；4—活塞杆；5—缓冲密封圈；6—前缸盖；7—导向套；8—防尘圈

② 单向作用气缸　图 5-21 为一种单向作用气缸的结构简图。压缩空气只从气缸一侧进入气缸，推动活塞输出驱动力，另一侧靠弹簧力推动活塞返回。部分气缸靠活塞和运动部件的自重或外力返回。

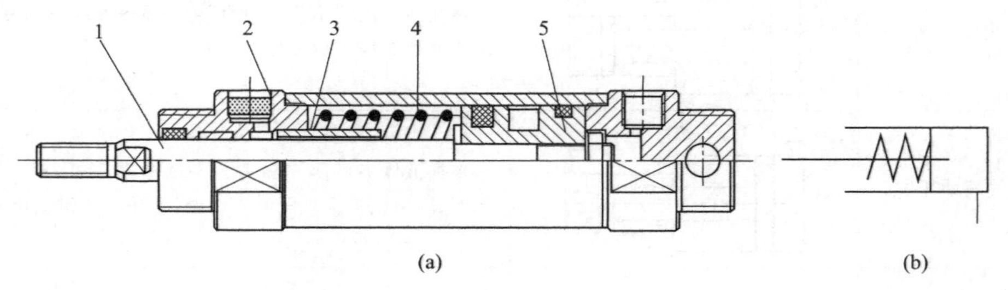

图 5-21　单向作用气缸

1—活塞杆；2—过滤片；3—止动套；4—弹簧；5—活塞

③ 摆动气缸　摆动气缸是一种在一定角度范围内作往复摆动的气动执行元件。它将压缩空气的压力能转换成机械能，输出转矩，使机构实现往复摆动。

图 5-22 所示为叶片式摆动气缸的结构原理。它由叶片轴转子（即输出轴）、定子、缸体和前后端盖等部分组成。定子和缸体固定在一起，叶片和转子连在一起。

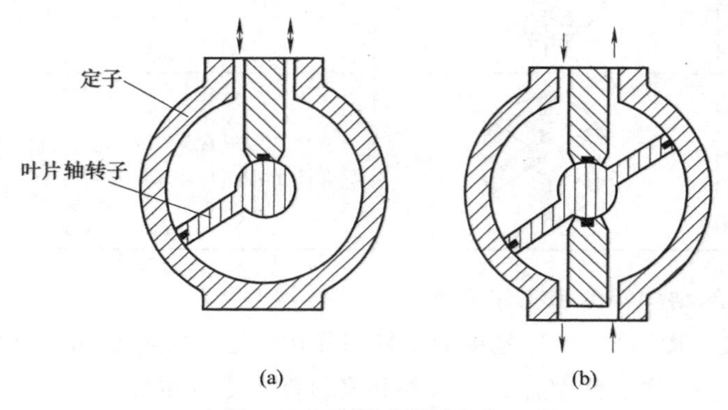

图 5-22　叶片式摆动气缸

（3）气缸的使用注意事项

① 使用气缸，应该符合气缸的正常工作条件，以取得较好的使用效果。这些条件有工作压力范围、耐压性、环境温度范围、使用速度范围、润滑条件等。由于气缸的品种繁多，各种型号的气缸性能和使用条件各不一样，而且各个生产厂家规定的条件也各不相同，因此，要根据各生产厂的产品样本来选择和使用气缸。

② 活塞杆只能承受轴向负载，不允许承受偏负载或径向负载。安装时要保证负载方向与气缸轴线一致。要避免气缸在行程终端发生大的碰撞，以防损坏机构或影响精度。除缓冲气缸外，一般可采用附加缓冲装置。

③ 除无给油润滑气缸外，都应对气缸进行给油润滑。一般在气源入口处安装油雾器。

④ 气动设备如果长期闲置不使用，应定期通气运行和保养，或把气缸拆下涂油保护，以防锈蚀和损坏。

2. 气动马达

气动马达也是气动执行元件的一种。它的作用相当于电动机或液压马达，即输出力矩，拖动机构作旋转运动。

（1）气动马达的分类及特点　气动马达按结构形式可分为：叶片式气动马达、活塞式气动马达和齿轮式气动马达等。最为常见的是活塞式气动马达和叶片式气动马达。叶片式气动马达制造简单，结构紧凑，但低速运动时转矩小，性能不好，适用于中、低功率的机械，目前在矿山及风动工具中应用普遍。活塞式气动马达在低速情况下有较大的输出功率，它的低速性能好，适宜于载荷较大和要求低速转矩的机械，如起重机、绞车、绞盘、拉管机等。

与液压马达相比，气动马达具有以下特点：

① 工作安全。可以在易燃易爆场所工作，同时不受高温和振动的影响。

② 可以长时间满载工作而温升较小。

③ 可以无级调速。控制进气流量，就能调节马达的转速和功率。额定转速为每分钟几十转到几十万转。

④ 具有较高的启动力矩。可以直接带负载运动。

⑤ 结构简单，操纵方便，维护容易，成本低。

⑥ 输出功率相对较小，最大只有20kW左右。

⑦ 耗气量大，效率低，噪声大。

（2）气动马达的结构和工作原理

① 叶片式气动马达　如图5-23所示，叶片式气动马达主要由定子、转子、叶片及壳体构成。它一般有3～10个叶片。定子上有进排气槽孔、转子上铣有径向长槽，槽内装有叶片。定子两端有密封盖，密封盖上有弧形槽与两个进排气孔及叶片底部相连通。转子与定子偏心安装。这样，由转子外表面、定子的内表面、相邻两叶片及两端密封盖形成了若干个密封工作空间。

图5-23（a）所示的机构采用了非膨胀式结构。当压缩空气由A输入后，分成两路：一路气经定子两面密封盖的弧形槽进入叶片底部，将叶片推出。叶片就是靠此压力及转子转动时的离心力的综合作用而紧密地抵在定子内壁上的；另一路压缩空气经A孔进入相应的密封工作空间，作用在叶片上，由于前后两叶片伸出长度不一样，作用面积也就不相等，作用在两叶片上的转矩大小也不一样，且方向相反，因此转子在两叶片的转矩差的作用下，按逆时针方向旋转。做功后的气体由定子排气孔B排出。反之，当压缩空气由B孔输入时，就产生顺时针方向的转矩差，使转子按顺时针方向旋转。

图5-23（b）中的机构采用了膨胀式结构。当转子转到排气口C位置时，工作室内的压

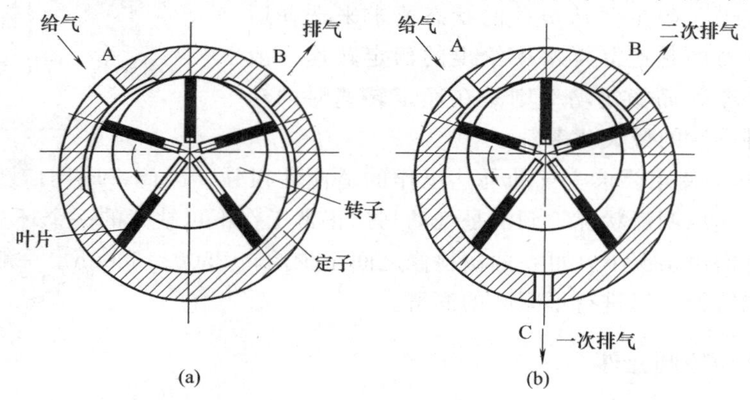

图5-23　叶片式气动马达

缩空气进行一次排气，随后其余压缩空气继续膨胀直至转子转到输出口B位置进行第二次排气。气动马达采用这种结构能有效地利用部分压缩空气膨胀时的能量，提高输出功率。

叶片式气动马达一般在中小容量及高速回转的应用条件下使用，其耗气量比活塞式大，体积小，重量轻，结构简单。其输出功率为0.1～20kW，转速为500～25000r/min。另外，叶片式气动马达启动及低速运转时的性能不好，转速低于500r/min时必须配用减速机构。

叶片式气动马达主要用于矿山机械和气动工具中。

② 活塞式气动马达　活塞式气动马达是一种通过曲柄或斜盘将若干个活塞的直线运动转变为回转运动的气动马达。按其结构不同，可分为径向活塞式和轴向活塞式两种。图5-24所示为径向活塞式气动马达的结构原理。其工作室由缸体和活塞构成。3～6个气缸围绕曲轴呈放射状分布，每个气缸通过连杆与曲轴相连。通过压缩空气分配阀向各气缸顺序供气，压缩空气推动活塞运动，带动曲轴转动。当配气阀转到某角度时，气缸内的余气经排气口排出。改变进、排气方向，可实现气动马达的正反转换向。活塞式气动马达适用于转速低、转矩大的场合。其耗气量不小，且构成零件多，价格高。其输出功率为0.2～20kW，转速为200～4500r/min。活塞式气动马达主要应用于矿山机械，也可用作传送带等的驱动马达。

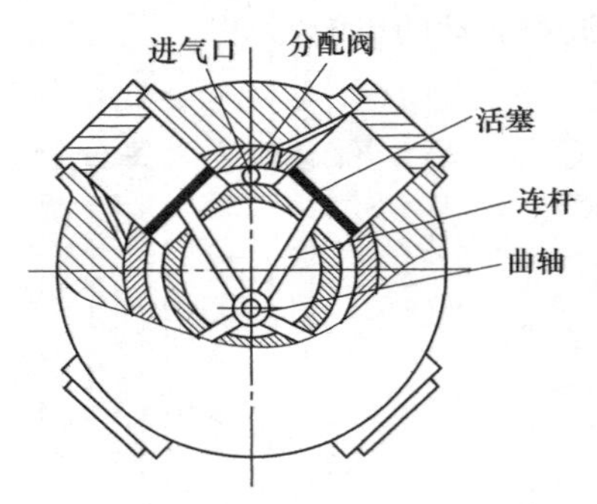

图5-24　径向活塞式气动马达

③ 齿轮式气动马达　图5-25所示为齿轮式气动马达结构原理。这种气动马达的工作室由一对齿轮构成，压缩空气由对称中心处输入，齿轮在压力的作用下回转。采用直齿轮的气动马达可以正反转动，但供给的压缩空气通过齿轮时不膨胀，因此效率低；当采用人字齿轮或斜齿轮时，压缩空气膨胀60%～70%，提高了效率，但不能正反转。

齿轮式气动马达与其他类型的气动马达相比，具有体积小、重量轻、结构简单、对气源质量要求低、耐冲击及惯性小等优点，但转矩脉动较大，效率较低。小型气动马达转速能高达10000r/min；大型的能达到1000r/min，功率可达50kW。主要用于矿山工具。

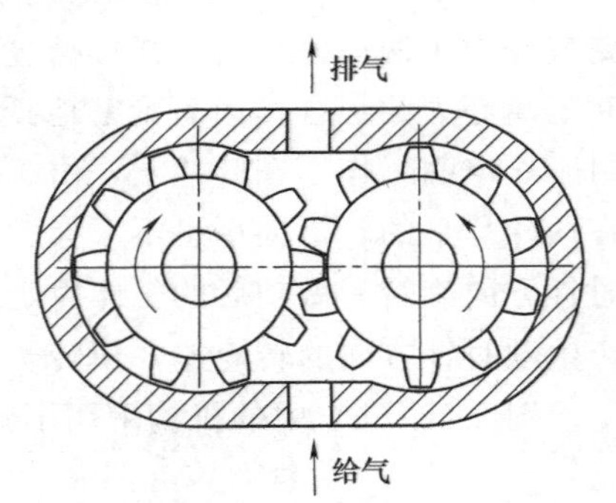

图5-25　齿轮式气动马达

（3）气动马达的选择及使用

① 气动马达的选择　不同类型的气动马达具有不同的特点和适用范围，故主要从负载的状态要求来选择适当的马达。须注意的是产品样本中给出的额定转速一般是最大转速的一半，而额定功率则是在额定转速时的功率（一般为该种马达的最大功率）。

② 气动马达的使用要求　气动马达工作的适应性很强，因此，应用广泛。在使用中应特别注意气动马达的润滑状况，润滑是气动马达正常工作不可缺少的一个环节。气动马达在得到正确、良好润滑情况下，可在两次检修之间至少运转2500～3000h。一般应在气动马达的换向阀前装油雾器，以进行不间断的润滑。

5.1.5　气动控制元件

在气压传动系统中的控制元件是控制和调节压缩空气的压力、流量、流动方向和发送信号的重要元件，利用它们可以组成各种气动控制回路，使气动执行元件按设计的程序正常地进行工作。控制元件按功能和用途可分为方向控制阀、压力控制阀和流量控制阀三大类。

气动控制阀与液压阀相比，有如下几点区别：

① 使用的能源不同。气动元件和装置可采用空压站集中供气的方法，根据使用要求和控制点的不同来调节各自减压阀的工作压力。液压阀都设有回油管路，便于油箱收集用过的液压油。气动控制阀可以通过排气口直接把压缩空气排放到大气中。

② 对泄漏的要求不同。液压阀对向外的泄漏要求严格，而对元件内部的少量泄漏却是允许的。对气动控制阀来说，除间隙密封的阀外，原则上不允许内部泄漏。气动阀的内部泄漏有导致事故的危险。

对气动管道来说，允许有少许泄漏；而液压管道的泄漏将造成系统压力下降和对环境的污染。

③ 对润滑的要求不同。液压系统的工作介质为液压油，液压阀不存在润滑要求；气动系统的工作介质为空气，大气无润滑性，因此许多气动阀需要油雾润滑。气动阀的零件应选择不易受水腐蚀的材料，或者采取必要的防锈措施。

④ 压力范围不同。气动阀的工作压力范围比液压阀的低。气动阀的工作压力通常为10bar以内，少数可达到40bar以内。但液压阀的工作压力都很高（通常在50MPa以内）。若气动阀在超过最高允许压力的条件下使用时，往往会发生严重事故。

⑤ 使用特点不同。一般气动阀比液压阀结构紧凑，重量轻，易于集成安装，阀的工作频率高，使用寿命长。气动阀正向低功率、小型化方向发展，已出现功率只有0.5W的低功率电磁阀。它可与微机和PLC直接连接，也可与电子器件一起安装在印制线路板上，通过标准板接通气电回路，省去了大量配线，适用于气动工业机械手、复杂的生产制造装配线等场合。

1. 气动方向控制阀

气动方向阀和液压阀相似，分类方法也大致相同。气动方向阀是气压传动系统中通过改变压缩空气的流动方向和气流的通断，来控制执行元件启动、停止及运动方向的气动元件。

根据方向控制阀的功能、控制方式、结构方式、阀内气流的方向及密封形式等，可将方向控制阀分为几类。见表5-2。

表5-2 方向控制阀的分类

分类方式	形式
按阀内气体的流动方向	单向阀、换向阀
按阀芯的结构形式	截止阀、滑阀
按阀的密封形式	硬质密封、软质密封
按阀的工作位数及通路数	二位三通、二位五通、三位五通等
按阀的控制操纵方式	气压控制、电磁控制、机械控制、手动控制等

（1）单向型控制阀　只允许气流沿一个方向流动的控制阀叫单向型控制阀。如单向阀、梭阀、双压阀和快速排气阀等。

① 单向阀　单向阀是指气流只能向一个方向流动，而不能反方向流动的阀。它的结构见图5-26（a），图形符号见图5-26（b），其工作原理与液压单向阀基本相同。

正向流动时，P腔气压推动活塞的力大于作用在活塞上的弹簧力和活塞与阀体之间的摩

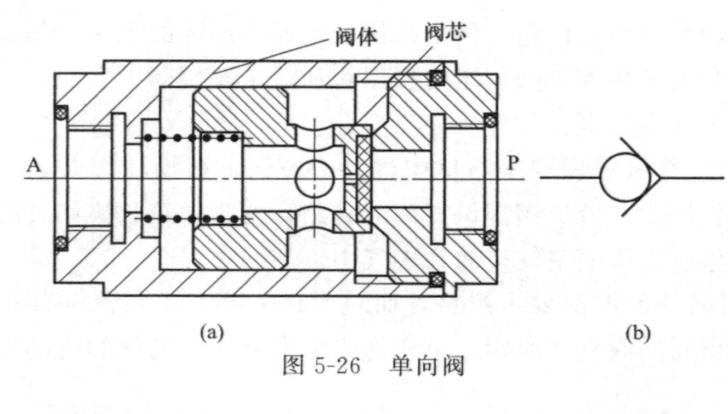

图 5-26 单向阀

擦阻力，则活塞被推开，P、A 接通。为了使活塞保持开启状态，P 腔与 A 腔应保持一定的压差，以克服弹簧力。反向流动时，受气压力和弹簧力的作用，活塞关闭，A、P 不通。弹簧的作用是增加阀的密封性，防止低压泄漏，另外，在气流反向流动时帮助阀迅速关闭。

单向阀特性包括最低开启压力、压降和流量特性等。因单向阀是在压缩空气作用下开启的，因此在阀开启时，必须满足最低开启压力，否则不能开启。即使阀处在全开状态也会产生压降，因此在精密的压力调节系统中使用单向阀时，需预先了解阀的开启压力和压降值。一般最低开启压力在（0.1～0.4）$\times 10^5$Pa，压降在（0.06～0.1）$\times 10^5$Pa。

在气动系统中，为防止储气罐中的压缩空气倒流回空气压缩机，在空压机和储气罐之间应装有单向阀。单向阀还可与其他的阀组合成单向节流阀、单向顺序阀等。

② 或门型梭阀　图 5-27 所示为或门型梭阀的结构简图和实物。这种阀相当于由两个单向阀串联而成。无论是 P_1 口还是 P_2 口输入，A 口总是有输出的。

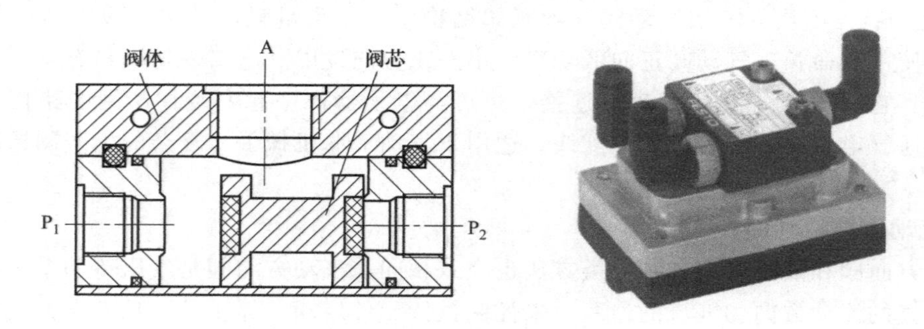

图 5-27 或门型梭阀的结构简图和实物

其工作原理如图 5-28 所示。当输入口 P_1 进气时将阀芯推向右端，通路 P_2 被关闭，于是气流从 P_1 进入通路 A，如图 5-28（a）所示；当 P_2 有输入时，则气流从 P_2 进入 A，如图 5-28（b）所示；若 P_1、P_2 同时进气，则哪端压力高，A 就与那端相通，另一端就自动关闭。图 5-28（c）所示为其图形符号。

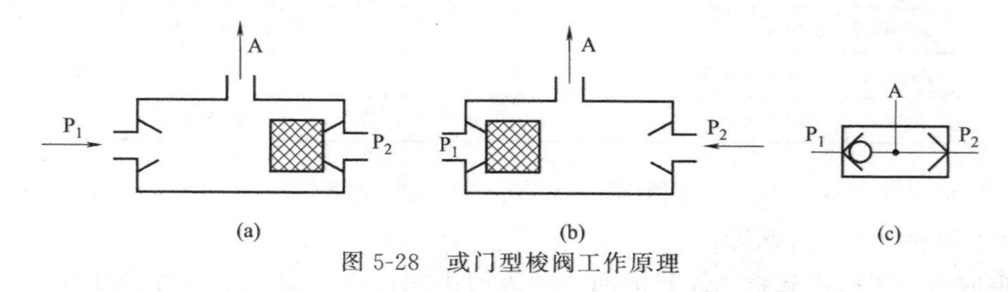

图 5-28 或门型梭阀工作原理

或门型梭阀常用于选择信号，如手动和自动控制并联的回路中，如图 5-29 所示。电磁阀通电，梭阀阀芯推向一端，A 有输出，气控阀被切换，活塞杆伸出；电磁阀断电，则活塞杆收回。电磁阀断电后，按下手动阀按钮，梭阀阀芯推向一端，A 有输出，活塞杆伸出；放开按钮，则活塞杆收回。即手动或电控均能使活塞杆伸出。

③ 与门型梭阀（双压阀）　与门型梭阀（即双压阀）有两个输入口，一个输出口。当输入口 P_1、P_2 同时都有输入时，A 才会有输出，因此具有逻辑“与”的功能。

图 5-30 所示为与门型梭阀的结构。

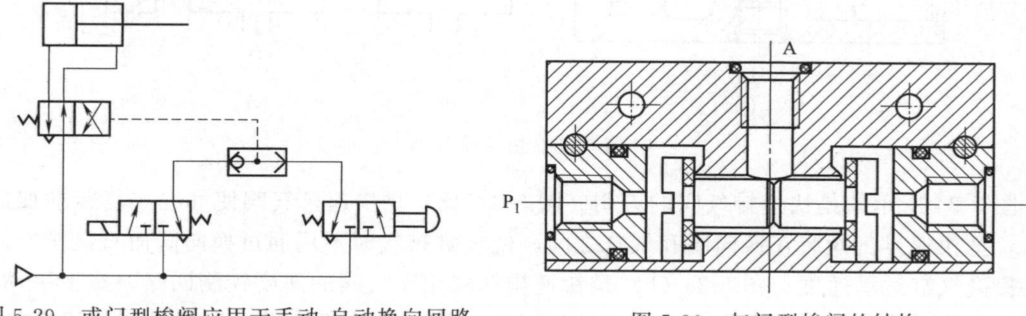

图 5-29　或门型梭阀应用于手动-自动换向回路　　图 5-30　与门型梭阀的结构

图 5-31 所示为与门型梭阀的工作原理及图形符号。

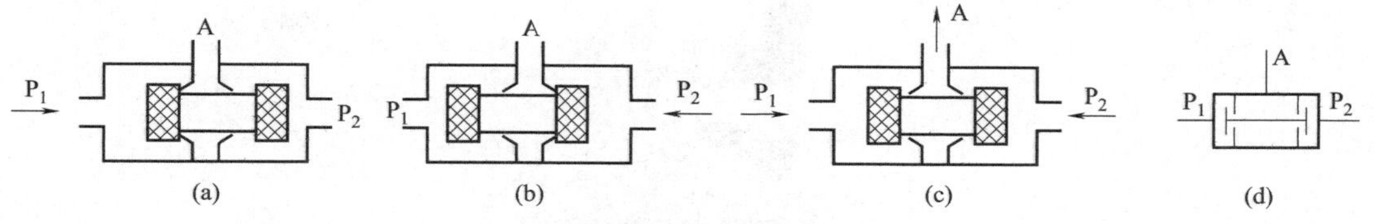

图 5-31　与门型梭阀的工作原理及图形符号

当 P_1 输入时，A 无输出，见图 5-31（a）；当 P_2 输入时，A 无输出，见图 5-31（b）；当两输入口 P_1 和 P_2 同时有输入时，A 有输出，见图 5-31（c）。

与门型梭阀的图形符号见图 5-31（d）。与门型梭阀应用较广，如用于钻床控制回路中，如图 5-32 所示。只有工件定位信号压下行程阀 1 和工件夹紧信号压下行程阀 2 之后，与门型梭阀 3 才会有输出，使气控阀换向，钻孔缸进给。定位信号和夹紧信号仅有一个时，钻孔缸不会进给。

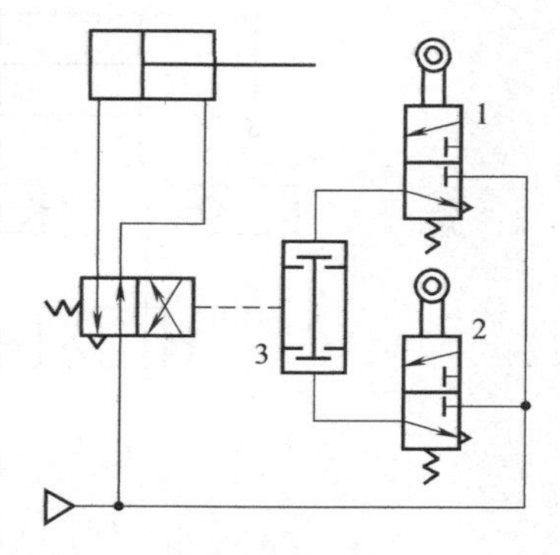

图 5-32　与门型梭阀的应用回路

1，2—行程阀；3—与门型梭阀

④ 快速排气阀　快速排气阀是用于给气动元件或装置快速排气的阀，简称快排阀。

通常气缸排气时，气体从气缸经过管路，由换向阀的排气口排出。如果气缸到换向阀的距离较长，而换向阀的排气口又小时，排气时间就较长，气缸运动速度较慢；若采用快速排气阀，则气缸内的气体就能直接由快速排气阀排向大气，加快气缸的运动速度。

图 5-33 是快速排气阀的结构原理，其中图 5-33（a）为结构示意图。当 P 进气时，膜片被压下封住排气孔 O，气流经膜片四周小孔从 A 腔输出，见图 5-33（b）；当气流反向流动时，A 腔压力将膜片顶起，隔断 P、A 通路，A 腔气体经排气孔口 O 迅速排向大气，见图 5-33（c）。

快速排气阀的图形符号见图 5-33（d）。

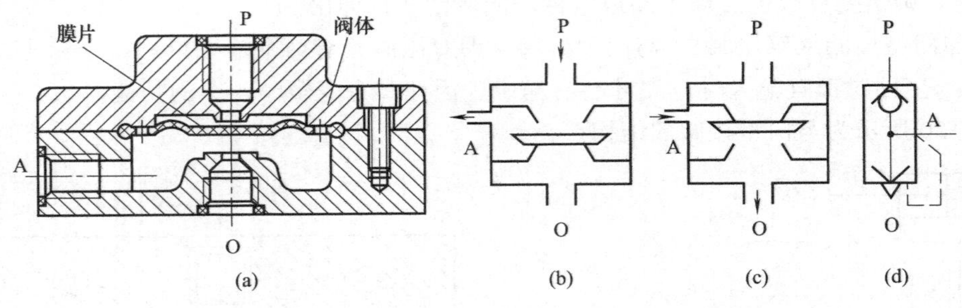

图 5-33 快速排气阀

图 5-34 所示的是快速排气阀的应用。图 5-34（a）是快速排气阀使气缸往复运动加速的回路，把快速排气阀装在换向阀和气缸之间，使气缸排气时不用通过换向阀而直接排空，可大大提高气缸运动速度。图 5-34（b）是快速排气阀用于气阀的速度控制回路，按下手动阀，由于节流阀的作用，气缸缓慢进气；手动阀复位，气缸中的气体通过快速排气阀迅速排空，因而缩短了气缸回程时间，提高了生产率。

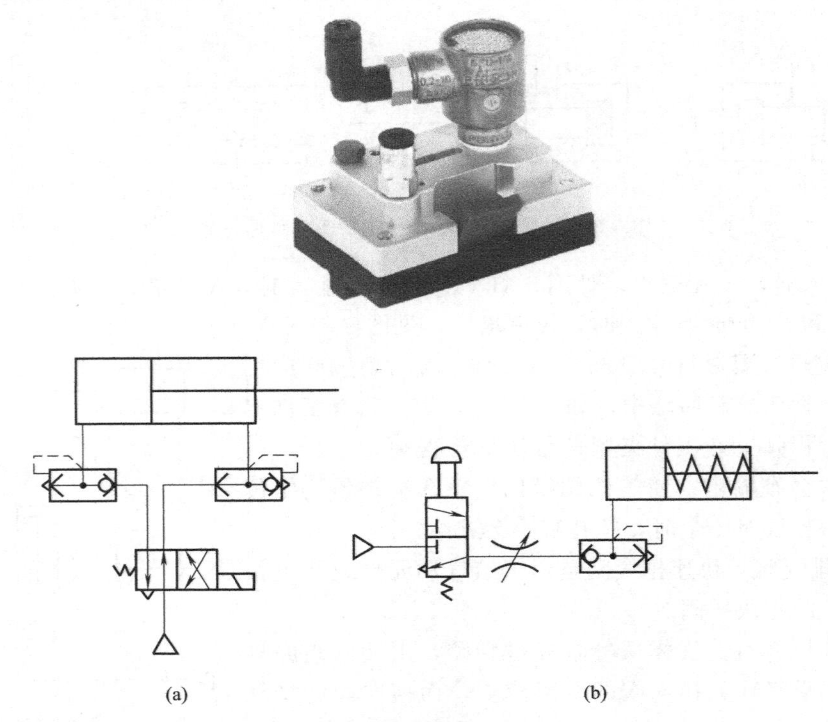

图 5-34 快速排气阀的应用

（2）换向型控制阀 换向型方向控制阀（简称换向阀）的功用是改变气体通道使气体流动方向发生变化，从而改变气动执行元件的运动方向。换向型控制阀包括气压控制阀、电磁控制阀、机械控制阀、人力控制阀和时间控制阀。

① 气压控制换向阀 气压控制换向阀是以压缩空气为动力切换，使气路换向或通断的阀类。气压控制换向阀的用途很广，多用于组成全气阀控制的气压传动系统或易燃、易爆以及高净化等场合。

气压控制换向阀按施加压力的方式可分为加压控制、卸压控制、差压控制和时间控制。加压控制是指施加在阀芯控制端的压力逐渐升到一定值时，使阀芯迅速移动换向的控制，阀芯沿着加压方向移动。卸压控制是指施加在阀芯控制端的压力逐渐降到一定值时，阀芯迅速换向的控制，常用作三位阀的控制。差压控制是指阀芯采用气压复位或弹簧复位的情况下，利用阀芯两端受气压作用的面积不等（或两端气压不等）而产生的轴向力之差值，使阀芯迅速移动换向的控制。时间控制是指利用气流向由气阻（节流孔）和气容构成的阻容环节充气，经过一段时间后，当气容内压力升至一定值时，阀芯在压差力作用下迅速移动的控制。常用的是加压控制和差压控制。

a. 单气控加压式换向阀　利用空气的压力与弹簧力相平衡的原理来进行控制。图 5-35 为单气控加压截止式换向阀的工作原理。

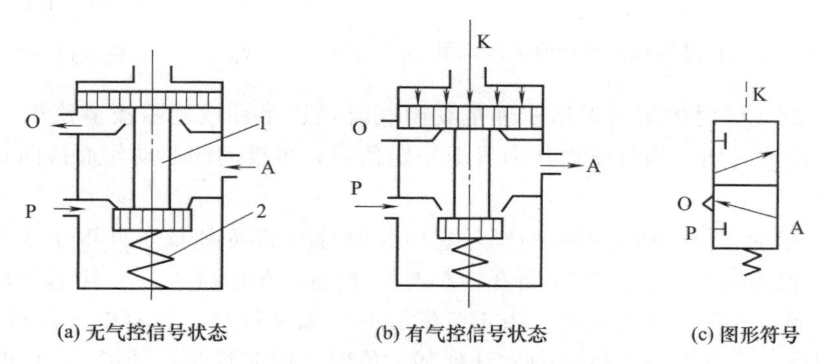

图 5-35　单气控加压截止式换向阀的工作原理

1—阀芯；2—弹簧

图 5-35（a）是无气控信号 K 时的状态（即常态），此时，阀芯 1 在弹簧 2 的作用下处于上端位置，使阀 A 与 O 相通。图 5-35（b）是在有气控信号 K 时阀的状态（即动力阀状态），由于气压力的作用，阀芯 1 压缩弹簧 2 下移，使阀口 A 与 O 断开，P 与 A 接通，气体从 A 口输出。

图 5-36 为二位三通单气控截止式换向阀的结构。这种结构简单、紧凑、密封可靠、换向行程短，但换向力较大，抗粉尘及污染能力强，对过滤精度要求不高。

b. 双气控加压式换向阀　这种换向阀阀芯两边都可作用压缩空气，但一次只作用于一边，并且这种换向阀具有记忆功能，即控制信号消失后，阀仍能保持在信号消失前的工作状态。图 5-37 为双气控滑阀式换向阀的工作原理。图 5-37（a）为有气控信号 K_2 时阀的状态，此时阀芯停在左边，其连通状态是 P 与 A、B 与 O_2 连通。图 5-37（b）为有气控信号 K_1 时阀的状态（此时信号 K_2 已不存在），阀芯换位，其连通状态变为 P 与 B、A 与 O_1 连通。

c. 差压控制换向阀　差压控制换向阀是利用控制气压作用在阀芯两端不同面积上所产生的压力差来使阀换向的一种控制方式。

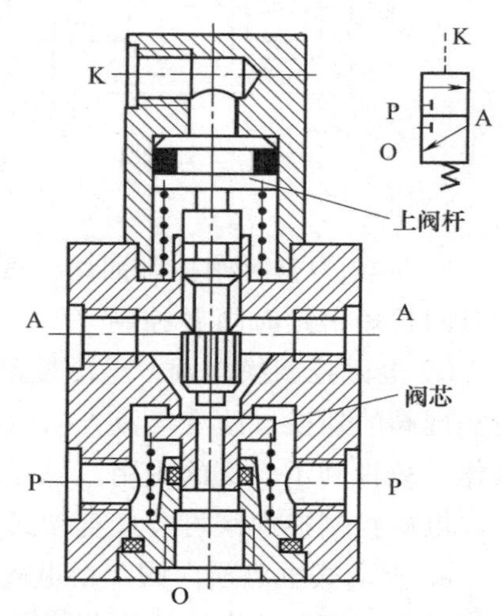

图 5-36　二位三通单气控截止式换向阀的结构

图 5-38 所示为二位五通差压控制换向阀的图形符号，当 K 无控制信号时，P 与 A 相通，B 与 O_2 相通；当 K 有控制信号时，P 与 B 相通，A 与 O_1 相通。差压控制的阀芯靠气压复位，不需要复位弹簧。

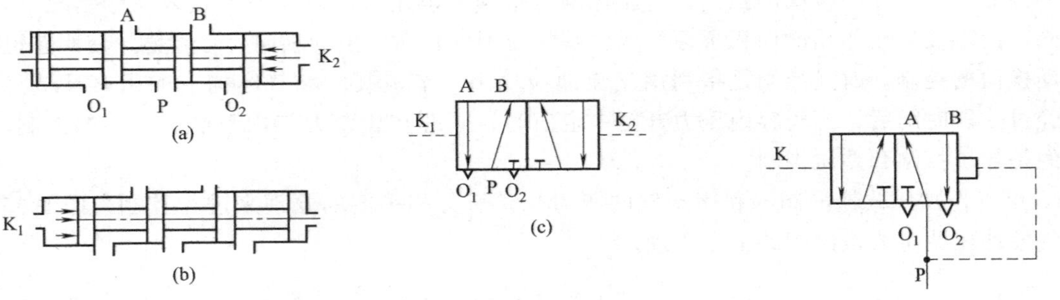

图 5-37 双气控滑阀式换向阀的工作原理

图 5-38 二位五通差压控制换向阀

d. 延时控制 延时控制的工作原理是利用气流经过小孔或缝隙被节流后，再向气室内充气，经过一定的时间，当气室内压力升至一定值后，再推动阀芯动作而换向，从而达到信号延时的目的。

图 5-39 所示为二位三通延时换向阀，它由延时部分和换向部分两部分组成。其工作原理是：当 K 无控制信号时，P 与 A 断开，A 与 O 相通，A 腔排气；当 K 有控制信号时，控制气流先经可调节流阀，再到气容。由于节流后的气流量较小，气容中气体压力增长缓慢，经过一定时间后，当气容中气体压力上升到某一值时，阀芯换位，使 P 与 A 相通，A 腔有输出。当气控信号消除后，气容中的气体经单向阀迅速排空。调节节流阀开口大小，可调节延时时间的长短。这种阀的延时时间在 0～20s 范围内，常用于易燃、易爆等不允许使用时间继电器的场合。

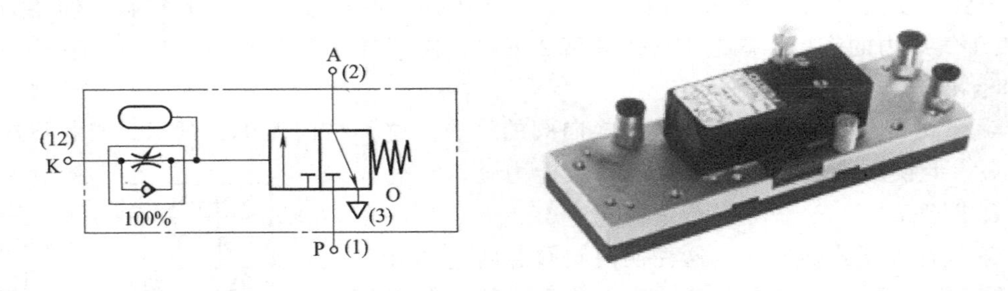

图 5-39 二位三通延时控制换向阀

图 5-40 为延时阀控制回路。按下手动阀 A，经延时阀 B 的一定时间后，气缸发生位移的时间长短由延时阀 B 控制。

② 电磁控制换向阀 电磁控制换向阀是由电磁铁通电对衔铁产生吸力，利用这个电磁力实现阀的切换以改变气流方向的阀。利用这种阀易于实现电、气联合控制，能实现远距离操作，故得到了广泛的应用。

电磁控制换向阀可分成直动式电磁阀和先导式电磁阀。

a. 直动式电磁换向阀 由电磁铁的衔铁直接推动阀芯换向的气动换向阀称为直动式电磁换向阀。直动式电磁换向阀有单电控和双电控两种。

图 5-41 所示为单电控直动式电磁阀，它是二位三通电磁换向阀。图 5-41（a）为电磁铁

断电时的状态，阀芯靠弹簧力复位，使 P、A 断开，A、O 接通，阀处于排气状态。图 5-41（b）为电磁铁通电时的状态，电磁铁推动阀芯向下移动，使 P、A 接通，阀处于进气状态。图 5-41 (c)为该阀的图形符号。

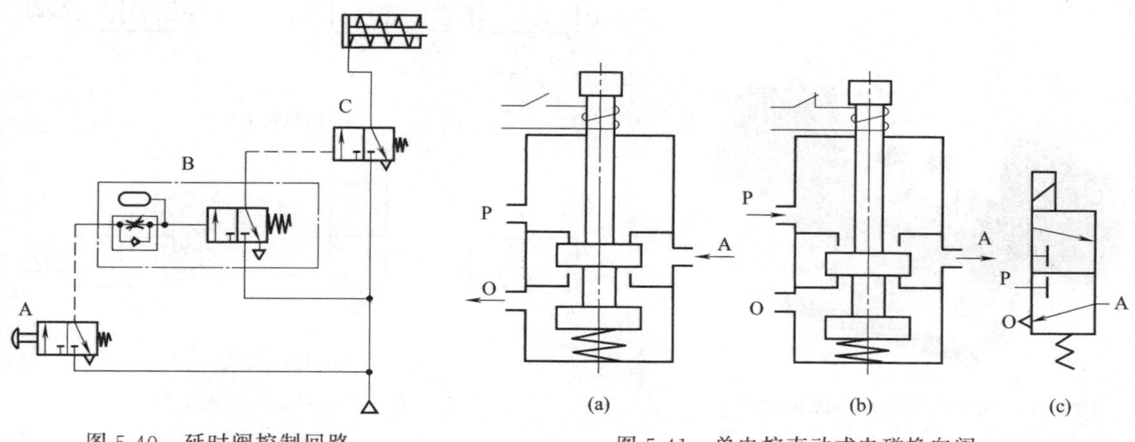

图 5-40 延时阀控制回路

图 5-41 单电控直动式电磁换向阀

图 5-42 所示为双电控直动式电磁阀，它是二位五通电磁换向阀。如图 5-42（a）所示，电磁铁 1 通电，电磁铁 2 断电时，阀芯 3 被推到右位，A 口有输出，B 口排气；电磁铁 1 断电，阀芯位置不变，即具有记忆能力。如图 5-42（b）所示，电磁铁 2 通电，电磁铁 1 断电时，阀芯被推到左位，B 口有输出，A 口排气；若电磁铁 2 断电，空气通路不变。图 5-42（c）为该阀的图形符号。这种阀的两个电磁铁只能交替得电工作，不能同时得电，否则会产生误动作。

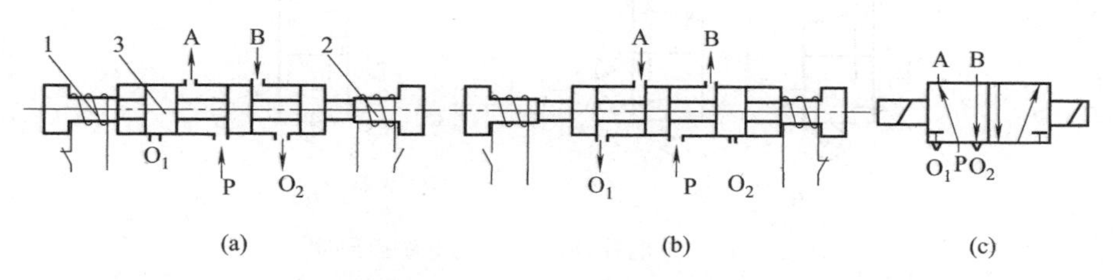

图 5-42 双电控直动式电磁阀

1,2—电磁铁；3—阀芯

b. 先导式电磁换向阀 先导式电磁换向阀由电磁先导阀和主阀两部分组成，电磁先导阀输出先导压力，此先导压力再推动主阀阀芯使阀换向。当阀的通径较大时，若采用直动式，则所需电磁铁要大，体积和电耗都大，为克服这些弱点，宜采用先导式电磁换向阀。先导式电磁换向阀按控制方式可分为单电控和双电控方式，图 5-43 为先导式双电控电磁换向阀。按先导压力来源，有内部先导式和外部先导式，它们的图形符号如图 5-44 所示。图 5-45 是单电控外部先导式电磁换向阀。

如图 5-45（a）所示，当电磁先导阀的励磁线圈断电时，先导阀的 x、A_1 口断开，A_1、O_1 口接通，先导阀处于排气状态，此时，主阀阀芯在弹簧和 P 口气压作用下向右移动，将 P、A 断开，A、O 接通，即主阀处于排气状态。如图 5-45（b）所示，当电磁先导阀通电后，使 x、A_1 接通，电磁先导阀处于进气状态，即主阀控制腔 A_1 进气。由于 A_1 腔内气体作用于阀芯上的力大于 P 口气体作用在阀芯上的力与弹簧力之和，因此将活塞推向左边，

图 5-43 先导式双电控电磁换向阀

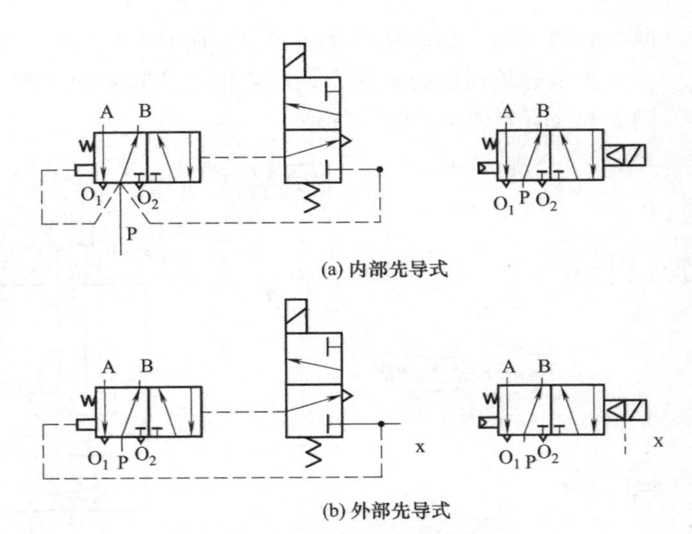

图 5-44 先导式电磁换向阀图形符号

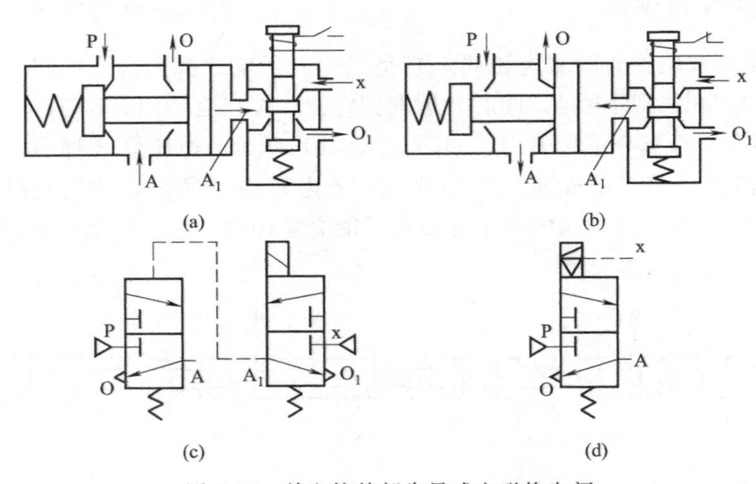

图 5-45 单电控外部先导式电磁换向阀

使 P、A 接通，即主阀处于进气状态。图 5-45（c）所示为单电控外部先导式电磁换向阀的详细图形符号，图 5-45（d）所示为其简化图形符号。

图 5-46 是双电控内部先导式电磁换向阀。如图 5-46（a）所示，当电磁先导阀 1 通电而电磁先导阀 2 断电时，由于主阀 3 的 K_1 腔进气，K_2 腔排气，使主阀阀芯移到右边。此时，P、A 接通，A 口有输出；B、O_2 接通，B 口排气。如图 5-46（b）所示，当电磁先导阀 2 通电而电磁先导阀 1 断电时，主阀 K_2 腔进气，K_1 腔排气，主阀阀芯移到左边。

此时，P、B 接通，B 口有输出；A、O_1 接通，A 口排气。双电控换向阀具有记忆性，即通电时换向，断电时并不返回，可用单脉冲信号控制。为保证主阀正常工作，两个电磁先导阀不能同时通电，电路中要考虑互锁保护。

直动式电磁阀与先导式电磁阀相比较，前者是依靠电磁铁直接推动阀芯，实现阀通路的切换，其通径一般较小或采用间隙密封的结构形式。通径小的直动式电磁阀也常称作微型电磁阀，常用于小流量控制或作为先导式电磁阀的先导阀。而先导式电磁阀是由电磁阀输出的气压推动主阀阀芯，实现主阀通路的切换。通径大的电磁气阀都采用先导式结构。

③ 人力控制换向阀　人力控制阀与其他控制方式相比，使用频率较低、动作速度较慢。因操作力不大，故阀的通径小、操作灵活，可按人的意志随时改变控制对象的状态，可实现远距离控制。

人力控制阀在手动、半自动和自动控制系统中得到广泛的应用。在手动气动系统中，一般直接操纵气动执行机构。在半自动和自动系统中多作为信号阀使用。人力控制阀的主体部分与气控阀类似，按其操纵方式可分为手动阀和脚踏阀两类。

手动阀的操纵头部结构有多种，如图 5-47 所示，有按钮式、蘑菇头式、旋钮式、拨动式、锁定式等。

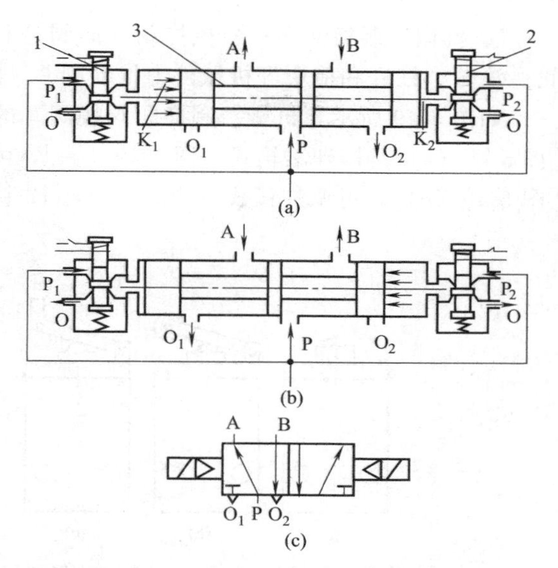

图 5-46　双电控内部先导式电磁换向阀

1，2—电磁先导阀；3—主阀

手动阀的操作力不宜太大，故常采用长手柄以减小操作力，或者阀芯采用气压平衡结构，以减小气压作用面积。

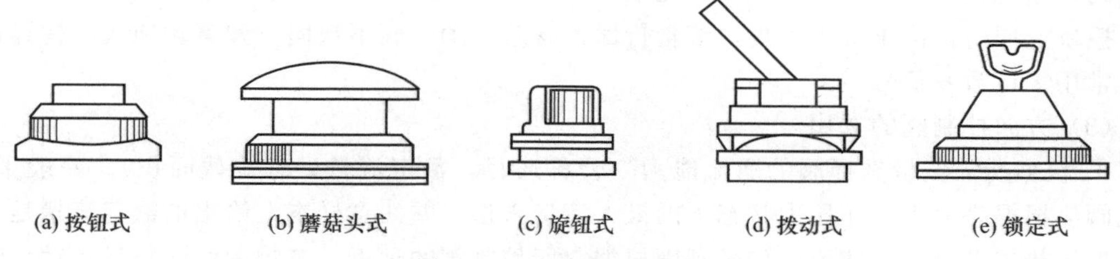

图 5-47　手动阀头部结构

图 5-48 是推拉式手动阀。如图 5-48（a）所示，用手拉起阀芯，则 P 与 B 相通，A 与 O_1 相通；如图 5-48（b）所示，若将阀芯压下，则 P 与 A 相通，B 与 O_2 相通。

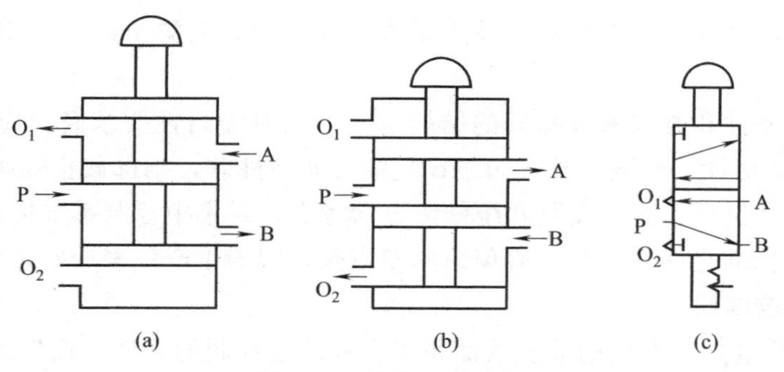

图 5-48　推拉式手动阀

旋钮式、锁式、推拉式等操作具有定位功能，即操作力除去后能保持阀的工作状态不变。图形符号上的缺口数便表示有几个定位位置。

手动阀除弹簧复位外，也有采用气压复位的，好处是具有记忆性，即不加气压信号，阀能保持原位而不复位。

④ 机械控制换向阀 机械控制换向阀是利用执行机构或其他机构的运动部件，借助凸轮、滚轮、杠杆和撞块等机械外力推动阀芯，实现换向的阀。

如图 5-49 所示，机械控制换向阀按阀芯的头部结构形式来分，常见的有：直动圆头式［图 5-49（a）］，杠杆滚轮式［图 5-49（b）］，可通过滚轮杠杆式［图 5-49（c）］，旋转杠杆式［图 5-49（d）］，可调杠杆式［图 5-49（e）］，弹簧触须式［图 5-49（f）］等。

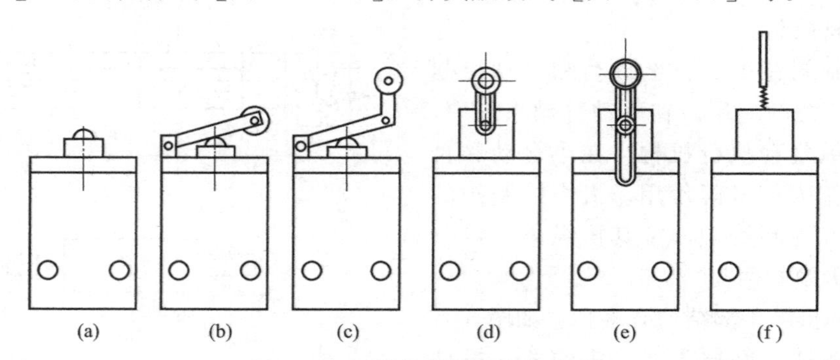

图 5-49 机械控制阀的头部形式

直动圆头式是由机械力直接推动阀杆的头部使阀切换。滚轮式头部结构可以减小阀杆所受的侧向力，杠杆滚轮式可减小阀杆所受的机械力。可通过滚轮杠杆式结构的头部滚轮是可折回的，当机械撞块正向运动时，阀芯被压下，阀换向。撞块走过滚轮，阀芯靠弹簧力返回。撞块返回时，由于头部可折，滚轮折回，阀芯不动，阀不换向。弹簧触须式结构操作力小，常用于计数发信号。

（3）方向控制阀的选用

① 根据所需流量选择阀的通流能力（公称通径，额定流量，有效截面积）。一般来说，主控阀应根据略大于工作压力状态下的最大流量来选，并注意样本上给出的额定流量是有压还是无压状态下的流量数值；信号阀则根据它所控制阀的远近、被控制阀的数量和动作时间来选，一般选公称通径 3～6mm 的阀即可。

② 根据工作需要确定阀的功能。若选不到合适的二通、三通或四通阀时可用同通径五通阀改造后代用。

③ 根据适用场合的条件选择阀的技术条件。如压力、电源条件、介质、环境温度及湿度和粉尘等情况。

④ 根据使用条件和要求来选择阀的结构形式。如对密封性要求高，应选软质密封；要求换向力小、有记忆性，应选滑阀式阀芯；气源过滤条件差，则选截止式阀芯较好。

⑤ 安装方式的选择。要从安装和维修两方面考虑，对集中控制系统推荐采用板式连接。

⑥ 尽量采用标准化系列产品，避免采用专用阀，阀的生产厂家最好是同一厂家。

2. 气动流量控制阀

流量控制阀是通过改变阀的通流截面积来实现流量控制的元件。在气动系统中，控制气缸运动速度、控制信号延迟时间、控制油雾器的滴油量、控制缓冲气缸的缓冲能力等都是依靠控制流量来实现的，流量控制阀包括节流阀、单向节流阀、排气节流阀、柔性节流阀等。

（1）节流阀 常用节流阀的节流口形式如图 5-50 所示。对于节流阀调节特性的要求是流量调节范围要大、阀芯的位移量与通过的流量呈线性关系。节流阀节流口的形状对调节特性影响较大。

图 5-50（a）所示为针阀式节流口，当阀开度较小时，调节比较灵敏，当超过一定开度时，调节流量的灵敏度就差了；图 5-50（b）所示为三角槽形节流口，通流面积与阀芯位移量呈线性关系；图 5-50（c）所示为圆柱斜切式节流口，通流面积与阀芯位移量呈指数（指数大于 1）关系，能进行小流量精密调节。

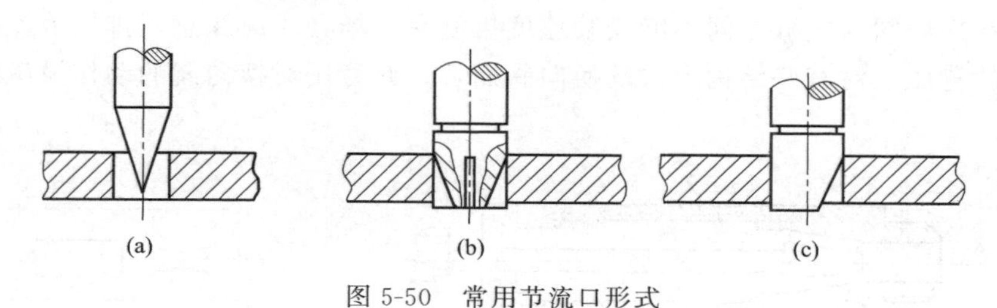

图 5-50 常用节流口形式

图 5-51 所示为节流阀的结构原理、图形符号及实物。当压力气体从 P 口输入时，气流通过节流通道自 A 口输出。旋转阀芯螺杆，就可改变节流口的开度，从而改变阀的流通面积。

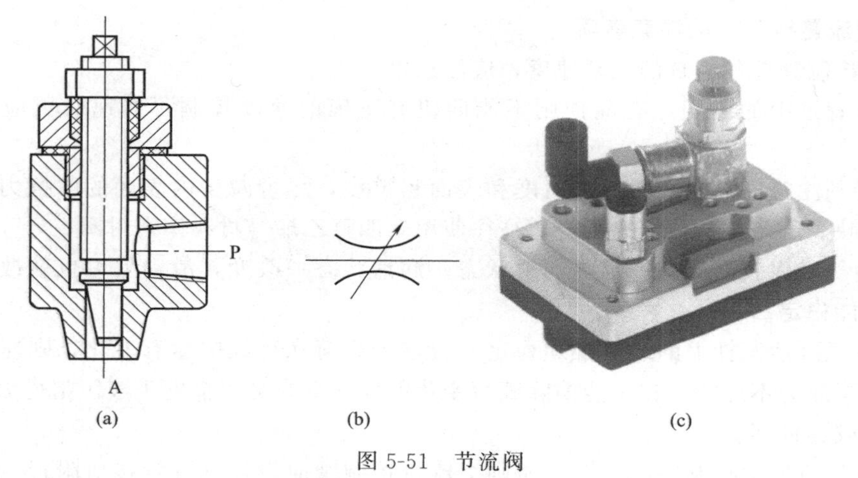

图 5-51 节流阀

（2）单向节流阀 单向节流阀是由单向阀和节流阀并联而成的组合式流量控制阀。该阀常用于控制气缸的运动速度，故也称“速度控制阀”。

图 5-52 是单向节流阀的结构原理和图形符号。当气流正向流动时（P→A），单向阀关闭，流量由节流阀控制；反向流动时（A→O），在气压作用下单向阀被打开，无节流作用。

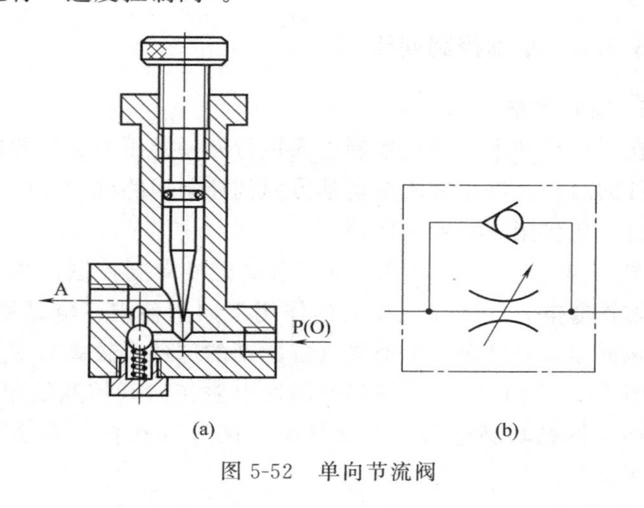

图 5-52 单向节流阀

若用单向节流阀控制气缸的运动速度，安装时该阀应尽量靠近气缸。在回路中安装单向节流阀时不要将方向装反。为了提高气缸运动稳定性，应该按出口节流方式安装单向节流阀。

(3) 排气节流阀 图 5-53 是排气节流阀的结构原理和图形符号。排气节流阀安装在气动装置的排气口上，控制排入大气的气体流量，以改变执行机构的运动速度。排气节流阀常带有消声器以减小排气噪声，并能防止不清洁的气体通过排气孔污染气路中的元件。排气节流阀宜用于在换向阀与气缸之间不能安装速度控制阀的场合。应注意，排气节流阀对换向阀会产生一定的背压，对有些结构形式的换向阀而言，此背压对换向阀的动作灵敏性可能有些影响。

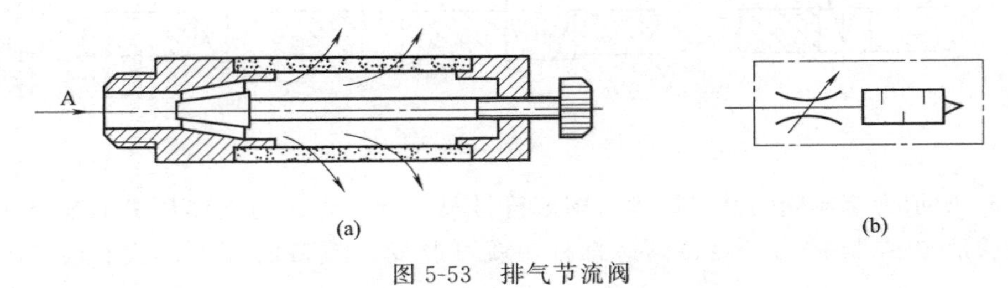

图 5-53 排气节流阀

3. 使用流量控制阀的注意事项

用流量控制阀控制气缸的运动速度，应注意以下几点：

① 防止管道中的漏损。有漏损则不能期望有正确的速度控制，低速时更应注意防止漏损。

② 要特别注意气缸内表面加工精度和表面粗糙度，尽量减少内表面的摩擦力，这是速度控制不可缺少的条件。在低速场合，往往使用聚四氟乙烯等材料作密封圈。

③ 要使气缸内表面保持一定的润滑状态。润滑状态一改变，滑动阻力也就改变，速度控制就不可能稳定。

④ 加在气缸活塞杆上的载荷必须稳定。若这种载荷在行程中途有变化，则速度控制相当困难，甚至成为不可能。在不能消除载荷变化的情况下，必须借助于液压阻尼力，有时也使用平衡锤或连杆等。

⑤ 必须注意速度控制阀的位置。原则上流量控制阀应设在气缸管接口附近。使用控制台时常将速度控制阀装在控制台上，远距离控制气缸的速度，但这种方法很难实现完好的速度控制。

5.1.6 基本控制回路

1. 换向回路

在气压系统中，通过控制进入执行元件的压缩空气的通、断或方向的改变，来实现对执行元件的启动、停止或改变运动方向的控制回路称为换向回路。

(1) 单作用气缸换向回路

图 5-54 (a) 所示为用二位三通电磁换向阀控制的单作用气缸换向回路。在该回路中，若电磁铁通电，气缸在气压力的作用下向上伸出；电磁铁断电时，气缸在弹簧的作用下返回。该回路比较简单，但对有气缸驱动的部件有较高要求，以保证气缸活塞可靠退回。

图 5-54 (b) 所示为用三位四通电磁换向阀控制的单作用气缸换向和停止回路。该回路在两电磁铁均断电时能自动复位，使气缸在任意位置可以停留，缺点是存在泄漏定位精度不高。

（2）双作用气缸换向回路　图5-55为各种双作用气缸的换向回路。图5-55（a）为单气控二位五通阀的换向回路。图5-55（b）为用两个二位三通阀代替一个二位五通阀的换向回路。当A有压缩空气时气缸被推出，反之，气缸缩回。图5-55（c）为用小通径的手动阀作为先导阀来控制主阀的换向回路。图5-55（d）、（e）、（f）的两端控制电磁铁线圈或按钮不能同时操作，否则将出现误动作，其回路相当于双稳的逻辑功能。

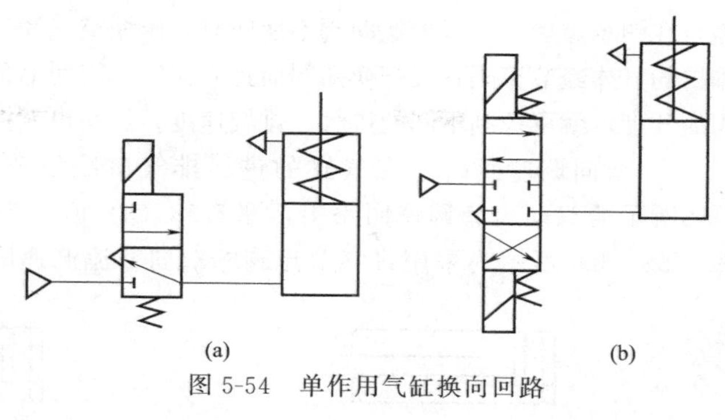

图5-54　单作用气缸换向回路

由以上分析可知，双作用气缸的换向，可用二位阀，也可用三位阀，换向阀的控制方式可以是气控、电控、机控或手控。

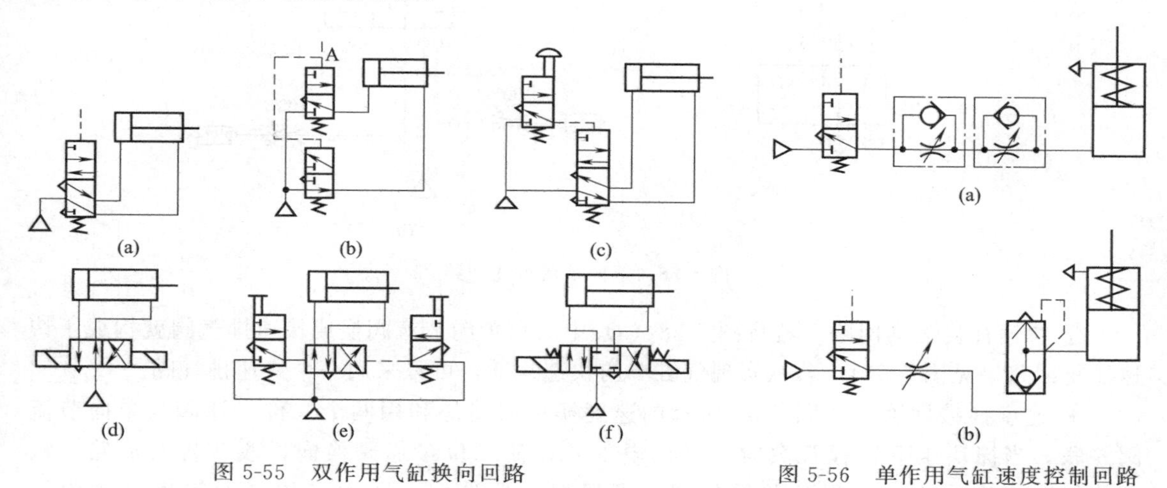

图5-55　双作用气缸换向回路

图5-56　单作用气缸速度控制回路

图5-57　双作用缸单向调速回路

2. 速度控制回路

（1）单作用气缸速度控制回路　图5-56所示为单作用气缸速度控制回路，在图5-56（a）中，升、降均通过节流阀调速，两个相反安装的单向节流阀，可分别控制活塞杆的伸出及缩回速度。在图5-56（b）所示的回路中，气缸上升时可调速，下降时则通过快排气阀排气，使气缸快速返回。

（2）双作用气缸速度控制回路

① 单向调速回路　有节流供气和节流排气两种调速方式。

图5-57（a）所示为节流供气调速回路，在图示位置，当气控换向阀不换向时，进入气缸A腔的气流流经节流阀，B腔排出的气体直接经换向阀排出。图5-57（b）所示为节流排气的回

路，在图示位置，当气控换向阀不换向时，压缩空气经气控换向阀直接进入气缸的A腔，而B腔排出的气体经节流阀到气控换向阀而排入大气，因而B腔中的气体就具有一定的压力。调节节流阀的开度，就可控制不同的进气、排气速度，从而也就控制了活塞的运动速度。

② 双向调速回路　在气缸的进、排气口装设节流阀，就组成了双向调速回路，在图5-58所示的双向节流调速回路中，图5-58（a）所示为采用单向节流阀的双向节流调速回路，图5-58（b）所示为采用排气节流阀的双向节流调速回路。

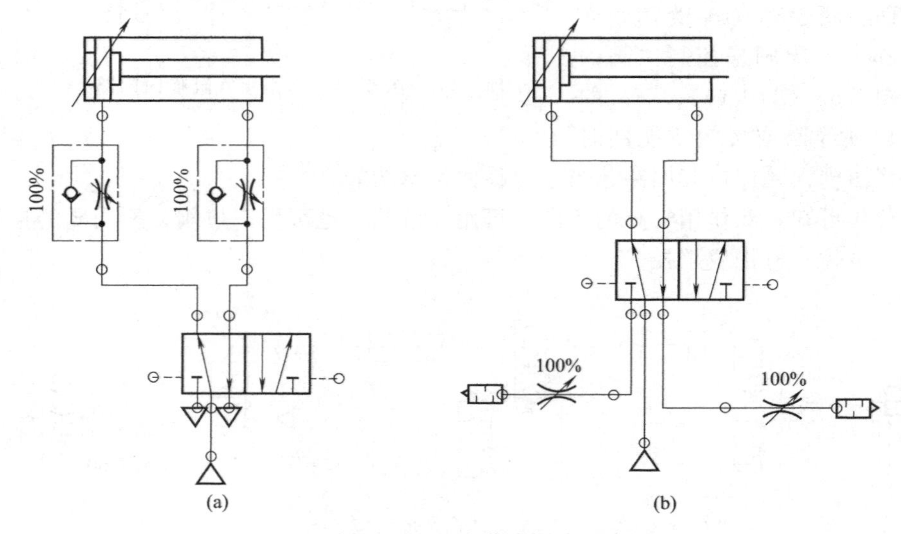

图5-58　双向节流调速回路

③ 快速往复运动回路　若将图5-58（a）中两只单向节流阀换成快速排气阀就构成了快速往复回路（见图5-59），若欲实现气缸单向快速运动，可只采用一个快速排气阀。

④ 速度换接回路　如图5-60所示的速度换接回路是利用两个二位二通阀与单向节流阀并联，当撞块压下行程开关时，发出电信号，使二位二通阀换向，改变排气通路，从而使气缸速度改变。行程开关的位置，可根据需要选定。图中二位二通阀也可改用行程阀。

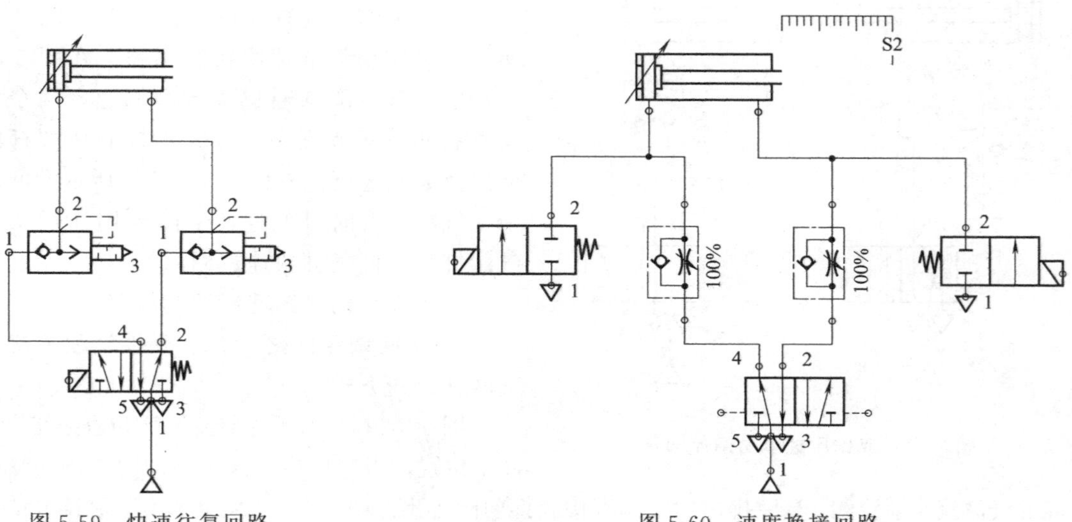

图5-59　快速往复回路

图5-60　速度换接回路

⑤ 缓冲回路　要获得气缸行程末端的缓冲，除采用带缓冲的气缸外，特别在行程长、速度快、惯性大的情况下，往往需要采用缓冲回路来满足气缸运动速度的要求，常用的方法如图 5-61 所示。图 5-61（a）所示回路能实现快进—慢进缓冲—停止快退的循环，行程阀可根据需要来调整缓冲开始位置，这种回路常用于惯性力大的场合。图 5-61（b）所示回路的特点是，当活塞返回到行程末端时，其左腔压力已降至打不开顺序阀 2 的程度，余气只能经节流阀 1 排出，因此活塞得到缓冲，这种回路都只能实现一个运动方向上的缓冲，若两侧均安装此回路，可达到双向缓冲的目的。

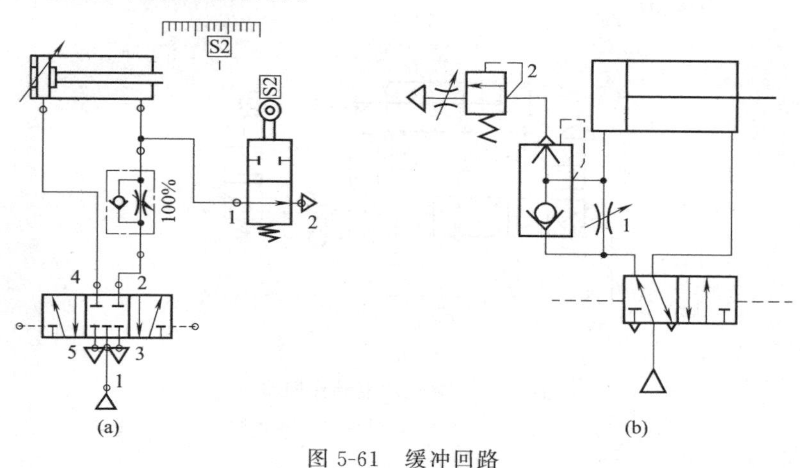

图 5-61　缓冲回路

3. 顺序动作回路

顺序动作是指在气动回路中，各个气缸按一定程序完成各自的动作。例如单缸有单往复动作、二次往复动作、连续往复动作等；双缸及多缸有单往复及多往复顺序动作等。

（1）单缸往复动作回路　单缸往复动作回路可分为单缸单往复和单缸连续往复动作回路。前者指给入一个信号后，气缸只完成 A_1 和 A_0 一次往复动作（A 表示气缸，下标“1”表示 A 缸活塞伸出，下标“0”表示活塞缩回动作）。而单缸连续往复动作回路指输入一个信号后，气缸可连续进行 $A_1A_0A_1A_0$…动作。

图 5-62 所示为三种单往复回路，其中图 5-62（a）为行程阀控制的单往复回路。当按下阀 1 的手动按钮后，压缩空气使阀 3 换向，活塞杆前进，当凸块压下行程阀 2 时，阀 3 复位，活塞杆返回，完成 A_1 A_0 循环；图 5-62（b）所示为压力控制的单往复回路，按下阀 1 的手动按钮后，阀 3 阀芯右移，气缸无杆腔进气，活塞杆前进，当活塞行程到达终点时，气压升高，打开顺序阀 2，使阀 3 换向，气缸返回，完成 A_1A_0 循环；图 5-62（c）是利用阻容回路形成的时间控制单往复回路，当按下阀 1 的按钮后，阀 3 换向，气缸活塞杆伸出，当压下行程阀 2 后，需经过一定的时间后，阀 3 才能换向，再使气缸返回完成动作 A_1A_0 的循环。由以上可知，在单往复回路中，每按动一次按钮，气缸可完成一个 A_1 A_0 的循环。

（2）连续往复动作回路　如图 5-63 所示的回路是一利用行程阀实现连续往复动作回路，能完成连续的动作循环。当按下阀 1 的按钮后，阀 4 换向，活塞向前运动，这时由于阀 3 复位将气路封闭，使阀 4 不能复位，活塞继续前进。到行程终点压下行程阀 2，使阀 4 控制气路排气，在弹簧作用下阀 4 复位，气缸返回，在终点压下阀 3，阀 4 换向，活塞再次向前，形成了 $A_1A_0A_1A_0$…的连续往复动作，待提起阀 1 的按钮后，阀 4 复位，活塞返回而停止运动。

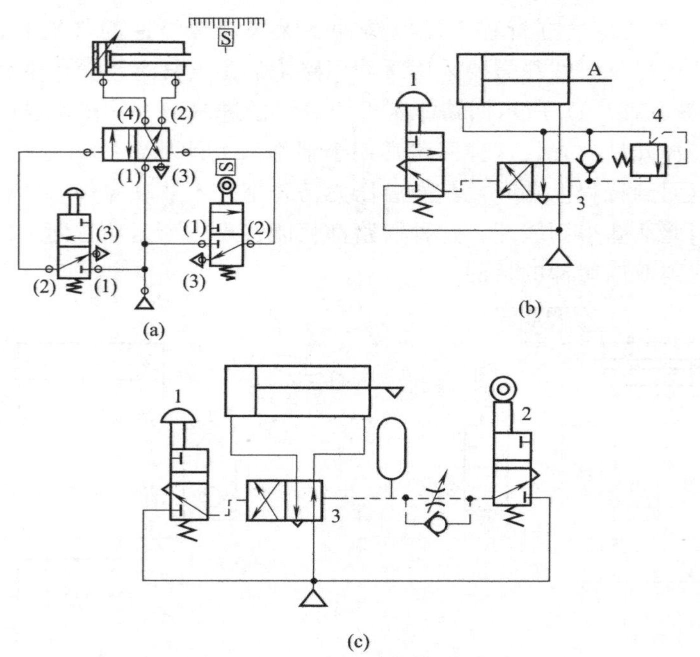

图 5-62 单缸往复动作回路

1,2—行程阀；3—换向阀；4—溢流阀

（3）双缸顺序动作回路 如图 5-64所示的回路是双缸顺序动作回路，在回路中动作按照 A 缸先伸出，接着 B 缸后伸出，A 缸先返回，最后 B 缸返回，完成一个动作。具体情况学生自行分析。

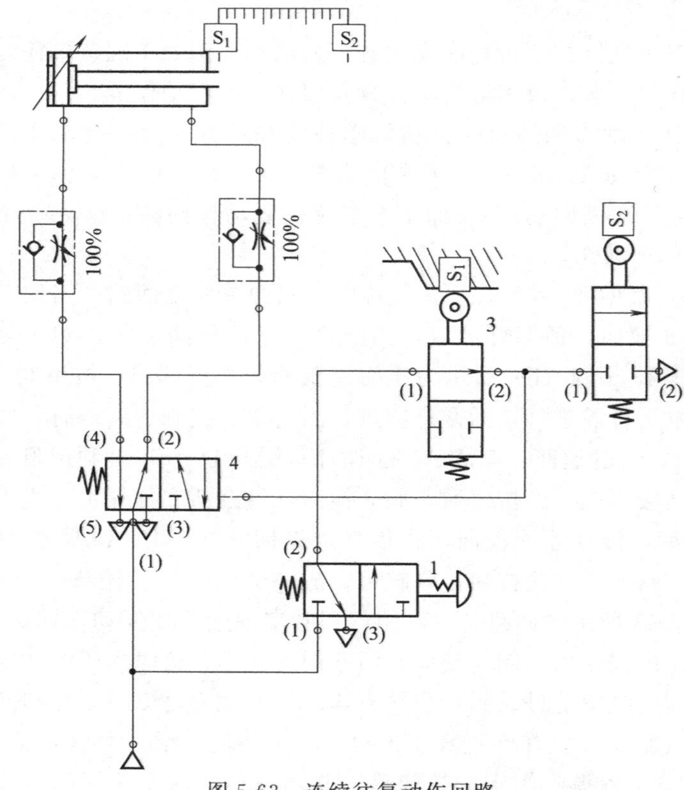

图 5-63 连续往复动作回路

1—手动阀；2,3—行程阀；4—换向阀

4. 其他换向回路

（1）延时回路 图 5-65 所示为延时回路，图 5-65（a）是延时输出回路，当控制信号切换阀 4 后，压缩空气经单向节流阀 3 向气容 2 充气。当充气压力经延时升高至使阀 1 换位时，阀 1 就有输出。

在图 5-65（b）所示回路中，按下阀 8，则气缸向外伸出，当气缸在伸出行程中压下阀 5 后，压缩空气经节流阀到气容 6 延时后才将阀 7 切换，气缸退回。

（2）安全保护和操作回路 由于气动机构负荷的过载、气压的突然降低以及气动执行机构的快速动作等原因都可能危及操作

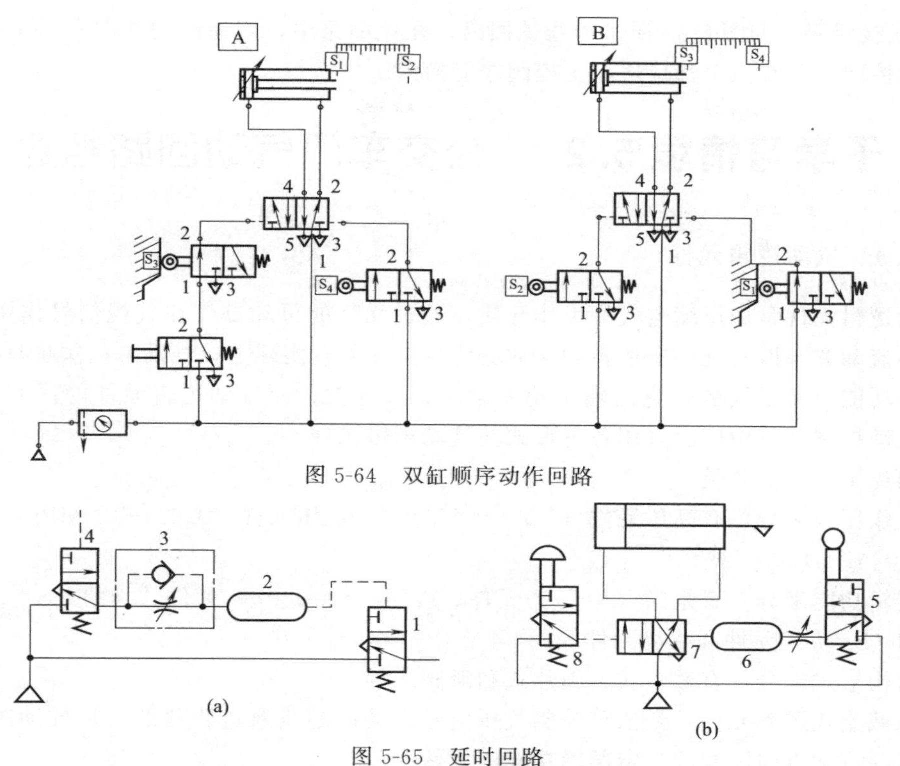

图 5-64 双缸顺序动作回路

图 5-65 延时回路

1,4,7—换向阀；2,6—气容；3—单向节流阀；5—行程阀；8—手动阀

人员或设备的安全，因此在气动回路中，常常要加入安全回路。需要指出的是，在设计任何气动回路中，特别是安全回路中，都不可缺少过滤装置和油雾器。因为污脏空气中的杂物可能堵塞阀中的小孔与通路，使气路发生故障。缺乏润滑油，很可能使阀发生卡死或磨损，以致整个系统的安全都发生问题。下面介绍几种常用的安全保护回路。

① 过载保护回路　图 5-66 所示的过载保护回路，是当活塞杆在伸出途中，若遇到偶然障碍或其他原因使气缸过载时，活塞就立即缩回，实现过载保护。在活塞伸出的过程中，若遇到障碍物 6，无杆腔压力升高，打开顺序阀 3，使阀 2 换向，阀 4 随即复位，活塞立即退回。同样若无障碍物 6，气缸向前运动时压下阀 5，活塞即刻返回。

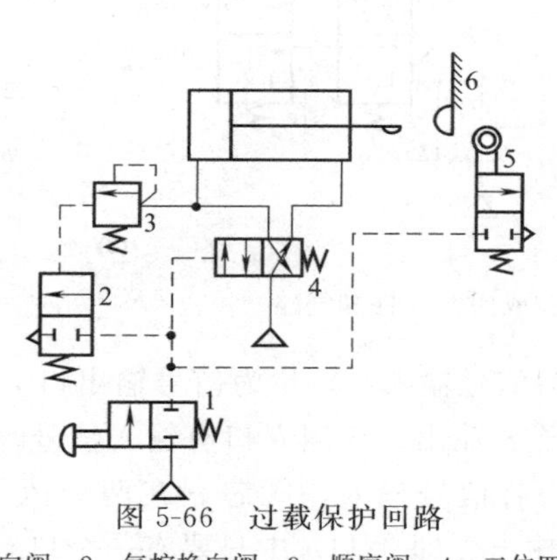

图 5-66 过载保护回路

1—手动换向阀；2—气控换向阀；3—顺序阀；4—二位四通换向阀；5—机控换向阀；6—障碍物

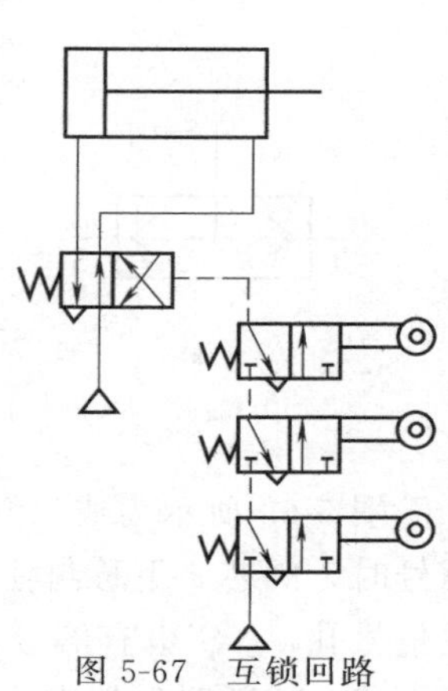

图 5-67 互锁回路

② 互锁回路 如图 5-67 所示为互锁回路，在该回路中，四通阀的换向受三个串联的机动三通阀控制，只有三个都接通，主控阀才能换向。

子学习情境 5.2 公交车门气动回路组建

5.2.1 气动逻辑元件

气动逻辑元件是用压缩空气为工作介质，通过元件的可动部件在气控信号作用下动作，改变气体流动方向以实现一定逻辑功能的流体控制元件。实际上，气动方向阀也具有逻辑元件的各种功能，所不同的是它的输出功率较大，尺寸大；而气动逻辑元件的尺寸较小。因此，在气动控制系统中广泛采用各种形式的气动逻辑元件。

气动逻辑元件的分类：

按工作压力来分，有高压元件（0.2～0.8MPa）、低压元件（0.02～0.2MPa）和微压元件（＜0.02MPa）等三种。

按逻辑功能来分，有是门（$S=a$）元件、或门（$S=a+b$）元件、与门（$S=a\cdot b$）元件、非门（$S=\overline{a}$）元件和双稳元件等。

按结构形式来分，有截止式、膜片式和滑阀式等。

高压截止式逻辑元件：是依靠控制气压信号推动阀芯或通过膜片的变形推动阀芯动作，改变气流的流动方向以实现一定逻辑功能的元件。

特点：行程小、流量大、工作压力高，对气源净化要求低，便于实现集成安装和实现集中控制，其拆卸也很方便。

1. 气动逻辑元件的结构和工作原理

(1) 或门元件 如图 5-68 所示为三种实现“或门”功能的逻辑元件和回路。图 5-68（a）是常用的“或门”元件，即所谓梭阀。图中 a、b 为信号输入孔，S 为输出孔。当 a 或 b 任一个输入孔有信号时，S 有输出。即 $S=a+b$。图 5-68（b）为双气控二位三通阀组成的“或门”回路；图 5-68（c）为利用两个弹簧复位式二位三通阀组成的“或门”回路。

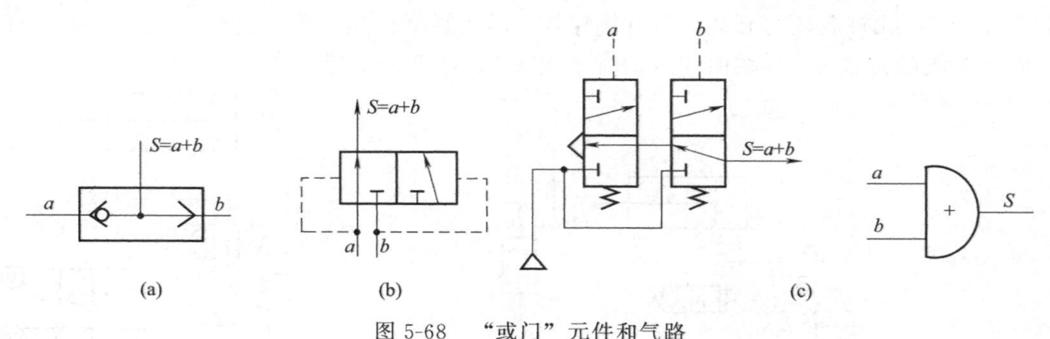

图 5-68 “或门”元件和气路

图 5-69 所示为或门元件结构。a、b 为信号输入口，S 为信号输出口。仅当 a 口有输入信号时，阀芯 c 下移封住信号孔 b，信号经 S 输出；仅当 b 口有输入信号时，阀芯 c 上移封住信号孔 a，S 也有信号输出；若 a、b 均有信号输入，阀芯 c 在两个信号作用下或上移、或下移、或暂时保持中位，S 均会有信号输出。即 a 和 b 中只要有一个口有信号输入，S 口均有信号输出。

（2）是门和与门元件　图 5-70 为滑阀式“是门”元件的回路图和逻辑符号，有信号 a 则 S 有输出，无信号 a 则 S 无输出。

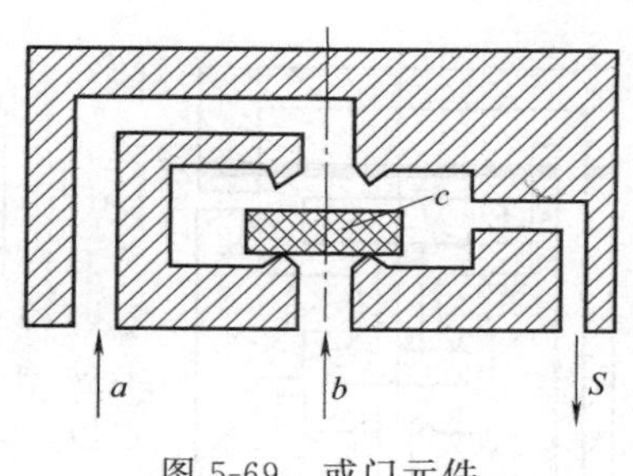

图 5-69　或门元件

图 5-71 是由两个二位三通阀组成的“与门”回路。只有当信号 a 和 b 同时存在时，S 才有输出。

图 5-72 为截止式“是门”和“与门”元件结构原理，图中 a 为信号输入孔，S 为信号输出孔，中间孔接气源 P 时为“是门”元件。也就是说，在 a 输入孔无信号时，阀芯 2 在弹簧及气源压力 P 作用下处于图示位置，封住 P、S 间的通道，使输出孔 S 与排气孔相通，S 无输出；反之，当 a 有输入信号时，膜片 1 在输入信号作用下将阀芯 2 推动下移，封住输出孔 S 与排气孔间通道，P 与 S 相通，S 有输出。也就是说，无输入信号时无输出，有输入信号时就有输出。元件的输入和输出信号之间始终保持相同的状态，即 $S=a$。

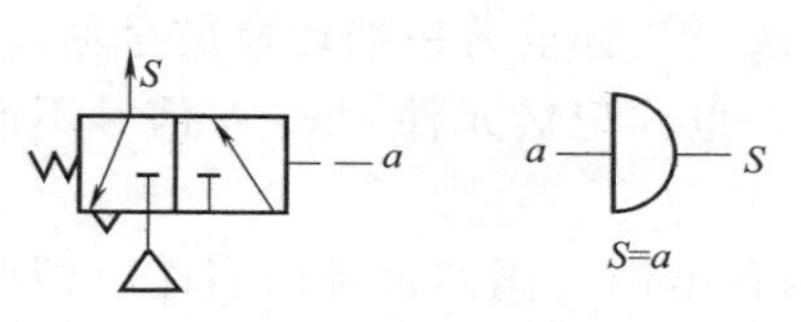

图 5-70　滑阀式“是门”元件

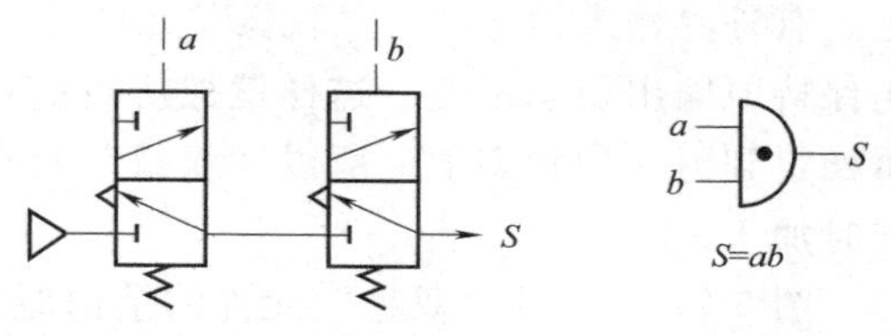

图 5-71　滑阀式“与门”回路

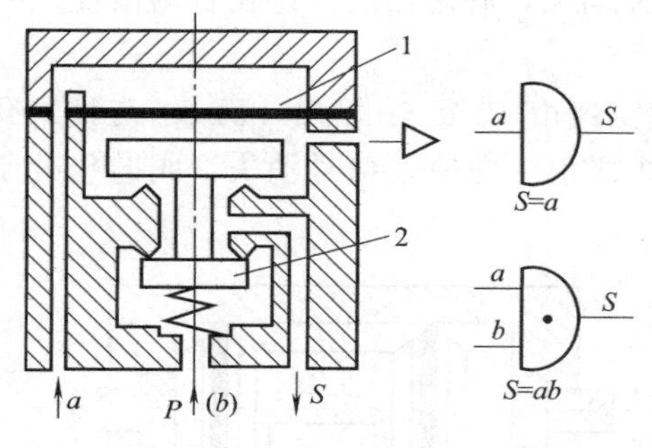

图 5-72　截止式“是门”和“与门”元件结构原理

若将中间孔不接气源而换接另一输入信号 b，则成“与门”元件，也就是只有当 a、b 同时有输入信号时，S 才有输出。即 $S=ab$。

（3）非门和禁门元件　图 5-73 为滑阀式“非门”元件回路图，有信号 a 则 S 无输出，无信号 a 则 S 有输出。

图 5-74 为滑阀式“禁门”回路图，有信号 a 时，S 无输出，当无信号 a，有信号 b 时，S 才有输出。

图 5-75 所示为截止式“非门”和“禁门”元件结构，图中 a 为信号输入孔，S 为信号输出孔，中间孔接气源 P 时为“非门”元件。在 a 无输入信号时，阀芯 2 在气源压力作用下上移，封住输出 S 与排气孔间的通道，S 有输出。当 a 有输入信号时，膜片 1 在输入信号作用下，推动阀芯 2，封住气源孔 P，S 无输出。即只要 a 有输入信号时，输出端就“非”了，没有输出。

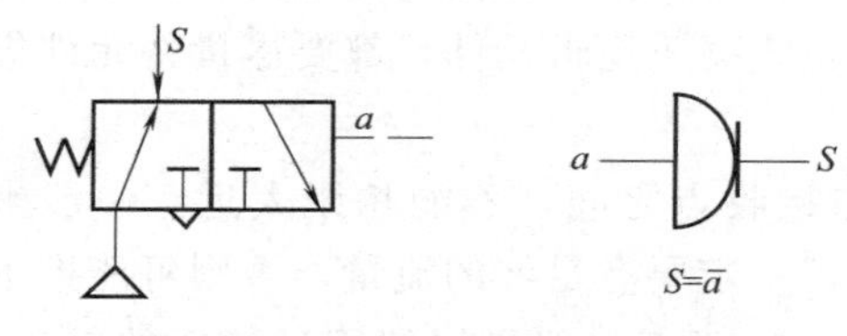

图 5-73　滑阀式“非门”回路

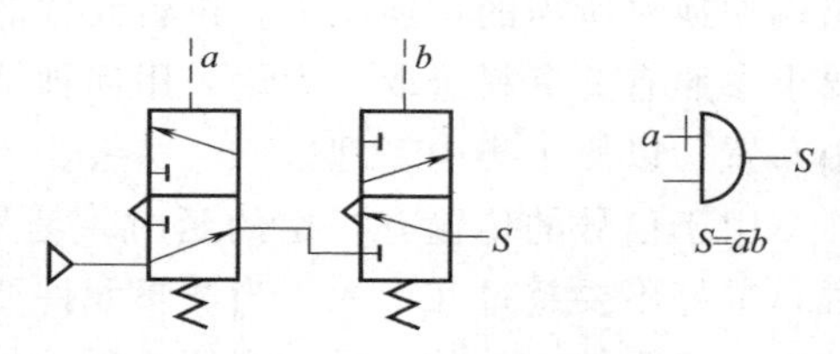

图 5-74　滑阀式“禁门”回路

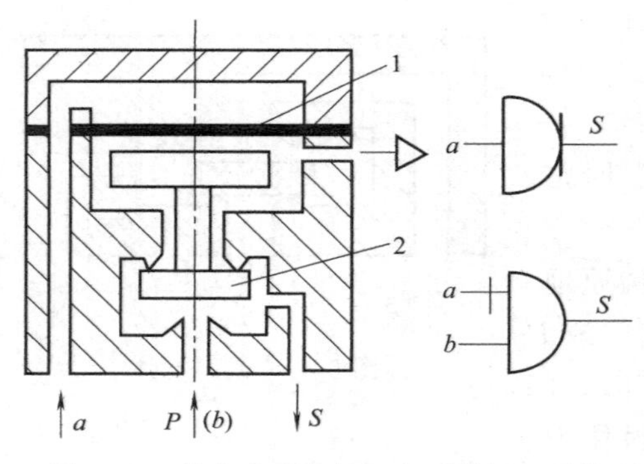

图 5-75 截止式“非门”和“禁门”元件

1—膜片；2—阀芯

若把中间孔不作气源孔 P，而改作另一输入信号孔 b，即成为“禁门”元件。此时，a、b 均有信号输入时，阀杆及阀芯 2 在 a 输入信号作用下封住 b 孔，S 无输出；在 a 无输入信号而 b 有输入信号时，S 就有输出。也就是说，a 的输入信号对 b 的输入信号起禁止作用。

（4）双稳元件 图 5-76 是由双气控二位四通滑阀组成的“双稳”回路，当有信号 a 输入时，S_1 有输出；若信号 a 解除，此二位四通阀组成的“双稳”元件仍保持原来的位置，即 S_1 仍有输出，直到信号 b 输入时，“双稳”元件才换向，并有 S_2 输出。

由上述可见，这种元件具有两种稳定状态，平时总是处于两种稳定状态中的某一状态上。有外界输入信号时，“双稳”元件才从一种稳态切换成另一种稳态；切换信号解除后，仍保持原输出稳态不变。这样就把切换信号的作用记忆下来了，直至另一端切换信号输入，再稳定到另一种状态上。所以“双稳”元件具有记忆性能，也称记忆元件。a、b 信号不能同时加入。

图 5-77 是一种“双稳”元件的结构原理，当 a 有输入信号时，阀芯被推向右端（即图示位置），气源的压缩空气便由 P 至 S_1 输出；而 S_2 与排气口相通；此时“双稳”处于“1”状态。在控制端 b 的输入信号到来之前，a 的信号即使消失，阀芯仍能保持在右端位置，S_1 总有输出。

当 b 有输入信号时，阀芯被推向左端，此时压缩空气由 P 至 S_2 输出，而 S_1 与排气孔相通，于是“双稳”处于“0”状态。在 a 信号未到来之前，即使 b 信号消失，阀芯仍处于左端位置，S_2 总有输出。

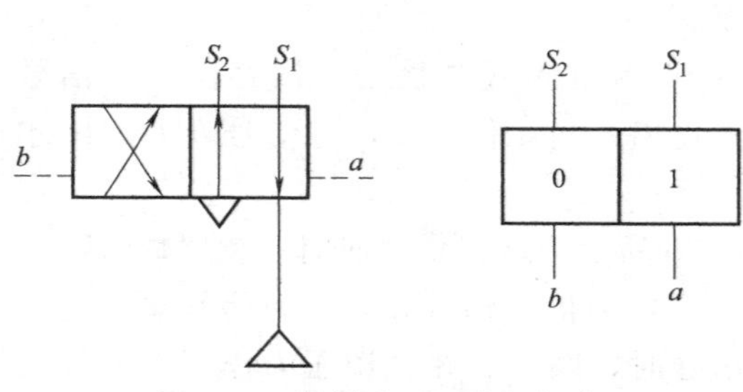

图 5-76 滑阀式“双稳”气路

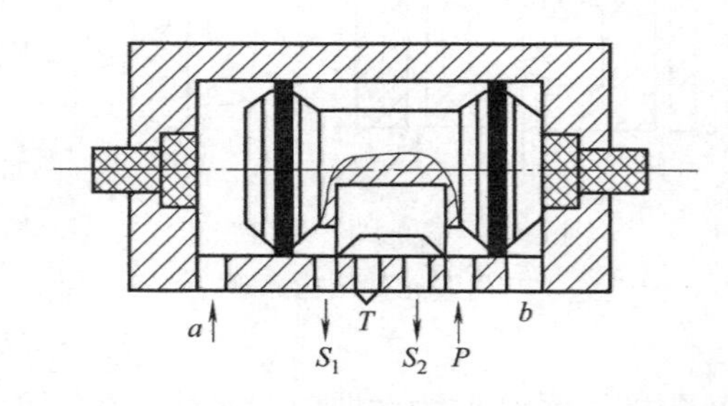

图 5-77 “双稳”元件原理

2. 气动逻辑元件的选用

气动逻辑控制系统所用气源的压力变化必须保障逻辑元件正常工作需要的气压范围和输出端切换时所需的切换压力，逻辑元件的输出流量和响应时间等，在设计系统时可根据系统要求参照有关资料选取。无论采用何种结构形式的截止式高压逻辑元件，都要尽量将元件集中布置，以便于集中管理。

由于信号的传输有一定的延时，信号的发出点与接收点之间，不能相距太远。一般来说，最好不要超过几十米。当逻辑元件要相互串联时，一定要有足够的流量，否则可能推不动下一级元件。另外，尽管高压逻辑元件对气源过滤要求不高，但最好使用过滤后的气源，一定不要让加入油雾的压缩空气进入逻辑元件。

3. 逻辑控制回路案例分析

（1）或门逻辑元件控制回路　图 5-78 为采用梭阀作为或门元件的控制回路图。当信号 a 及 b 均无输入时（图示状态），气缸处在原始位置。当信号 a 或 b 有输入时，梭阀 S 有输出，使二位四通阀克服弹簧力作用切换至另一侧，压缩空气即通过此阀进入气缸无杆腔，活塞发生位移。当信号 a 或 b 解除后，二位三通阀在弹簧力的作用下复位，S 无输出，二位四通阀在弹簧力的作用下复位，压缩空气进入气缸有杆腔，使气缸复位。

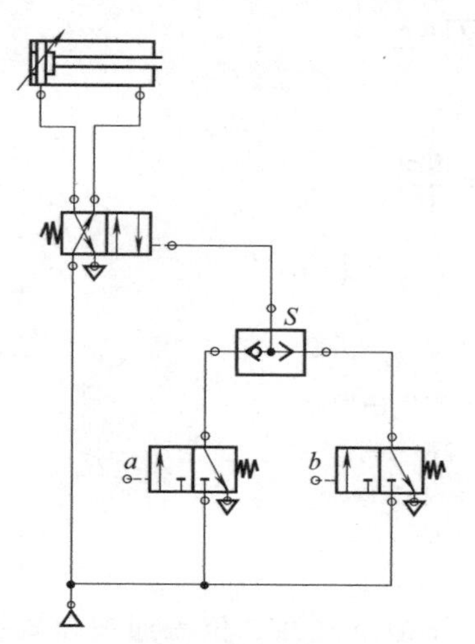

图 5-78　或门逻辑元件控制回路

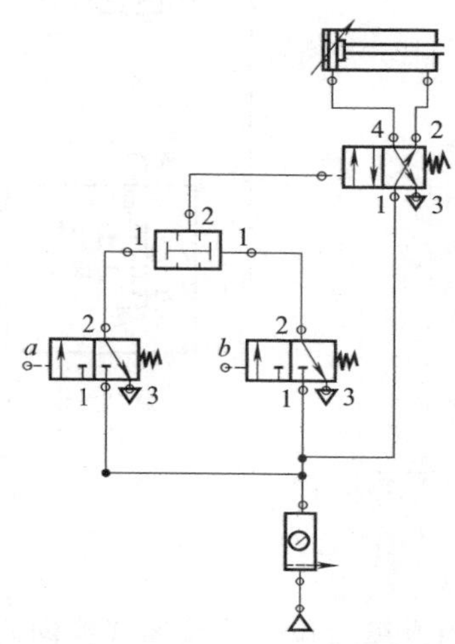

图 5-79　与门逻辑元件控制回路

（2）与门逻辑元件控制回路　图 5-79 为使用与门逻辑元件的控制回路，如果将 a 和 b 的信号控制改为手动控制即可称为双手操作安全回路。这种回路主要是为了安全。在锻造、冲压机械上常用来避免误动作以保护操作者的安全。当信号 a 和 b 都有输入时，二位四通阀气控端有输入，使二位四通阀克服弹簧力作用切换至另一侧，压缩空气即通过此阀进入气缸无杆腔，活塞发生位移；但当 a 或 b 仅一端有信号，则二位四通阀气控端无输出，活塞位置不发生变化。当信号 a 和 b 解除后，二位四通阀在弹簧力的作用下复位，压缩空气进入气缸有杆腔，使气缸复位。

安全控制回路是典型的逻辑控制回路，回路设计可以是多种方式，如可由“禁门”逻辑元件和方向控制阀组成，亦可由方向控制阀中的双压阀来组成，有待同学们在日后的学习中进行设计和总结。

5.2.2　公交车门气动回路组建

采用气压制的公共汽车车门，在司机和售票员的座位处都装有气动开关，它们都可以开关车门。当车门在关闭过程中遇到障碍物时，此回路能使车门再自动开启，起到安全保护的作用。

（1）案例分析　公共汽车车门 Festo 电气气压回路如图 5-80 所示。

① 当操纵二位三通按钮式换向阀 A 或 B 时，气源压缩空气经二位三通按钮式换向阀 A 或 B 进入梭阀 1，把控制信号送到二位四通双气控换向阀 4 的 a 侧，使其向车门开启方向切换。气源压缩空气经二位四通双气控换向阀 4 和单向节流阀 5 到气缸的有杆腔，使车门

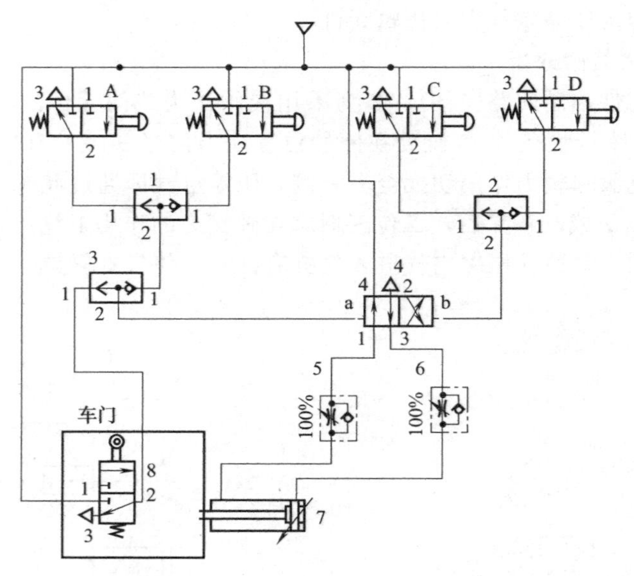

图 5-80 公共汽车车门 Festo 电气气压回路
1～3—梭阀；4—二位四通双气控换向阀；
5，6—单向节流阀；7—气缸；8—行程阀

开启。

② 当操纵二位三通按钮式换向阀 C 或 D 时，气源压缩空气经二位三通按钮式换向阀 C 或 D 到梭阀 2，把控制信号送到二位四通双气控换向阀 4 的 b 侧，使其向车门关闭方向切换。气源压缩空气经二位四通双气控换向阀 4 和单向节流阀 6 到气缸的无杆腔，使车门关闭。

③ 车门关闭中如遇到障碍物，就会压下行程阀 8，此时气源压缩空气经行程阀 8 把控制信号通过梭阀 3 送到二位四通双气控 4 的 a 侧，使二位四通双气控换向阀 4 向车门开启方向切换。

（2）结论

① 车门的开关通过气缸 7 实现，气缸由二位四通双气控换向阀 4 控制，二位四通双气控换向阀 4 由 A、B、C、D 四个二位三通按钮式换向阀控制。压下二位三通按钮式换向阀 A 或 B 的按钮使车门开启，压下二位三通按钮式换向阀 C 或 D 的按钮使车门关闭。

② 气缸运动速度的快慢由单向节流阀 5 和 6 进行调节。

③ 行程阀 8 起安全作用，是一个机动换向阀，安装在车门上。需指出，如果二位三通按钮式换向阀 C、D 仍然保持在压下状态，则行程阀 8 起不到自动开启车门的安全作用。

④ 系统电磁铁和行程阀的动作顺序见表 5-3。

表 5-3 电磁铁和行程阀的动作顺序

气缸的工作循环	信号来源	换向阀					行程阀
		A	B	C	D	4	8
活塞杆伸出(门开)	按下 A(或 B)	+(−)	−(+)	−	−	a(+)	−
活塞杆缩回(门关)	按下 C(或 D)	−	−	+(−)	−(+)	b(+)	−
遇到障碍	行程阀 8	−	−	−	−	a(+)	+

注：“+”表示阀工作，“−”表示阀复位。

制定方案

公交车门气动系统分析计划决策表

<table>
<tr><td>情　境</td><td colspan="8">公交车门气动系统分析</td></tr>
<tr><td>学习任务</td><td colspan="6">公交车门气动回路组建</td><td>完成时间</td><td></td></tr>
<tr><td>任务完成人</td><td colspan="2">学习小组</td><td></td><td>组长</td><td></td><td>成员</td><td colspan="2"></td></tr>
<tr><td>需要学习的知识和技能</td><td colspan="8"></td></tr>
<tr><td rowspan="3">小组任务分配</td><td>小组任务</td><td colspan="2">任务准备</td><td colspan="2">管理学习</td><td colspan="2">管理出勤、纪律</td><td>管理卫生</td></tr>
<tr><td>个人职责</td><td colspan="2">准备任务的绘图仪器和工具</td><td colspan="2">认真努力学习并热情辅导小组成员</td><td colspan="2">记录考勤并管理小组成员纪律</td><td>组织值日并管理卫生</td></tr>
<tr><td>小组成员</td><td colspan="2"></td><td colspan="2"></td><td colspan="2"></td><td></td></tr>
<tr><td>完成工作任务的计划</td><td colspan="8"></td></tr>
<tr><td>完成任务载体的学习步骤</td><td colspan="8"></td></tr>
<tr><td>工作任务的初步方案</td><td colspan="8"></td></tr>
<tr><td>工作任务的最终方案</td><td colspan="8"></td></tr>
</table>

任务实施

公交车门气动系统分析任务实施表

情　境	公交车门气动系统分析					
学习任务	公交车门气动回路组建				完成时间	
任务完成人	学习小组		组长		成员	
应用获得的知识和技能完成任务要求(绘制、仿真和搭建回路)						

检查评估

公交车门气动系统分析任务检查表

<table>
<tr><td>情　境</td><td colspan="6">公交车门气动系统分析</td></tr>
<tr><td>学习任务</td><td colspan="4">公交车门气压回路组建</td><td>完成时间</td><td></td></tr>
<tr><td>任务完成人</td><td>学习小组</td><td></td><td>组长</td><td></td><td>成员</td><td></td></tr>
<tr><td colspan="2">逻辑元件工作原理描述(写出不符合之处)</td><td colspan="5"></td></tr>
<tr><td colspan="2">掌握知识和技能的情况(写出没掌握之处)</td><td colspan="5"></td></tr>
<tr><td colspan="2">公交车门气动回路的分析与构建、连接情况(写出不合理之处)</td><td colspan="5"></td></tr>
<tr><td colspan="2">需要补缺的知识和技能</td><td colspan="5"></td></tr>
<tr><td colspan="2">任务汇报 PPT 完成情况和情境学习表现及改进</td><td colspan="5"></td></tr>
</table>

习 题

5.1 简述气源系统的组成及其每一组成部分的作用。

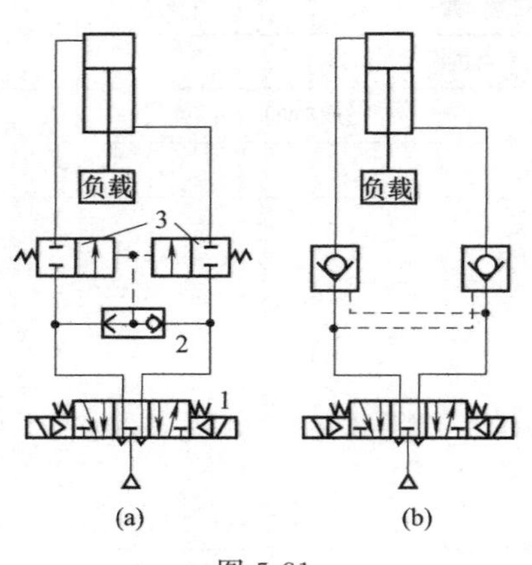

图 5-81

5.2 空气压缩机如何选用?

5.3 简述消音器的分类及其特点。

5.4 气动马达和液压马达有什么区别?

5.5 利用气动元件可以设计几种安全控制回路?试将其气动回路绘制出来。

5.6 气动控制阀与液压阀的区别是什么?

5.7 方向控制阀的选用方法是什么?

5.8 单作用气缸和双作用气缸的换向回路主要区别是什么?

5.9 说明图 5-81（a)、(b）所示气动系统中各组成元件的名称及作用，分析回路工作特点比较进退速度快慢。

学习情境 6

装料装置气动系统分析

学习目标

1. 能够分析气动压力控制元件的功用；
2. 能够利用气动压力控制元件构建气动回路；
3. 能够分析典型气动控制回路；
4. 能够选用合适的电气元件；
5. 能够构建装料装置气动控制回路。

情境导入

装料装置气动系统分析工作任务单

<table>
<tr><td>情　境</td><td colspan="7">装料装置气动系统分析</td></tr>
<tr><td>学习任务</td><td colspan="5">装料装置气动回路组建</td><td>完成时间</td><td></td></tr>
<tr><td>任务完成人</td><td>学习小组</td><td></td><td>组长</td><td></td><td>成员</td><td colspan="2"></td></tr>
<tr><td>任务要求</td><td colspan="7">1. 掌握气动压力控制元件的结构、功用、工作原理及应用；
2. 掌握气动电气元件的工作原理、结构、功用及应用；
3. 掌握典型气动回路的构建；
4. 具有分析典型气动控制回路的能力。</td></tr>
<tr><td>任务载体和资讯</td><td colspan="3">A
B</td><td colspan="4">1. 气动压力控制元件的结构、功用、工作原理及应用；
2. 气动电气元件的结构、功用、工作原理及应用；
3. 典型气动回路的构建；
4. 构建装料装置气动回路。</td></tr>
<tr><td>资料查询情况</td><td colspan="3"></td><td colspan="4"></td></tr>
<tr><td>完成任务注意点</td><td colspan="7">1. 更换气动元件时必须关闭气源；
2. 插拔气管时应将气源关闭；
3. 换向阀复位后再断电。</td></tr>
</table>

任务描述

学习目标	学习内容	任务准备
1. 能够分析气动压力控制元件的功用 2. 能够利用气动压力控制元件构建气动回路 3. 能够分析典型气动控制回路 4. 能够选用合适的电气元件 5. 能够构建装料装置气动控制回路	1. 压力控制元件的结构、工作原理和职能符号知识 2. 气动电气元件的功用、工作原理及应用 3. 气动回路组建 4. 典型气动控制回路分析和构建	前期准备：气缸、空气压缩机、气管、接头、各种气动控制元件 知识准备：压力控制阀及压力控制回路

知识链接

子学习情境 6.1 压力、电气控制元件及回路组建

6.1.1 气动压力控制阀

气动系统不同于液压系统，一般每一个液压系统都自带液压源（液压泵）；而在气动系统中，一般来说由空气压缩机先将空气压缩，储存在储气罐内，然后经管路输送给各个气动装置使用。而储气罐的空气压力往往比各台设备实际所需要的压力高些，同时其压力波动值也较大。因此需要用减压阀（调压阀）将其压力减到每台装置所需的压力，并使减压后的压力稳定在所需压力值上。

有些气动回路需要依靠回路中压力的变化来实现控制两个执行元件的顺序动作，所用的这种阀就是顺序阀。顺序阀与单向阀的组合称为单向顺序阀。

所有的气动回路或储气罐为了安全起见，当压力超过允许压力值时，需要实现自动向外排气，这种压力控制阀叫安全阀（溢流阀）。

1. 减压阀

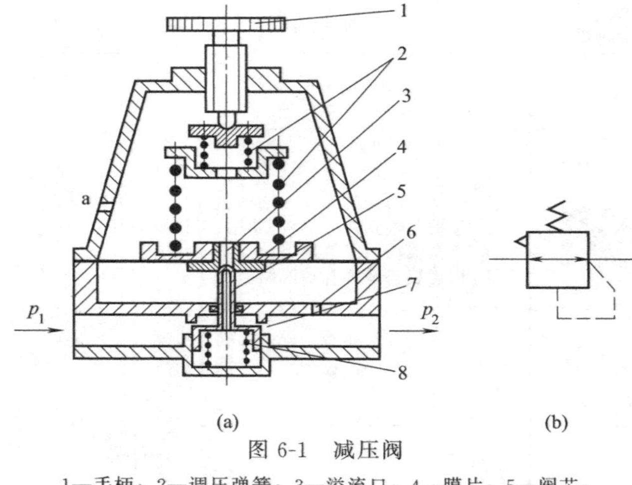

图 6-1 减压阀

1—手柄；2—调压弹簧；3—溢流口；4—膜片；5—阀芯；6—反馈导管；7—阀口；8—复位弹簧

减压阀又称调压阀，它可以将较高的空气压力降低且调节到符合使用要求的压力，并保持调后的压力稳定。其他减压装置（如节流阀）虽能降压，但无稳压能力。减压阀按压力调节方式，可分成直动式和先导式。

（1）工作原理 图 6-1 所示为一种常用的直动式减压阀结构原理。此阀可利用手柄直接调节调压弹簧来改变阀的输出压力。顺时针旋转手柄 1，则压缩调压弹簧 2，推动膜片 4 下移，膜片又推动阀芯 5 下移，阀口 7 被打开，气流通过阀口后压力降低；与此同时，部分输出气流经反馈导管 6 进入膜片气室，在膜片上产生一个向上的推力，当此推力与弹簧力相平衡时，输出压力便稳定在一定的值。

若输入压力发生波动，例如压力 p_1 瞬时升高，则输出压力 p_2 也随之升高，作用在膜片上的推力增大，膜片上移，向上压缩调压弹簧，从溢流口 3 有瞬时溢流，并靠复位弹簧 8 及气压力的作用，使阀杆上移，阀门开度减小，节流作用增大，使输出压力 p_2 回降，直到新的平衡为止。重新平衡后的输出压力又基本上恢复至原值。反之，若输入压力瞬时下降，则输出压力也相应下降，膜片下移，阀门开度增大，节流作用减小，输出压力又基本上回升至原值。

如输入压力不变，输出流量变化，使输出压力发生波动（增高或降低）时，依靠溢流口的溢流作用和膜片上力的平衡作用推动阀杆，仍能起稳压作用。逆时针旋转手柄时，压缩弹簧力不断减小，膜片气室中的压缩空气经溢流口不断从排气孔 a 排出，进气阀芯逐渐关闭，直至最后输出压力降为零。

先导式减压阀是使用预先调整好压力的空气来代替直动式调压弹簧进行调压的。其调节原理和主阀部分的结构与直动式减压阀相同。先导式减压阀的调压空气一般是由小型的直动式减压阀供给的。若将这种直动式减压阀装在主阀内部，则称为内部先导式减压阀；若将它装在主阀外部，则称外部先导式或远程控制减压阀。

（2）减压阀的使用　减压阀使用过程中应注意以下事项。

① 减压阀的进口压力应比最高出口压力大 0.1MPa 以上。

② 安装减压阀时，最好手柄在上，以便于操作。阀体上的箭头方向为气体的流动方向，安装时不要装反。阀体上堵头可拧下来，装上压力表。

③ 连接管道安装前，要用压缩空气吹净或用酸蚀法将锈屑等清洗干净。

④ 在减压阀前安装分水滤气器，阀后安装油雾器，以防减压阀中的橡胶件过早变质。

⑤ 减压阀不用时，应旋松手柄回零，以免膜片经常受压产生塑性变形。

2. 顺序阀

顺序阀是依靠气压的大小来控制气动回路中各元件动作的先后顺序的压力控制阀，常用来控制气缸的顺序动作。若将顺序阀与单向阀并联组装成一体，则称为单向顺序阀。

图 6-2 所示为顺序阀的工作原理。

图 6-2（a）中所示为压缩空气从 P 口进入阀后，作用在阀芯下面的环形活塞面积上，当此作用力低于调压弹簧的作用力时，阀关闭。图 6-2（b）所示为当空气压力超过调定的压力值即将阀芯顶起，气压立即作用于阀芯的全面积上，使阀达到全开状态，压缩空气便从 A 口输出。当 P 口的压力低于调定压力时，阀再次关闭。图 6-2（c）所示为顺序阀的图形符号。

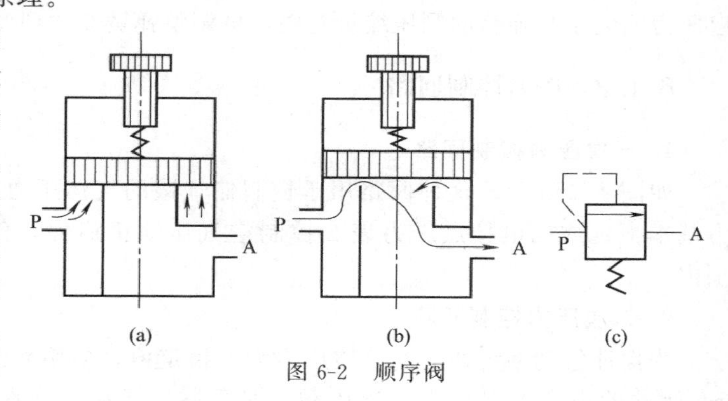

图 6-2　顺序阀

图 6-3 所示为单向顺序阀。

图 6-3（a）所示为气体正向流动时，进口 P 的气压力作用在活塞上，当它超过压缩弹簧的预紧力时，活塞被顶开，出口 A 就有输出；单向阀在压差力和弹簧力作用下处于关闭状态。图 6-3（b）所示为气体反向流动时，进口变成排气口，出口压力将顶开单向阀，使 A 和排气口接通。调节手柄可改变顺序阀的开启压力。图 6-3（c）所示为单向顺序阀的图形符号。

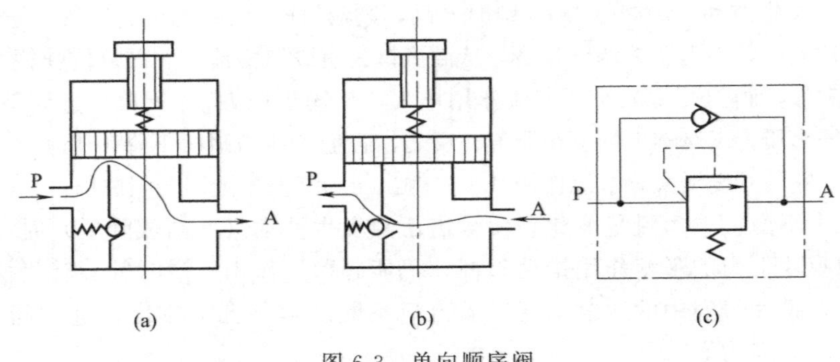

(a) (b) (c)

图 6-3 单向顺序阀

3. 安全阀（溢流阀）

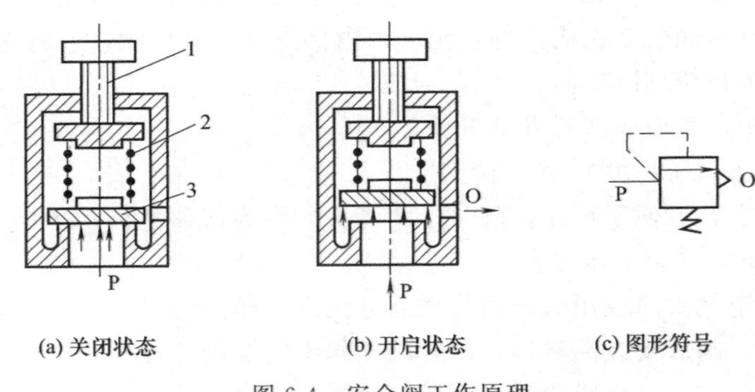

(a) 关闭状态 (b) 开启状态 (c) 图形符号

图 6-4 安全阀工作原理

1—阀杆；2—弹簧；3—活塞

当储气罐或回路中压力超过某调定值时，气流需经安全阀排出，以保证系统安全；当回路中仅靠减压阀的溢流孔排气难以保持执行机构的工作压力时，亦可并联一安全阀作溢流阀用。

安全阀的工作原理如图 6-4 所示。当系统中气体压力在调定范围内时，作用在活塞 3 上的压力小于弹簧 2 的预定压力，活塞处于关闭状态，如图 6-4（a）所示。当系统压力升高时，作用在活塞 3 上的压力大于弹簧的预定压力，活塞 3 向上移动，阀口开启排气，如图 6-4（b）所示。直到系统压力降到调定范围以下，活塞又重新关闭。开启压力的大小与弹簧的预压缩量有关，可调整弹簧 2 达到要求。

6.1.2 压力控制回路

1. 一次压力控制回路

如图 6-5 所示，这种回路用于控制储气罐的气体压力，常用外控溢流阀 1 保持供气压力基本恒定或用电接点压力表 2 控制空气压缩机启停，使储气罐内压力保持在规定的范围内。

2. 二次压力控制回路

为保证气动系统使用的气体压力为一稳定值，多用如图 6-6 所示的由空气过滤器—减压阀—油雾器（气动三联件）组成的二次压力控制回路，但要注意，供给逻辑元件的压缩空气不要加入润滑油。

3. 高低压转换回路

该回路利用两个减压阀和一个换向阀间或输出低压或高压气源，如图 6-7 所示，若去掉换向阀，就可同时输出高低压两种压缩空气。

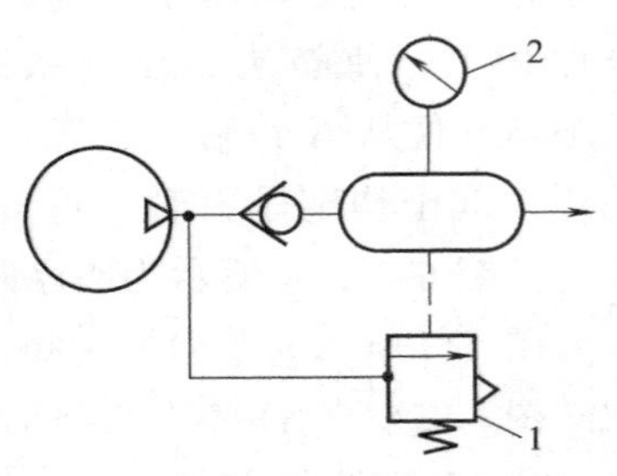

图 6-5 一次压力控制回路

1—溢流阀；2—电接点压力表

6.1.3 电气元件

1. 行程开关

在机械设备中某些移动性的部件（如铣床工作台往复运动、龙门刨床工作台的往复运动、起重机械等）由于工艺和安全要求，需要控制它的行程和位置，设置限位控制或自动往复控制，常常采用行程开关来控制。

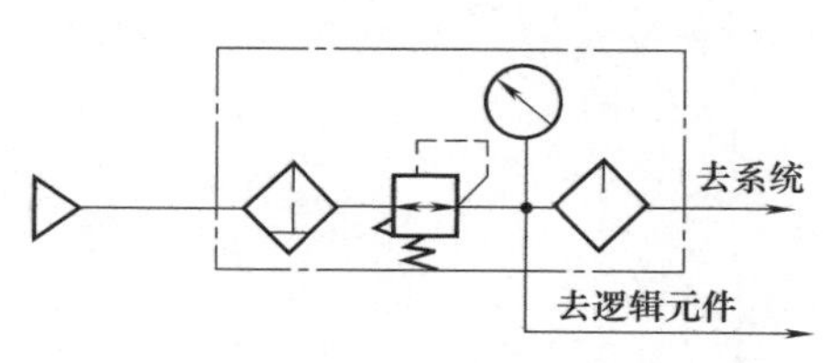

图 6-6 二次压力控制回路

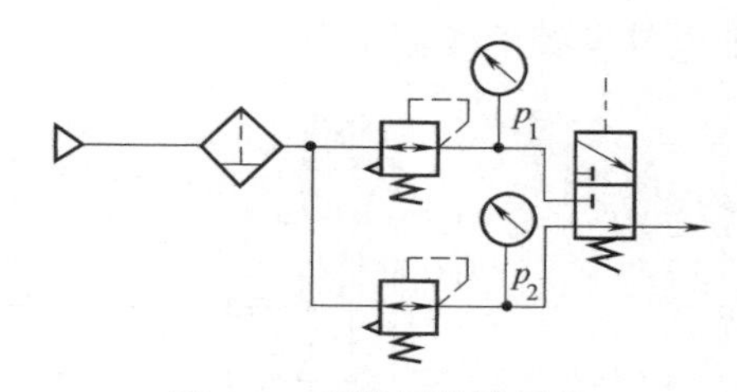

图 6-7 高低压转换回路

行程开关又称限位开关，用于控制机械设备的行程及限位保护。它主要是利用机械部件碰撞行程开关使触点动作实现电路的接通或断开。在实际操作中，行程开关的位置可预先确定好，当机械部件的撞块撞击行程开关时，使触点动作，实现电路的切换。它的作用原理与按钮类似。

(1) 滚轮式行程开关的工作原理　行程开关按其结构可分为直动式、滚轮式、微动式和组合式，这里主要介绍滚轮式行程开关。

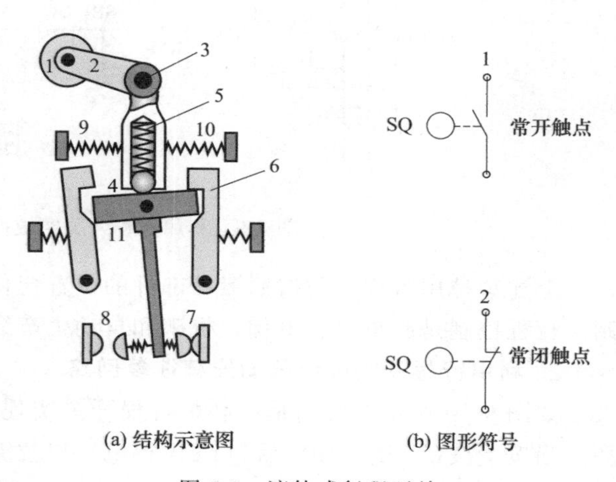

图 6-8 滚轮式行程开关

1,4—滚轮；2—上转臂；3—固定支点；5,9,10—弹簧；6—压板；2,7—常闭触点；8—常开触点；11—摆杆

滚轮式行程开关结构原理如图 6-8 所示，当被控制机械上的撞块从右向左压下滚轮 1 时，上转臂 2 绕固定支点 3 逆时针转动，滚轮 4 向右滚动，弹簧 5 被压缩，当滚轮 4 滚过摆杆 11 中点并推开压板 6，摆杆 11 在弹簧 5 的作用下，迅速顺时针转动，使常闭触点 7 迅速断开，常开触点 8 迅速闭合。当运动机械返回时，在复位弹簧 9、10 的作用下，触点恢复原始状态，各部分动作部件复位。

滚轮式行程开关又分为单滚轮自动复位和双滚轮（V 形式）非自动复位式，双滚轮行移开关装有两个滚轮，内部没有复位弹簧，其他结构完全相同。双滚轮行移开关具有两个稳态位置，有“记忆”作用，在某些情况下可以简化线路。

滚轮式行程开关的优点是触点的接通断开的速度不受机械撞块运动速度的影响，动作快；其缺点是结构复杂，价格贵。常用的滚轮式行程开关有 LX1、LX19 等系列。

(2) 利用行程开关实现终端限位控制的电路　图 6-9 是利用行程开关实现终端限位控制的电路。要求位移性部件上安装撞块，行程开关的安装位置在位移性部件的终端。

控制电路的功能如下：当 KM_1 线圈通电时，电机正转，生产机械的运动部件向右移动，移动到终端，撞块与行程开关相碰，常闭触头 SQ_1 断开，KM_1 线圈失电，电动机因断电而停止（位移性运动部件一般都有制动装置）。若要使运动部件返回，操作反向启动按钮即可。返回到终端碰撞 SQ_2 即可，实现正反两个方向都有终端限位。

如果将 SQ_1 的常开触头并联在反向启动按钮两端，将 SQ_2 常开触头并联在正向启动按钮两端，就可实现自动往返行程控制。如果电动机正转，运动部件移动到正向限位终端，碰撞 SQ_1，SQ_1 的常闭触头切断 KM_1 线圈电路；同时 SQ_1 的常开触头闭合，短接了 SB_3 按钮，只要 KM_1 常闭恢复，KM_2 线圈回路就接通，实现直接反向启动，相当于复合按钮互锁加电气互锁的控制电路。

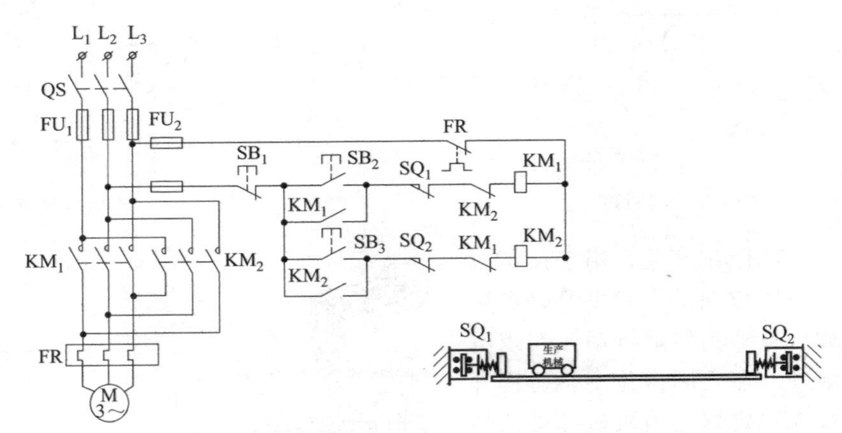

图 6-9 利用行程开关实现终端限位控制的电路

上述这种用行程开关按照运动部件的位置变化所进行的控制，称为按行程原则的自动控制。行程控制是起重机、电梯、机床和自动生产线应用最为广泛的控制方式之一。

2. 利用行程开关设计气动连续往复回路

如图 6-10 所示的回路是一利用行程开关实现连续往复动作回路，能完成连续的动作循环。当按下按钮 SB_1、SB_2 后，1YA 得电，二位五通换向阀换向，活塞向前运动，行程开关 S_1 断开，但 1YA 始终有电，换向阀不能换向，活塞继续前进。到终点后压下行程开关 S_2，2YA 得电，1YA 失电，二位五通换向阀换向，活塞返回，在终点压下 S_1，换向阀换向，活塞再次向前，形成了 $A_1A_0A_1A_0$…的连续往复动作，按下按钮 SB_1 后，活塞返回而停止运动。

3. 时间继电器

时间继电器是一种利用电磁原理或机械原理实现延时控制的自动开关装置，是一种使用在较低的电压或较小电流的电路上，用来接通或切断较高电压、较大电流的电路的电气元件。它的种类很多，有空气阻尼式、电动式和电子式等。下面以 JS7-A 系列通电型延时空气阻尼式时间继电器为例介绍其工作原理，结构如图 6-11 所示。

当电磁线圈 1 通电时，衔铁 4 及托板 5 被铁芯 2 吸引而瞬时下移，使托板 5 与顶杆 6 间出现一个间隙。与顶杆 6 相连的活塞 12 在弹簧 7 作用下开始向下运动，橡胶膜 9 随之向下凹，橡胶膜 9 上的气室空气变得稀薄，空气通过进气孔 11 进入气室，活塞 12 受到空气阻尼作用而缓慢下降。活塞杆下降到一定位置，可通过杠杆 15 推动延时触头 14 动作，使常闭触点断开，常开触点闭合。电磁线圈 1 断电后，在弹簧 3 和弹簧 8 的作用下，使衔铁和活塞等复位。空气经橡胶膜与顶杆之间缝隙迅速排出，触头瞬时复位。

时间继电器的延时时间从电磁线圈通电到延时触点完成动作这段时间。延时时间的长短

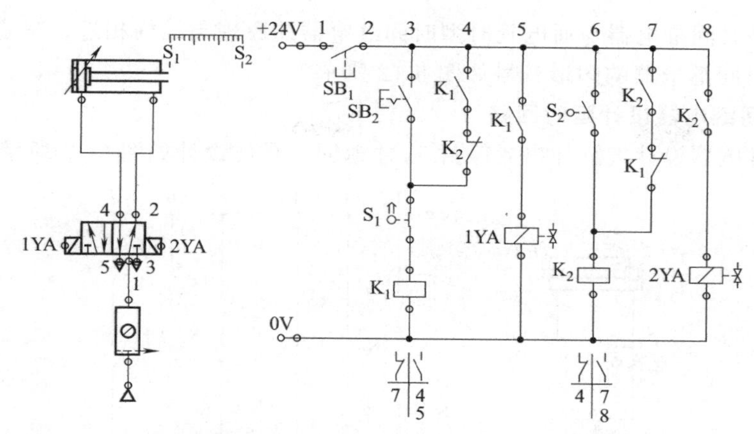

图 6-10 利用行程开关设计气动连续往复回路

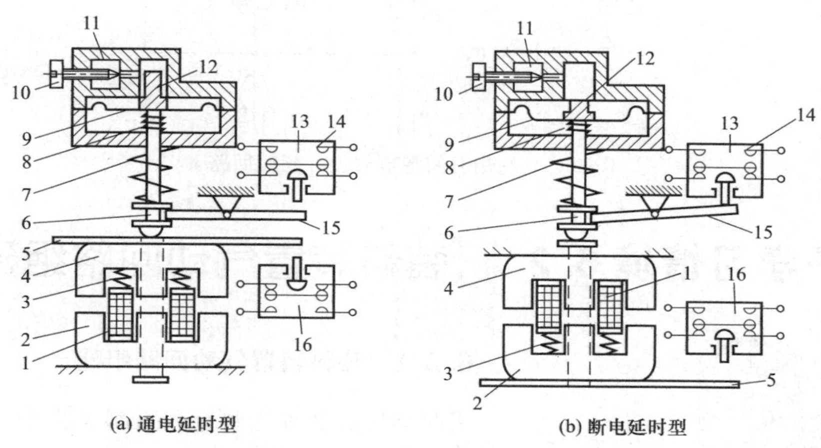

图 6-11 JS7-A 系列通电延时型空气阻尼式时间继电器结构

1—电磁线圈；2—铁芯；3,7,8—弹簧；4—衔铁；5—托板；6—顶杆；9—橡胶膜；10—调节螺钉；11—进气孔；12—活塞；13,16—微动开关；14—延时触头；15—杠杆

可以用调节螺钉 10 改变空气室进气孔的大小（延时时间范围为 0.4～60s 和 0.4～180s 两种）。这种延时继电器具有延时范围较宽、结构简单、工作可靠、价格低廉、寿命长等特点，是机床交流控制线路中常用的时间继电器。

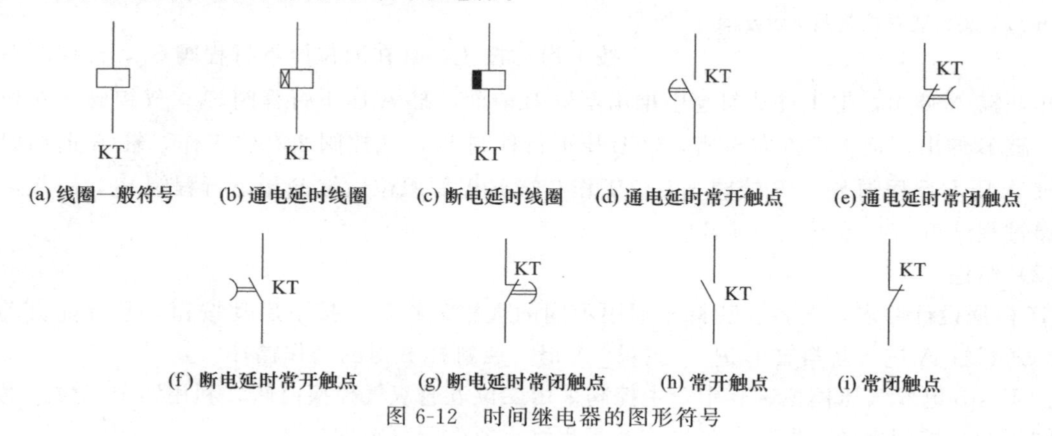

图 6-12 时间继电器的图形符号

断电延时型时间继电器与通电延时型时间继电器的原理与结构相近，只是将电磁机构翻转 180°安装。时间继电器的图形符号如图 6-12 所示。

4. 利用时间继电器设计延时回路

利用时间继电器设计气缸伸出后停留 5s 才返回，具体设计如图 6-13 所示。

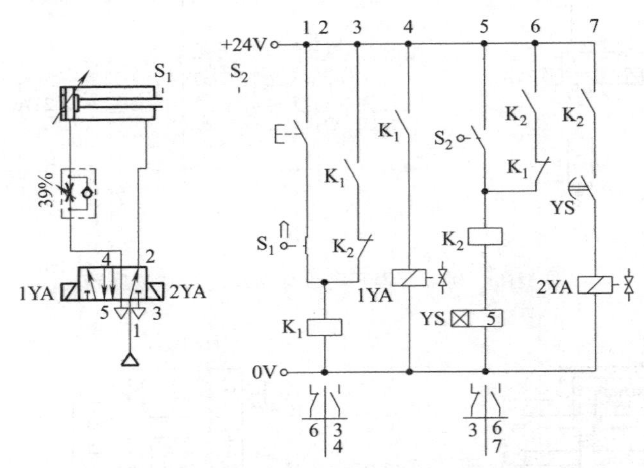

图 6-13　利用时间继电器设计延时回路

子学习情境 6.2 装料装置气动回路组建

6.2.1　装料装置气动回路组建

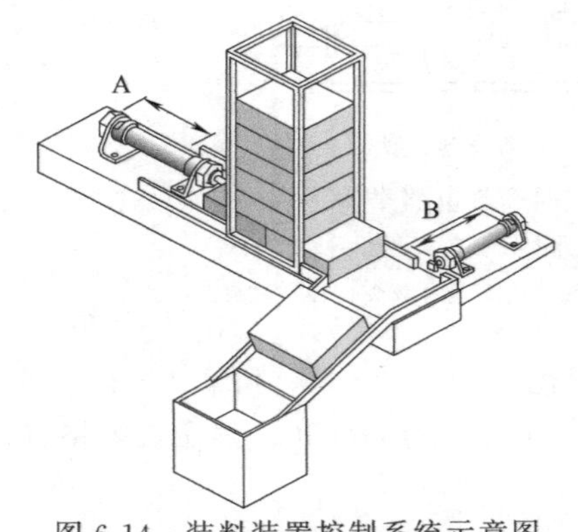

图 6-14　装料装置控制系统示意图

用两个气缸从垂直料仓中取料并向滑槽传递工件，完成装料的过程。如图 6-14 所示，要求按下按钮缸 A 伸出，将工件从料仓推出至缸 B 的前面，缸 B 再伸出将其推入输送滑槽。缸 B 活塞伸出将工件推入装料箱后，缸 A 活塞退回，退到位后，缸 B 活塞再退回，完成一次工件传递过程。

（1）案例分析　装料装置气压控制回路如图 6-15 所示。

按下启动按钮，缸在原位压下行程阀 S_1，气控阀左位工作，缸 A 伸出，把工件从料仓中推出至缸 B 前面，缸 A 压下行程阀 S_3，气控阀 3 左位工作，缸 B 伸出，把工件推向滑槽，缸 B 压下行程阀 S_2，气控阀 2 右位工作，缸 A 退回原位，缸 A 压下行程阀 S_4，气控阀 3 右位工作，缸 B 退回原位，缸 B 压下行程阀 S_1，一次工件传递过程结束，开始下一个循环。

（2）结论

① 根据设计要求，送料、装料分别用不同的气缸来控制。按下启动按钮，系统能自动完成：送料缸 A 进—装料缸 B 进—送料缸 A 退—装料缸 B 退的动作循环。

② Festo 电气气压模拟试验中，主控阀采用二位五通双气控换向阀，利用四个二位三通行程阀控制主控阀换向，即控制气缸到达行程终点时的预订换向动作。

③ 系统电磁铁和行程阀的动作顺序见表 6-1。

表 6-1 电磁铁和行程阀的动作顺序

气缸的工作循环	信号来源	换向阀		行程阀			
		2	3	S_1	S_2	S_3	S_4
缸 A 伸出	启动按钮 1	左侧＋	—	＋	—	—	—
缸 B 伸出	S_3	左侧＋	左侧＋	—	—	＋	—
缸 A 缩回	S_2	右侧＋	左侧＋	—	＋	—	—
缸 B 缩回	S_4	—	右侧＋	—	—	—	＋
工作停止	关闭按钮 1	—	—	＋	—	—	＋

注：“＋”表示阀工作，“—”阀表示复位。

6.2.2 气动钻床系统分析

气动钻床系统机构示意图如图 6-16 所示，工件在料仓里靠重力落下，送料缸的活塞杆伸出，推动工件向右运动实现工件定位，工件定位好后，夹紧缸活塞杆伸出夹紧工件，钻削缸的活塞杆带动刀具向下进给，进行钻削加工。

(1) 案例分析 气动钻床气压回路如图 6-17、图 6-18 所示，案例中的气动钻床气压传动系统，是利用气压传动来实现进给运动和送料、夹紧等辅助动作。它共有三个气缸，即由左至右分别是送料缸、夹紧缸、钻削缸 。

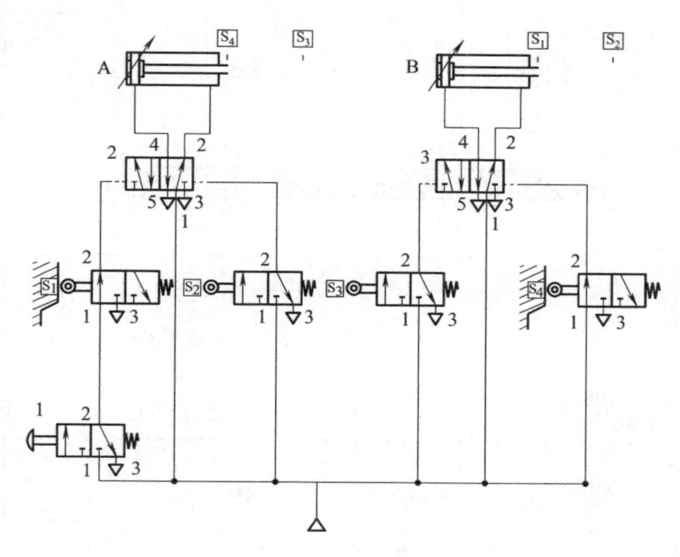

图 6-15 装料装置气压控制回路

1—手动阀；2,3—气控阀

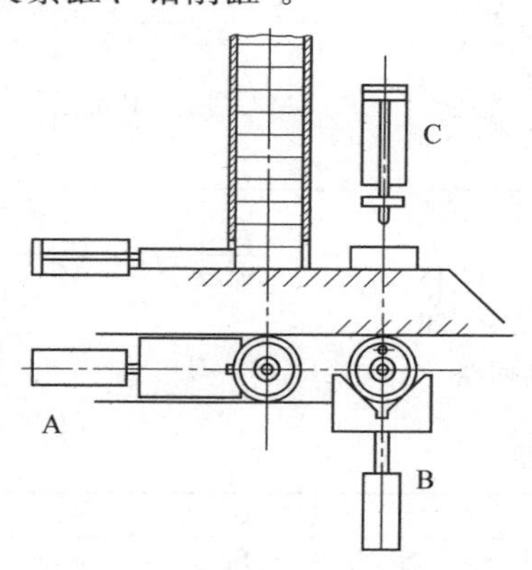

图 6-16 气动钻床系统机构示意图

A—送料缸；B—夹紧缸；C—钻削缸

启动总开关 SB_1，按下 SB_2 后，该气动钻床气压传动系统能自动完成：①送料缸进—②送料缸退同时夹紧缸进—③钻削缸快进—④钻削缸工进—⑤延时停留—⑥钻削缸快退—⑦夹紧缸退并复位的动作循环。

整个气动系统就是对三个缸的控制，由于气缸往复频率较高，因而选择缓冲气缸，同时利用行程开关控制气缸到达行程终点时的预订换向动作。主控阀采用三位五通双电控先导式电磁阀，气缸速度通过单向节流阀来调节；为使气缸快速排气，加快气缸运动速度，设置了快速排气阀；回路中设置的二位二通行程阀是为了实现钻削缸快进和工进的换接，且可使换接平稳。

(2) 结论

① 根据该钻床的设计要求，送料、夹紧以及切削分别用不同的气缸来控制，三个气缸的动作有严格的顺序关系。

② Festo 电气气压模拟试验中，利用行程开关控制气缸到达行程终点时的预订换向动

作，实际中气缸也可以采用磁性传感器来控制气缸的工作行程。

③ 气动钻床系统电磁铁和行程阀的动作顺序见表 6-2。

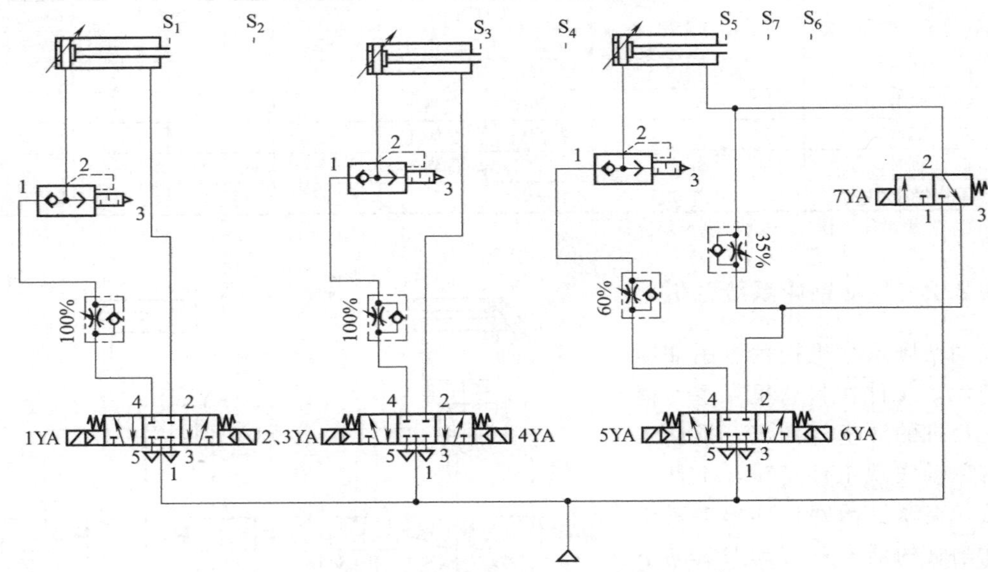

图 6-17 气动钻床系统 Festo 电气气压回路

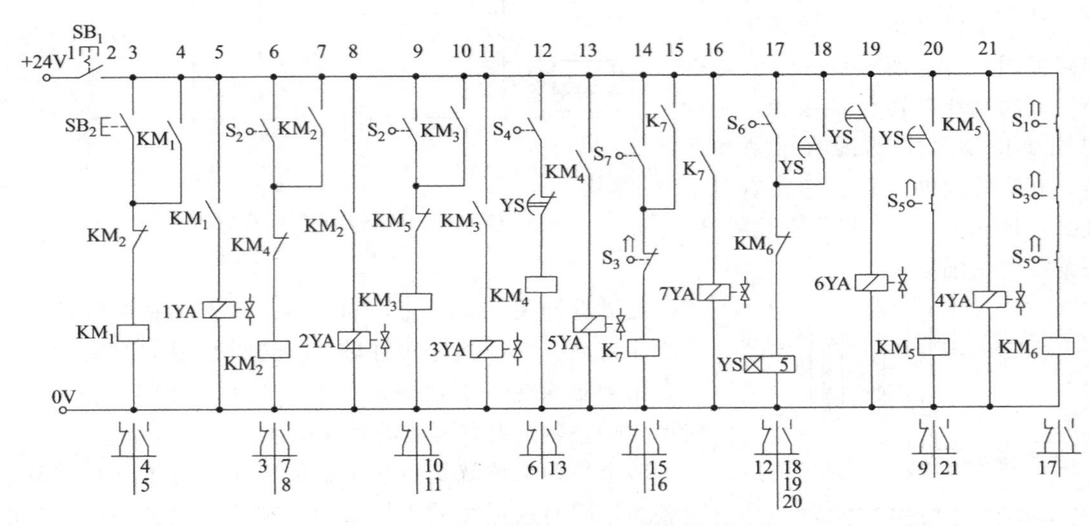

图 6-18 气动钻床系统 Festo 电气控制回路

表 6-2 电磁铁和行程阀的动作顺序

液压缸的工作循环	信号来源	电磁铁							行程开关						
		1YA	2YA	3YA	4YA	5YA	6YA	7YA	S_1	S_2	S_3	S_4	S_5	S_6	S_7
A 进	SB_1、SB_2	+	−	−	−	−	−	−	−	−	+	−	+	−	−
A 退、B 进	S_2	−	+	+	−	−	−	−	−	−	−	−	+	−	−
C 快进	S_4	−	−	+	−	+	−	−	+	−	−	+	−	−	−
C 工进	S_7	−	−	+	−	+	−	+	+	−	−	+	−	−	+
C 延时停留	S_6	−	−	+	−	+	+	+	+	−	−	+	−	+	+
C 快退	Y_S	−	−	+	−	−	−	+	+	−	−	+	−	−	−
B 退	S_5	−	−	−	+	−	−	−	+	−	+	−	+	−	−

注：1. A—送料缸；B—夹紧缸；C—钻削缸。

2. “+”表示工作，“−”表示不工作或复位。

制定方案

装料装置气动系统分析计划和决策表

<table>
<tr><td>情 境</td><td colspan="6">装料装置气动回路分析</td></tr>
<tr><td>学习任务</td><td colspan="4">装料装置气动回路组建</td><td>完成时间</td><td></td></tr>
<tr><td>任务完成人</td><td>学习小组</td><td></td><td>组长</td><td></td><td>成员</td><td></td></tr>
<tr><td>需要学习的知识和技能</td><td colspan="6"></td></tr>
<tr><td rowspan="3">小组任务分配</td><td>小组任务</td><td>任务准备</td><td>管理学习</td><td>管理出勤、纪律</td><td colspan="2">管理卫生</td></tr>
<tr><td>个人职责</td><td>准备任务所需各元件</td><td>认真努力学习并辅导小组成员</td><td>记录考勤并管理小组成员纪律</td><td colspan="2">组织值日并管理卫生</td></tr>
<tr><td>小组成员</td><td></td><td></td><td></td><td colspan="2"></td></tr>
<tr><td>完成工作任务的计划</td><td colspan="6"></td></tr>
<tr><td>完成任务载体的学习步骤</td><td colspan="6"></td></tr>
<tr><td>工作任务的初步方案</td><td colspan="6"></td></tr>
<tr><td>工作任务的最终方案</td><td colspan="6"></td></tr>
</table>

任务实施

装料装置气动系统分析任务实施表

<table>
<tr><td>情　境</td><td colspan="7">装料装置气动系统分析</td></tr>
<tr><td>学习任务</td><td colspan="5">装料装置气动回路组建</td><td>完成时间</td><td></td></tr>
<tr><td>任务完成人</td><td>学习小组</td><td></td><td>组长</td><td></td><td>成员</td><td colspan="2"></td></tr>
<tr><td colspan="8">应用获得的知识和技能完成任务要求(绘制、仿真和搭建回路)</td></tr>
<tr><td colspan="8"></td></tr>
</table>

检查评估

装料装置气动系统分析任务检查表

<table>
<tr><td>情　境</td><td colspan="7">装料装置气动系统分析</td></tr>
<tr><td>学习任务</td><td colspan="5">装料装置气压回路组建</td><td>完成时间</td><td></td></tr>
<tr><td>任务完成人</td><td>学习小组</td><td></td><td>组长</td><td></td><td>成员</td><td colspan="2"></td></tr>
<tr><td>行程开关、顺序阀工作原理（写出不符合之处）</td><td colspan="7"></td></tr>
<tr><td>掌握知识和技能的情况（写出没掌握之处）</td><td colspan="7"></td></tr>
<tr><td>装料装置气动回路的分析与构建、连接情况（写出不合理之处）</td><td colspan="7"></td></tr>
<tr><td>需要补缺的知识和技能</td><td colspan="7"></td></tr>
<tr><td>任务汇报 PPT 完成情况和情境学习表现及改进</td><td colspan="7"></td></tr>
</table>

附　　录

附录 1 FluidSIM 软件应用

FluidSIM 软件由德国 Festo 公司和 Paderborn 大学联合开发，是专门用于液压与气压传动的软件。FluidSIM 软件可设计液压回路相配套的电气控制回路图。通过电气控制液压回路，能充分展现各种开关和阀的动作过程。FluidSIM 软件将 CAD 功能和仿真功能紧密联系在一起。在绘图过程中，FluidSIM 软件将检查各元件之间连接是否可行，可对基于元件物理模型的回路图进行实际仿真，观察到各元件的物理量值，如气缸的运动速度、输出力、节流阀的开度、气路的压力等，这样我们就能够预先了解回路的动态特性，从而正确地估计回路实际运行时的工作状态。这样就使回路图绘制和相应液压系统仿真相一致，从而能够在设计完回路后，验证设计的正确性，并演示回路动作过程。

附录 1.1 FluidSIM-P

附 1.1.1 FluidSIM 软件中的文件

FluidSIM 软件的目录结构如图附 1-1 所示。

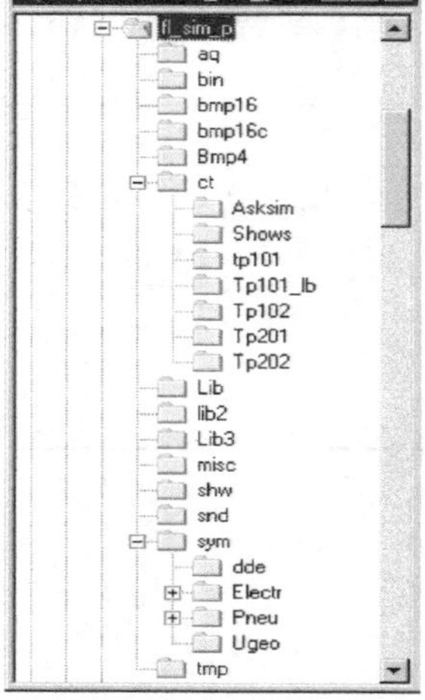

图附 1-1 FluidSIM 软件的目录结构

aq 目录包含 FluidSIM 软件的知识库。

bin 目录包含 FluidSIM 软件的可执行文件以及附加库。

该目录还含有注册信息及卸载程序 fduninst. exe。

bmp4 目录包含元件图片，这些图片具有 4 个灰度，用于 16 色的 Microsoft Windows ©操作系统。

bmp16 目录也包含元件图片，些图片具有 16 个灰度，用于至少 256 色的 Microsoft Windows © 操作系统。

bmp16c 目录包含元件插图和教学资料。

ct 目录包含 FluidSIM 软件中的回路图，其也为保存新建回路图的缺省目录。在 ct 子目录中含有下列回路图。

tp101："气动技术基础 TP101"工作手册中的回路图。

tp101 _ lb："气动技术基础 TP101"教材中的回路图。

tp102："气动技术提高级 TP102"工作手册中的回路图。

tp201："电气—气动技术基础 TP201"工作手册中的回路图。

tp202："电气—气动技术提高级 TP202"工作手册中的回路图。

lib 目录包含 FluidSIM 软件的整个元件库。

lib2 目录包含 FluidSIM 软件 2.x 版的元件库。

misc 目录包含 FluidSIM 软件的辅助文件和选项文件。

snd 目录包含 FluidSIM 软件的声音文件。

sym 目录以树形结构方式显示元件库。在"插入"菜单中，该目录内容也以树形结构方式显示。

shw 目录包含描述文件。

tmp 目录包含预计算的回路模型以及 FluidSIM 软件新建的临时文件。

asksim：与"ASKSIM2.0"仿真程序一起提供的回路图。

shows：通过"教学"菜单以位图方式打开的回路图（见气动技术多媒体教学）。

附 1.1.2 新建回路图

1. 新建文件和元件

单击按钮或在"文件"菜单下，执行"新建"命令，新建空白绘图区域，以打开一个新窗口，如图附 1-2 所示，每个新建绘图区域都自动含有一个文件名，且可按该文件名进行保存。这个文件名显示在新窗口标题栏上。通过元件库右边的滚动条，用户可以浏览元件。

窗口左边显示出 FluidSIM 软件的整个元件库，其包括新建回路图所需的气动元件和电气元件。窗口顶部的菜单栏列出了仿真和创建回路图所需的功能，工具栏给出了常用菜单功能。

工具栏包括下列九组功能：

① 新建、浏览、打开和保存回路图。

② 打印窗口内容，如回路图和元件图片。

③ 编辑回路图。

④ 调整元件位置。

⑤ 显示网格。

⑥ 缩放回路图、元件图片和其他窗口。

⑦ 回路图检查。

⑧ 仿真回路图，控制动画播放（基本功能）。

⑨ 仿真回路图，控制动画播放（辅助功能）。

状态栏位于窗口底部，用于显示操作 FluidSIM 软件期间的当前计算和活动信息。在编辑模式中，FluidSIM 软件可以显示由鼠标指针所选定的元件。

在 FluidSIM 软件中，操作按钮、滚动条和菜单栏与大多数 Microsoft Windows ©应用软件相类似。

采用鼠标，用户可以从元件库中将元件"拖动"和"放置"在绘图区域上。方法如下：

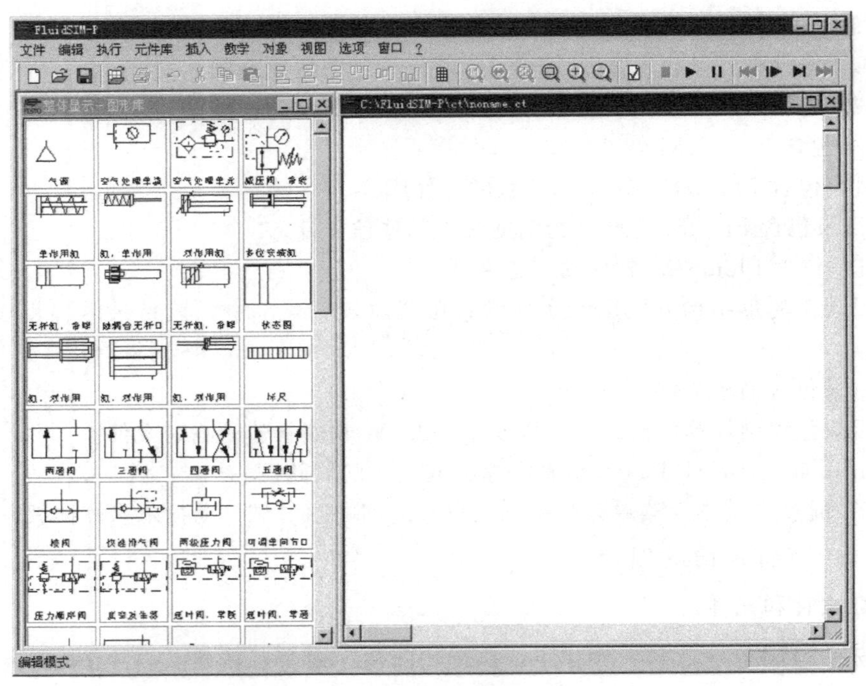

图附 1-2 新建窗口

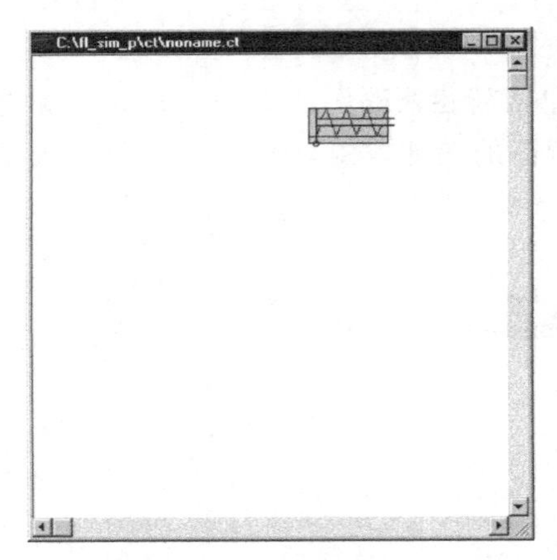

图附 1-3 新建气缸元件

将鼠标指针移动到元件库中的元件上，这里将鼠标指针移动到气缸上。按下鼠标左键。在保持鼠标左键期间，移动鼠标指针，则气缸被选中，鼠标指针由箭头变为四方向箭头交叉形式，元件外形随鼠标指针移动而移动。将鼠标指针移动到绘图区域，释放鼠标左键，则气缸就被放到绘图区域里，如图附 1-3 新建气缸元件。

采用这种方法，可以从元件库中“拖动”每个元件，并将其放到绘图区域中的期望位置上。按同样方法，也可以重新布置绘图区域中的元件。拖动气缸至右上角。

为了简化新建回路图，元件自动在绘图区域中定位。

有意将气缸移至绘图区域外，如绘图窗口外，鼠标指针变为禁止符号，且不能放下元件。

将第二只气缸拖至绘图区域上。选定第一只气缸。单击按钮（剪切）或在“编辑”菜单下，执行“删除”命令，或者按下 Del 键删除第一只气缸。

2. 换向阀参数设置

将三通换向阀和气源拖至绘图区域上。为确定换向阀驱动方式，双击换向阀，弹出图附 1-4 控制阀的参数设置对话框：

◆左端、右端驱动

换向阀两端的驱动方式可以单独定义，其可以是一种驱动方式，也可以为多种驱动方式，如“手动”、“机控”或“气控/电控”。单击驱动方式下拉菜单右边向下箭头可以设置驱动方式，若不希望选择驱动方式，则应直接从驱动方式下拉菜单中选择空白符号。不过，对于换向阀的每一端，都可以设置为“弹簧复位”或“气控复位”。

◆描述

这里键入换向阀名称，该名称用于状态图和元件列表中。

◆阀体

换向阀最多具有四个工作位置，对每个工作位置来说，都可以单独选择。单击阀体下拉菜单右边向下箭头并选择图形符号，就可以设置每个工作位置。若不希望选择工作位置，则应直接从阀体下拉菜单中选择空白符号。

◆静止位置

该按钮用于定义换向阀的静止位置（有时也称之为中位），静止位置是指换向阀不受任何驱动的工作位置。注意：只有当静止位置与弹簧复位设置相一致时，静止位置定义才有效。

从左边下拉菜单中选择带锁定手控方式，换向阀右端选择“弹簧复位”，单击“确定”按钮，关闭对话框。

◆指定气接口 3 为排气口。双击气接口“3”。

弹出一个对话框，如图附 1-5 气接口对话框，单击气接口端部下拉菜单右边向下箭头，选择一个图形符号，从而确定气接口形式。

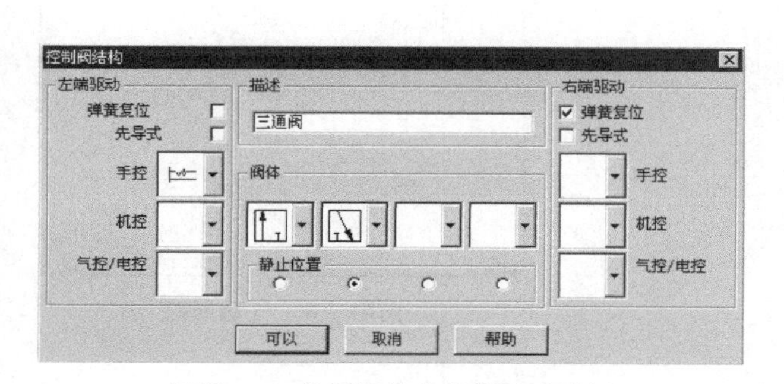

图附 1-4　控制阀的参数设置对话框

图附 1-5　气接口对话框

选择排气口符号（表示简单排气），关闭对话框。

3. 元件连接

在编辑模式下，当将鼠标指针移至气缸接口上时，其形状变为十字线圆点形式。

当将鼠标指针移动到气缸接口上时，按下鼠标左键，并移动鼠标指针。注意：鼠标指针形状变为十字线圆点箭头形式。

保持鼠标左键，将鼠标指针移动到换向阀 2 口上。注意：鼠标指针形状变为十字线圆点箭头向内形式。释放鼠标左键。

在两个选定气接口之间，立即就显示出气管路，如图附 1-6 元件管路连接。

FluidSIM 软件在两个选定的气接口之间自动绘制气管路。当在两个气接口之间不能绘

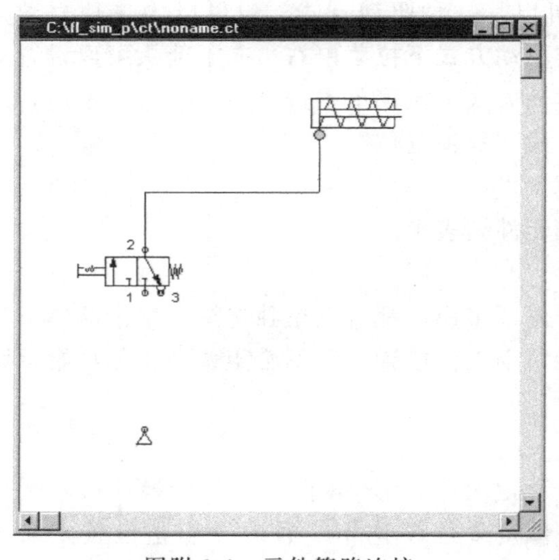

图附 1-6 元件管路连接

制气管路时，鼠标指针形状变为禁止符号。

将鼠标指针移至气管路上。在编辑模式下，当鼠标指针位于气管路之上时，其形状变为选定气管路符号。按下鼠标左键，向左移动选定气管路符号，然后释放鼠标左键。立即重新绘制气管路，如图附 1-7 元件管路的重新设置。在编辑模式下，可以选择或移动元件和管路。在单击“编辑”菜单下，执行“删除”命令，或按下 Del 键，可以删除元件和管路。

连接其他元件。则回路图如图附 1-8 气动回路所示。

回路图已被完整绘制，现准备对其进行仿真。

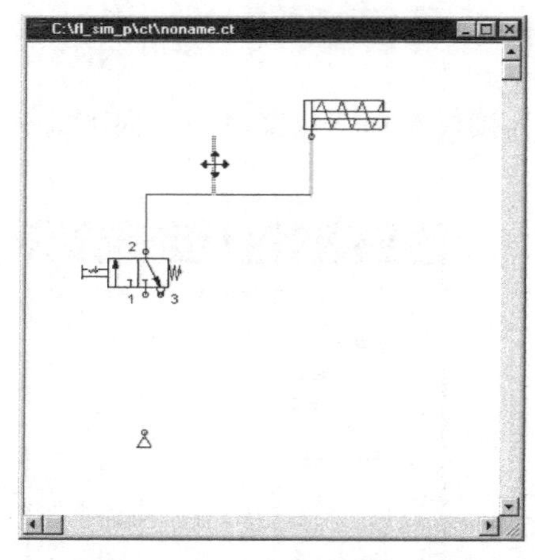

图附 1-7 元件管路的重新设置

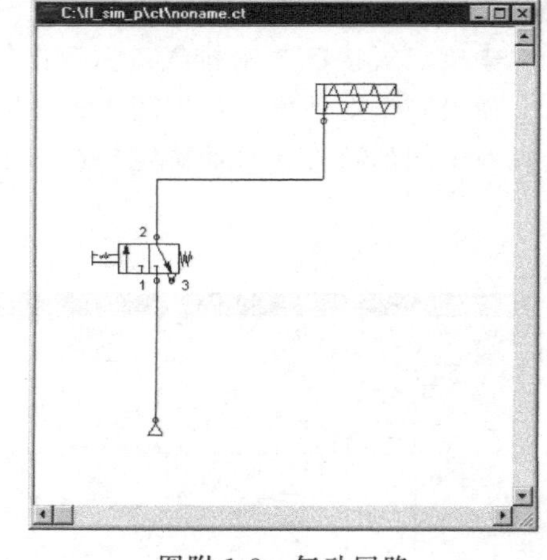

图附 1-8 气动回路

附 1.1.3 气动回路的仿真

单击按钮或在“执行”菜单下，执行“启动”命令，或按下功能键 F9。FluidSIM 软件切换到仿真模式时，启动回路图仿真。当处于仿真模式时，鼠标指针形状变为手形。在仿真期间，FluidSIM 软件首先计算所有的电气参数，接着建立气动回路模型。基于所建模型，就可计算气动回路中压力和流量分布。根据回路复杂性和计算机能力，回路图仿真也许要花费大量时间。只要计算出结果，管路就用颜色表示，且气缸活塞杆伸出，如图附 1-9 仿真回路。

电缆和气管路的颜色具有下列含义：

颜色　　　　含义

◆暗蓝色　　气管路中有压力

◆淡蓝色　　气管路中无压力

◆淡红色　　电缆，有电流流动

在“选项”菜单下，执行“仿真”命令，用户可以定义颜色与状态值之间匹配关系，暗蓝色管路的颜色浓度与压力相对应，其与最大压力有关。FluidSIM 软件能够区别两种管路颜色浓度：

在 FluidSIM 软件中，仿真是以物理模型为基础，这些物理模型建立是基于 Festo Didactic GmbH &Co 实验设备上的元件，因此，计算值应与测量值相一致。实际上，当比较计算值和测量值时，测量值常具有较大波动，这主要是由于元件制造误差、气管长度和空气温度等因素造成的。

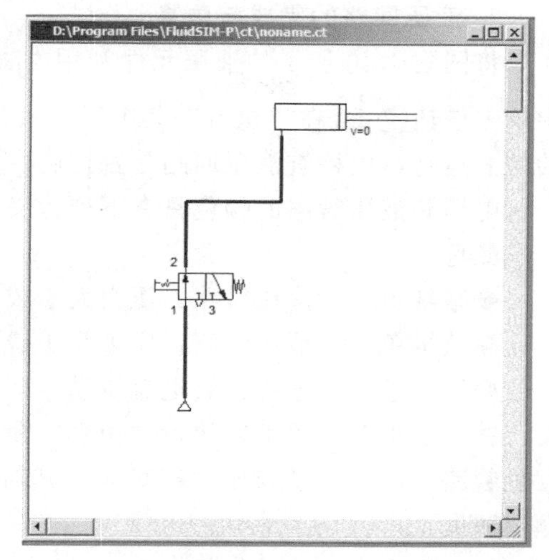

图附 1-9　仿真回路

通过鼠标单击回路图中的手控换向阀和开关，可实现其手动切换。

将鼠标指针移到左边开关上。当鼠标指针变为手指形，此时表明该开关可以被操作。当用户单击手动开关时，就可以仿真回路图实际性能。在本例中，一旦单击该开关，开关就闭合，自动开始重新计算，接着，气缸活塞返回至初始位置。

用户仿真另一个回路图时，其可以不关闭当前回路图。FluidSIM 软件允许用户同时打开几个回路图，也就是说，FluidSIM 软件能够同时仿真几个回路图。

单击按钮■或者在“执行”菜单下，执行“停止”命令，可以将当前回路图由仿真模式切换到编辑模式。将回路图由仿真模式切换到编辑模式时，所有元件都将被置回“初始状态”。特别是，当将开关置成初始位置以及将换向阀切换到静止位置时，气缸活塞将回到上一个位置，且删除所有计算值。

单击按钮Ⅱ（另一种方法是：在“执行”菜单下，执行“暂停”命令或按功能键 F8），用户可以将编辑状态切换为仿真状态，但并不启动仿真。在启动仿真之前，若设置元件，则这个特征是有用的。

辅助仿真功能：

复位和重新启动仿真

按单步模式仿真

仿真至系统状态变化

附录 1.2 FluidSIM-H

FluidSIM-H 的软件操作与 FluidSIM-P 的操作基本相同。设计一双作用油缸电控自动往复运动的电气液压回路图。

1. 新建文件

单击按钮或在“文件”菜单下，执行“新建”命令，新建空白绘图区域，以打开一个新窗口，并将所用液压元件“放置”在绘图区域上，同时设置液压控制阀的结构等信息，如图附 1-10 所示。

2. **液压回路的完成与仿真**

将图附 1-10 所示的液压元件利用“油管”连接起来，软件会自动布置线路。在工具栏中单击按钮或在“执行”菜单下，执行“启动”命令，或按下功能键 F9。进行液压回路的仿真运行，以检查液压回路是否正确。如图附 1-11 为正确的液压回路仿真运行图。

电缆和液压管路的颜色具有下列含义：

颜色　　　　　　　含义

◆暗红色　　液压管路：压力大于或等于最大压力的 50%

◆黄褐色　　液压管路：压力小于最大压力的 50%

◆淡红色　　电缆：有电流流动

在“选项”菜单下，执行“仿真”命令，用户可以定义颜色与状态值之间匹配关系，暗红色管路的颜色浓度与压力相对应，其与最大压力有关。FluidSIM 软件能够区别三种管路颜色浓度：

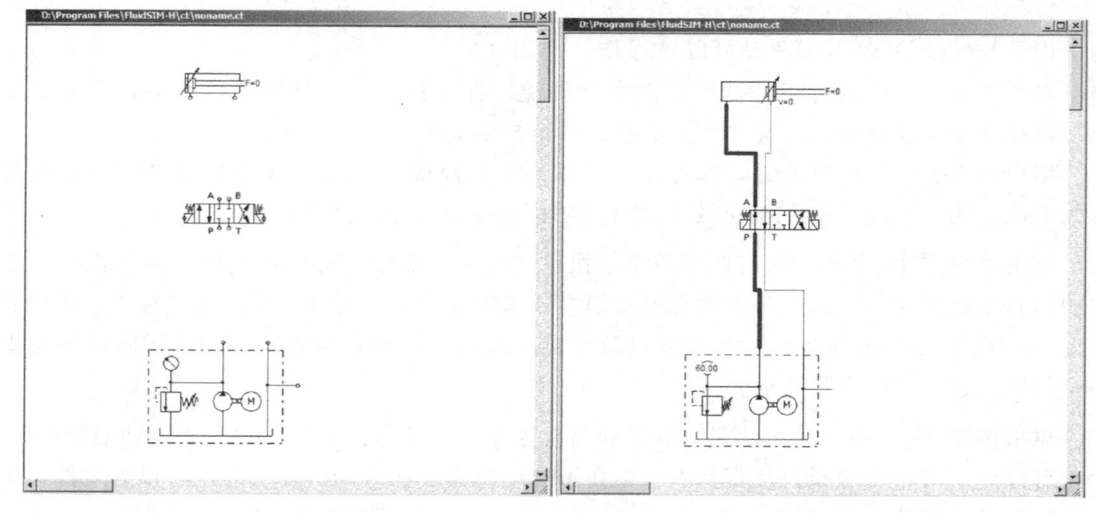

图附 1-10　新建液压回路图文件　　　　图附 1-11　液压回路仿真运行图

颜色浓度　　　　　含义

——压力大于或等于最大压力的 50%，但小于最大压力的 75%

——压力大于或等于最大压力的 75%，但小于最大压力的 90%

——压力大于或等于最大压力的 90%压力值、流量值、电压值和电流值可在仪表上显示。

3. **电气回路的设计与仿真**

电气元件的使用与液压元件的使用方法相同，但需要了解电气元件的符号。软件中的符号与电气课程的符号基本一致，连接方式与气动和液压元件的连接方式一致。在绘图区域布置电气元件与液压元件，并进行仿真运行，如图附 1-12 所示。

4. **文件的保存**

单击按钮或在“文件”菜单下，执行“保存”命令，保存回路图。如果是新建回路图，那么 FluidSIM 软件会自动打开文件选择对话框，以便用户可定义回路图名。

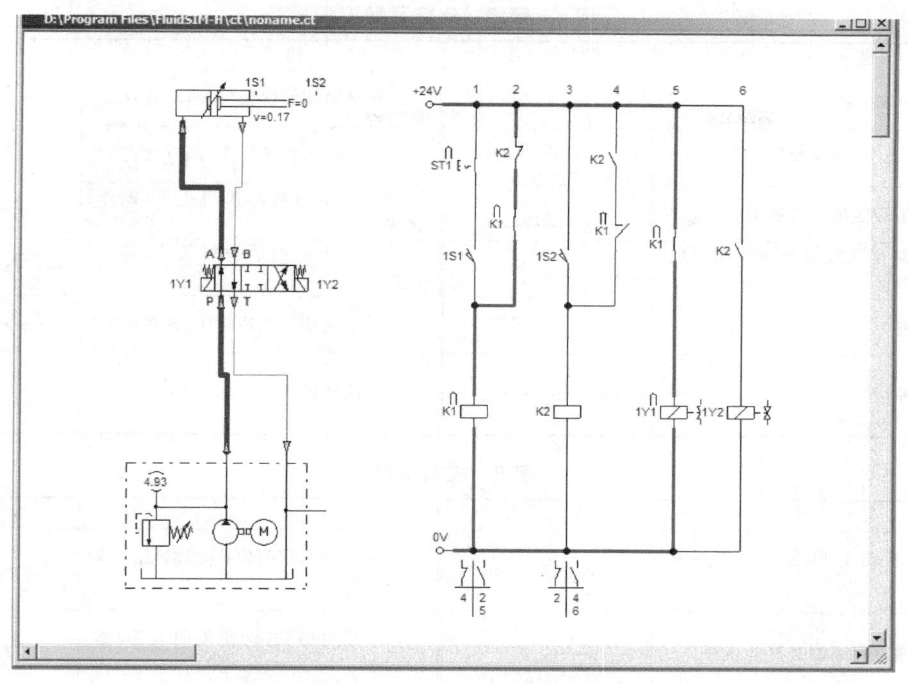

图附 1-12　自动往复液压回路

附录 2　常用液压与气动图形符号（摘自 GB/T 786.1—2009）

表 1　基础符号

描　　述	图　　形	描　　述	图　　形
液压源		转速仪	
气压源		转矩仪	
压力表		可调节的机械电子压力继电器	
压差计		输出开关信号，可电子调节的压力转换器	
液位计		模拟信号输出压力传感器	
温度计		光学指示器	
流量计		数字式指示器	
计数器		单作用压力介质转换器，将气体压力转换为等值的液体压力，反之亦然	

表 2 管路、连接及管接头

描 述	图 形	描 述	图 形
供油或回油管路		不带单向阀的快换接头，断开状态	
控制、卸油、冲洗或放气管路		带单向阀的快换接头，断开状态	
两条管路的连接标出连接点		带两个单向阀的快换接头，断开状态	
两条管路交叉没有节点表明它们之间没有连接		带两个单向阀的快换接头，连接状态	
软管总成		不带单向阀的快换接头，连接状态	
组合元件框线		三通旋转接头	1 2 3 1 2 3

表 3 控制机构

描 述	图 形	描 述	图 形
带有分离把手和定位销的控制机构		双作用电气控制机构，动作指向或背离阀芯	
具有可调行程限制装置的顶杆		单作用电磁铁，动作指向阀芯，连续控制	
带有定位装置的推或拉控制机构		单作用电磁铁，动作背向阀芯，连续控制	
手动锁定控制机构		双作用电气控制机构，动作指向或背离阀芯，连续控制	
用作单方向行程操纵的滚轮杠杆		电气操纵的气动先导控制机构	
使用步进电机的控制机构	M	电气操纵的带有外部供油的液压先导控制机构	
单作用电磁铁，动作指向阀芯		机械反馈	
单作用电磁铁，动作背向阀芯		具有外部先导供油，双比例电磁阀，双向操作，集成在同一组件，连续工作双先导装置的液压控制机构	

表 4 泵、马达和缸

描 述	图 形	描 述	图 形
变量泵（液压）		变方向定流量双向摆动马达（气动）	
单向旋转的定量泵或马达（液压）		真空泵	
双向流动，带外泄油路单向旋转的变量泵		单作用单杆缸，靠弹簧力返回行程，弹簧腔带连接油口	

续表

描　述	图　形	描　述	图　形
双向变量泵或马达单元，双向流动，带外泄油路，双向旋转	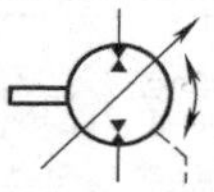	双作用单杆缸	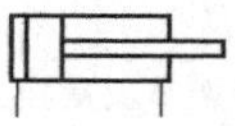
操纵杆控制，限制转盘角度的泵	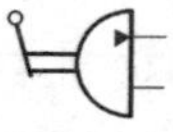	双作用双杠缸，活塞杆直径不同，双侧缓冲，右侧带调节	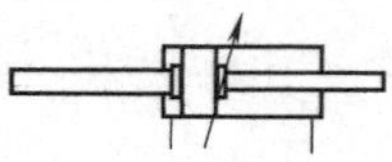
限制摆动角度，双向摆动执行器（缸或马达）或旋转驱动		单作用缸，柱塞缸	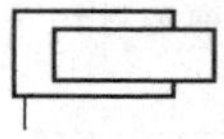
单作用的半摆动执行器或旋转驱动		单作用伸缩缸	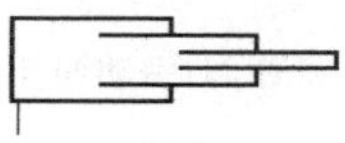
马达（气动）	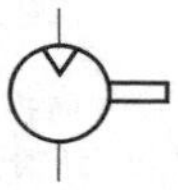	双作用伸缩缸	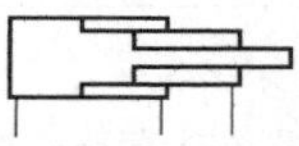
空气压缩机	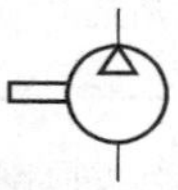	单作用增压器，将气体压力 p_1 转换为更高的液体压力 p_2	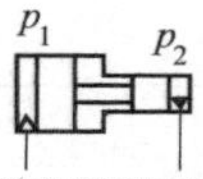 p_1 p_2

表 5　控制元件

描　述	图　形	描　述	图　形
单向阀，只能在一个方向自由流动		流量控制阀，滚轮杠杆操纵，弹簧复位	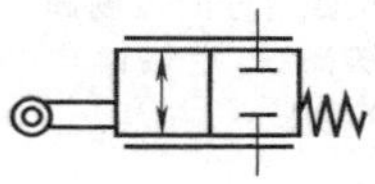
先导式液控单向阀，带有复位弹簧，先导压力允许在两个方向自由流动	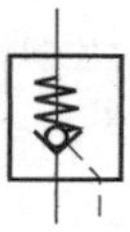	比例溢流阀，直通式，通过电磁铁控制弹簧工作长度来控制液压电磁换向座阀	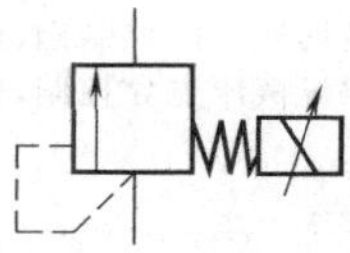
或门型梭阀	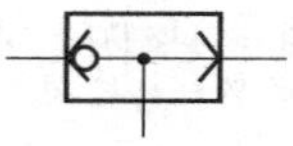	比例溢流阀，直控式，电磁力直接作用在阀芯上，集成电子器件	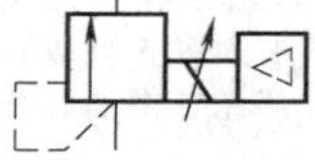
与门型梭阀	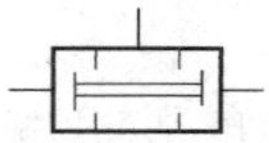	比例流量控制阀，直控式	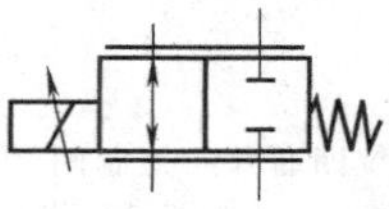
快速排气阀	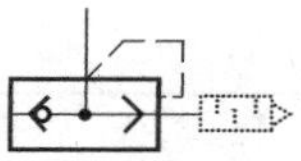	二位二通方向控制阀，两通，两位，推压控制机构，弹簧复位，常闭	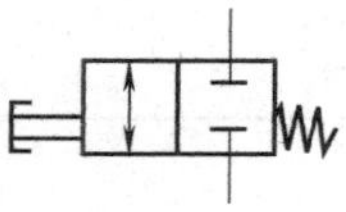
可调节流量控制阀		二位二通方向控制阀，两通，两位，电磁铁操纵，弹簧复位，常开	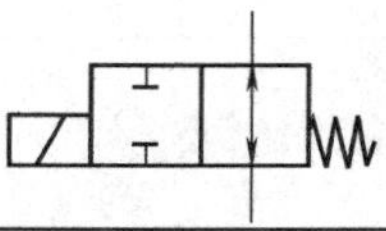

续表

描述	图形	描述	图形
可调节流量控制阀，单向自由流动	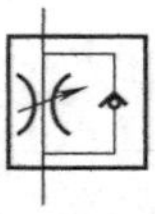	二位四通方向控制阀，电磁铁操纵，弹簧复位	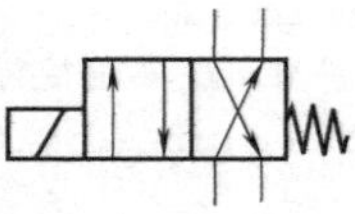
溢流阀，直动式，开启压力由弹簧调节	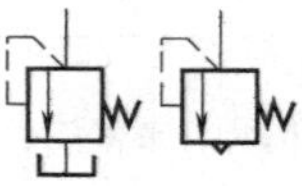	二位三通方向控制阀，滚轮杠杆控制，弹簧复位	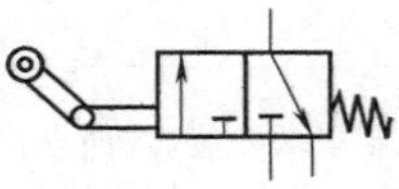
顺序阀，手动调节设定值	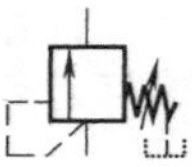	二位三通方向控制阀，电磁铁操纵，弹簧复位，常闭	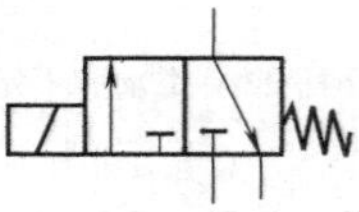
顺序阀，带有旁通阀	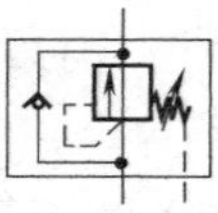	二位三通方向控制阀，单电磁铁操纵，弹簧复位，定位销式手动定位	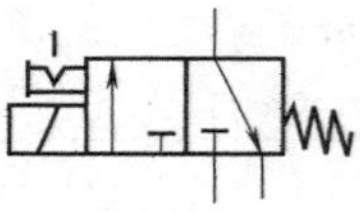
二通减压阀，直动式，外泄型	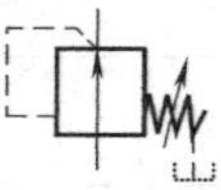	二位四通方向控制阀，单电磁铁操纵，弹簧复位，定位销式手动定位	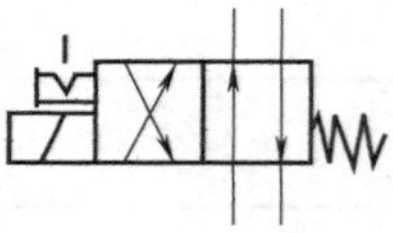
二位四通方向控制阀，双电磁铁操纵，定位销式（脉冲阀）	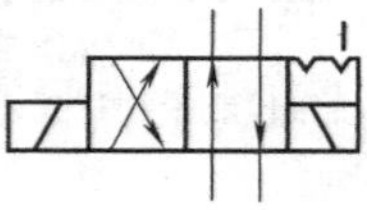	二位四通方向控制阀，液压控制，弹簧复位	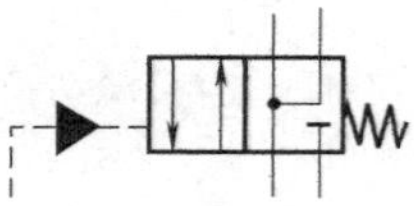
二位四通方向控制阀，电磁铁操纵液压先导控制，弹簧复位	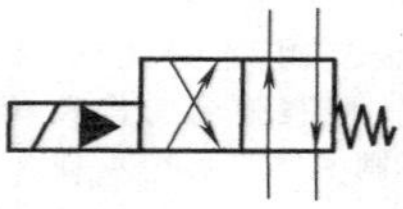	三位四通方向控制阀，液压控制，弹簧对中	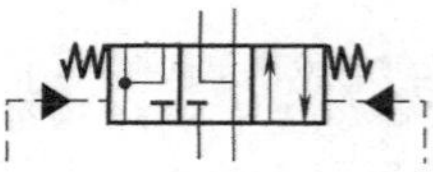
三位四通方向控制阀，电磁铁操纵先导级和液压操纵主阀，主阀级先导级弹簧对中，外部先导供油和先导回油	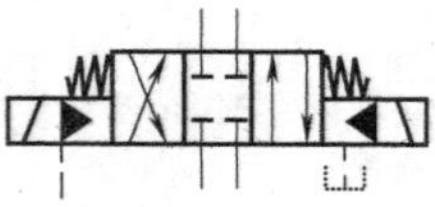	三位五通方向控制阀，定位销式，各位置杠杆控制	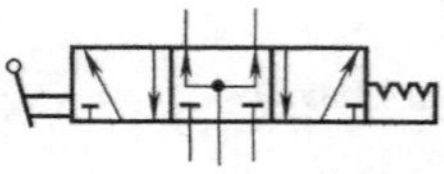
三位四通方向控制阀，弹簧对中，双电磁阀直接操纵	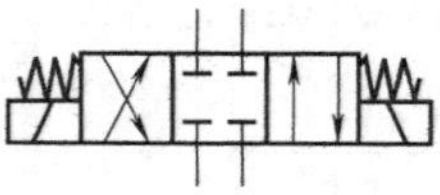	电磁溢流阀，先导控制，电气操纵预设定压力	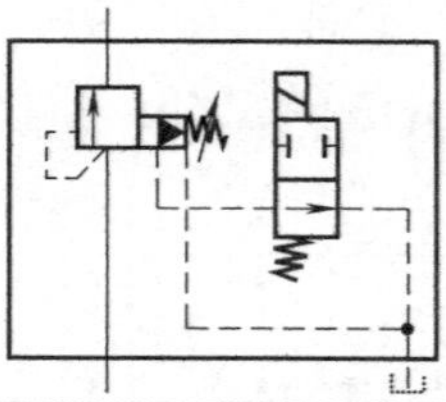

表6 辅助元件

描述	图形	描述	图形
油箱	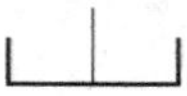	油雾器	

续表

描述	图形	描述	图形
管端连接于油箱下部油箱	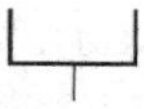	冷却器	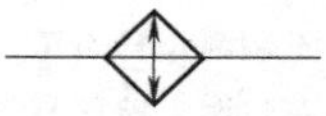
过滤器	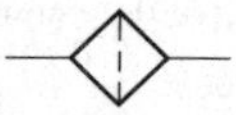	加热器	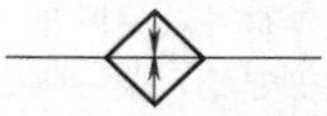
带附属磁性滤芯的过滤器	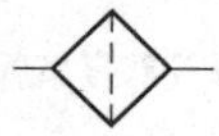	气罐	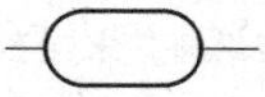
油箱通气过滤器	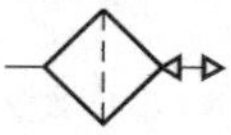	隔膜式蓄能器	
手动排水流体分离器	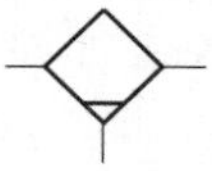	囊式蓄能器	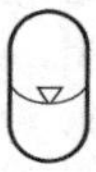
带手动排水流体分离器的过滤器	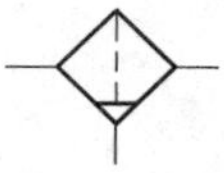	活塞式蓄能器	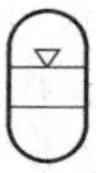
自动排水流体分离器	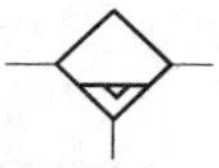	气瓶	
吸附式过滤器	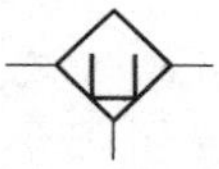	气源处理装置,包括手动排水过滤器、手动调节式溢流调压阀、压力表和油雾器。上图为详细示意图,下图为简化图	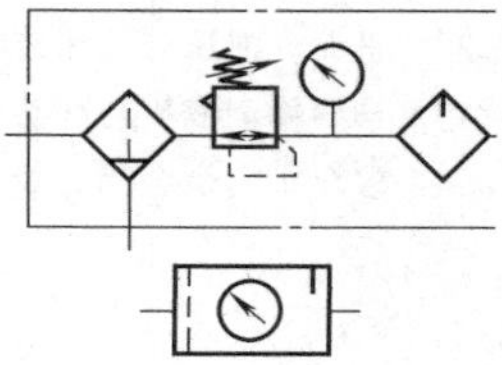
油雾分离器	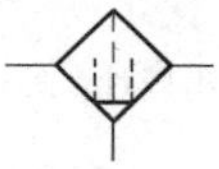		
空气干燥器	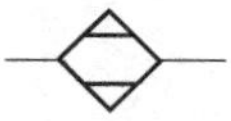		

参 考 文 献

[1] 王瑞清，马宏革．电气液压与气动技术．北京：化学工业出版社，2011.
[2] 左建明．液压与气动技术．第4版．北京：机械工业出版社，2007.
[3] 张雅琴，姜佩东．液压与气动技术．第2版．北京：高等教育出版社，2009.
[4] 王守城，荣一鸣．液压与气动传动．北京：北京大学出版社，2008.
[5] 张利平．液压与气动技术．北京：化学工业出版社，2009.
[6] 姜继海，宋锦春，高常识．液压与气动技术．第2版．北京：高等教育出版社，2009.
[7] 宋正和，曹燕．液压与气动技术．北京：北京交通大学出版社，2009.
[8] 雷秀．液压与气动技术．北京：机械工业出版社，2005.
[9] Th. Ocker. 液压提高培训教材-工业手册，Festo Didactic GmbH&Co. KG，2003.
[10] 成大先．机械设计手册：液压传动．北京：化学工业出版社，2004.
[11] 成大先．机械设计手册：液压控制．北京：化学工业出版社，2004.
[12] 朱怀忠，王恩海．液压与气动技术．北京：科学出版社，2007.
[13] 路甬祥．液压气动技术手册．北京：机械工业出版社，2002.
[14] 张世亮．液压与气动技术．北京：机械工业出版社，2006.
[15] 屈圭．液压与气动技术．北京：机械工业出版社，2002.
[16] 袁广，张勤．液压与气动传动技术．北京：北京大学出版社，2008.
[17] 李壮云．液压元件与系统．第2版．北京：机械工业出版社，2005.
[18] 张宏友．液压与气动技术．大连：大连理工大学出版社，2006.
[19] 卢醒庸．液压与气动传动．上海：上海交通大学出版社，2002.
[20] 杨曙东，何存兴．液压传动与气压传动．第3版．武汉：华中科技大学出版社，2008.
[21] 侯会喜．液压传动与气压传动．北京：冶金工业出版社，2008.
[22] 王积伟，张宏甲，黄谊．液压传动．北京：机械工业出版社，2007.
[23] 肖龙．液压与气压传动技术．北京：高等教育出版社，2011.
[24] 马春峰．液压与气动技术．北京：人民邮电出版社，2007.
[25] 廖友军，余金伟．液压传动与气动技术．北京：北京邮电大学出版社，2012.